《兵典丛书》编写组
编著

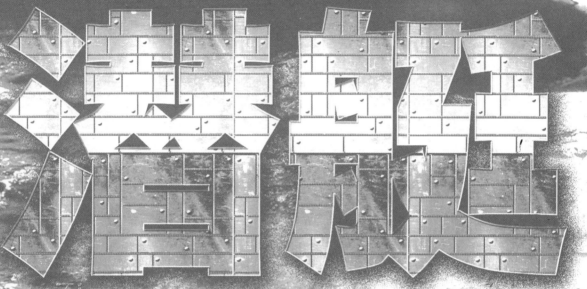

潜艇
SUBMARINES
深海沉浮的夺命幽灵
THE CLASSIC WEAPONS

哈尔滨出版社
HARBIN PUBLISHING HOUSE

图书在版编目（CIP）数据

潜艇：深海沉浮的夺命幽灵 /《兵典丛书》编写组
编著. —哈尔滨：哈尔滨出版社，2017.4（2021.3重印）
（兵典丛书：典藏版）
ISBN 978-7-5484-3129-9

Ⅰ. ①潜… Ⅱ. ①兵… Ⅲ. ①潜艇–普及读物 Ⅳ.
①E925.66-49

中国版本图书馆CIP数据核字（2017）第024880号

书　　名：潜艇——深海沉浮的夺命幽灵
　　　　　QIANTING——SHENHAI CHENFU DE DUOMING YOULING
- -
作　　者：《兵典丛书》编写组　编著
责任编辑：陈春林　李金秋
责任审校：李　战
全案策划：品众文化
全案设计：琥珀视觉
- -
出版发行：哈尔滨出版社（Harbin Publishing House）
社　　址：哈尔滨市香坊区泰山路82-9号　　邮编：150090
经　　销：全国新华书店
印　　刷：铭泰达印刷有限公司
网　　址：www.hrbcbs.com　　www.mifengniao.com
E－mail：hrbcbs@yeah.net
编辑版权热线：（0451）87900271　87900272
销售热线：（0451）87900202　87900203
- -
开　　本：787mm×1092mm　1/16　印张：18　字数：230千字
版　　次：2017年4月第1版
印　　次：2021年3月第2次印刷
书　　号：ISBN 978-7-5484-3129-9
定　　价：49.80元
- -
凡购本社图书发现印装错误，请与本社印制部联系调换。
服务热线：（0451）87900278

　　什么是潜艇？最权威的解释是：潜艇是一种能潜入水下活动和作战的舰艇，也称潜水艇，是海军的主要舰种之一。潜艇在战斗中的主要作用是：对陆上战略目标实施核袭击，摧毁敌方军事、政治、经济中心；消灭运输舰船、破坏敌方海上交通线；攻击大中型水面舰艇和潜艇；执行布雷、侦察、救援和遣送特种人员登陆等。

　　潜艇是一种能潜入水下活动和作战的舰艇，其主要活动范围是在水下，其核心能力就是"潜水"，这是潜艇有别于其他类别舰艇的根本所在。如今，我们谈到某种型号的潜艇，往往注重的是其作战能力，而忽略了其最为根本的能力——潜水。如同第一架飞机的诞生，仅仅是为了实现人类飞行的梦想一样，潜艇最初被制造出来，也只是为了满足人们潜行于大海的梦想。

　　1620年，荷兰物理学家科尼利斯·德雷尔成功地制造出人类历史上第一艘潜水船，它是人类历史上第一艘能够潜入水下，并能在水下行进的"船"。这便是潜水艇的雏形。

　　19世纪90年代，美国青年西蒙·莱克由于受了科幻小说《海底两万里》的影响，开始建造潜艇。1898年，他建成的"亚古尔"号潜艇仅靠自身的动力，从诺福克航行到了纽约，成了第一艘在公海远航的潜艇。

　　人类为了实现梦想而使得潜艇诞生，但是真正成就潜艇的却并非梦想，而是现实，残酷的现实——战争。

1775年，美国独立战争爆发。美国人D.布什内尔建造了一艘单人驾驶，以手摇螺旋桨为动力的木壳潜艇"海龟"号。1776年，"海龟"号试图偷袭英国战舰"鹰"号，但未能成功，这是使用潜艇袭击敌舰的首次尝试。虽然未能成功，但它揭开了潜艇实战的序幕。

经过许多先行者的艰辛探索，随着工业革命带来的科学技术的迅猛发展，现代潜艇终于在19世纪末登上了历史舞台。同样出于战争目的——为了利用潜艇骚扰和打击英国海军，爱尔兰人约翰·霍兰投入大半生时间研制了多艘潜艇，并在1897年，成功制造出了划时代的"霍兰-6"号。它在潜艇发展史上获得了前所未有的成功，被公认为"现代潜艇的鼻祖"。

20世纪初，潜艇装备逐步完善，性能逐渐提高，出现具备一定实战能力的潜艇。这些潜艇采用双层壳体，具有良好的适航性，排水量为数百吨，使用柴油机/电动机双推进系统，水上航速10～15节，水下航速6～8节，续航力有明显提高，武器主要有火炮、水雷和鱼雷。此时的潜艇已具有一定的作战能力，到第一次世界大战前，各主要海军国家共拥有260艘潜艇。

第一次世界大战期间，德国U型潜艇大行其道，给英法列强以足够的打击，它让潜艇成为海军必有的一种战争工具和模式。战争期间，潜艇共击沉舰艇192艘。潜艇在攻击海上运输船方面取得了更为显著的战果，仅被德国击沉的运输船就有1300余万吨。一战后，世界各国开始加紧了潜艇的研制。

到第二次世界大战爆发时，各国共拥有九百余艘潜艇，这些潜艇无论在吨位、航速、航程、潜深上，还是在武器装备、水声设备、电子设备以及动力装置上都有了长足的进步。

二战期间是潜艇发展的黄金阶段，在这一阶段，潜艇在技术性能、作战规模、战术水平等方面都有了质的进步。潜艇排水量增加到2000余吨，下潜深度100～200米，水下最大航速7～10节，水上航速16～20节，续航力达1万余海里，自给力1～2个月，装有6～10个鱼雷发射管，可携带20余枚鱼雷，并安装1～2门火炮。战争后期，潜艇装备雷达、雷达侦察仪和自导鱼雷，这使潜艇的攻击能力大为增强。德国潜艇还安装了用于柴油机水下工作的通气管，大大增加了潜艇在水下的续航力和航速。潜艇战斗活动几乎遍及各大洋，担负攻击运输舰船、水面战斗舰艇和侦察、运输、反潜、布雷和运送侦察、爆破人员登陆等任务。

二战期间，潜艇共击沉运输船5000多艘（2000多万吨），大、中型水面舰艇300余艘。战争中反潜兵力和兵器也得到很大加强和发展，被击沉的潜艇达到1100多艘。在二战时期，德国在潜艇作战中运用了赫赫有名的"狼群战术"，给盟军特别是英军的海军舰艇予以重创。此外，以美国为代表的其他进行了潜艇作战的国家，也在实战中积累了作战经验，提高了作战水平。

　　第二次世界大战后，世界各国海军十分重视新型潜艇的研制。核动力和战略导弹的运用，使潜艇发展进入一个新阶段。核潜艇在20世纪50年代出现在海军行列后，一直是各大国海军竞相发展的宠儿。在五个核大国中，美国率先实现了潜艇全部核能化，英国、法国也在20世纪90年代基本实现了潜艇核能化。俄罗斯虽然在核潜艇建造数量上是世界之最，但仍保留了一部分常规潜艇，而中国还是以常规潜艇为主，只拥有少数核潜艇。在世界其他国家中，除了印度租借过俄罗斯一艘核潜艇外，均因各种原因没有装备核潜艇。所以，常规潜艇仍在当代海军潜艇部队中占有一席之地。

　　核潜艇虽然先进，但也存在着技术复杂、造价昂贵、只适合在深海使用的弱点，一般国家往往没有战略需要，或是没有经济和科技实力，所以迄今世界上只有五个核潜艇大国。而常规潜艇经过百余年的发展，尤其是经过各种新技术的改造，具有技术成熟、造价低廉、浅海活动力强等诸多优点，很适合中小国家装备。特别是不依赖空气的AIP推进系统，使常规潜艇这株百年老树又焕发了新的生命力。

　　潜艇自问世以来已有一百多年的历史，在这百余年间，不同的历史阶段，涌现了不同型号的潜艇，各时代的潜艇都不乏佼佼者。

　　《潜艇——深海沉浮的夺命幽灵》是"兵典丛书"中一部关于潜艇的分册。这本书收录了潜艇发展史上不同阶段的最为经典、最为著名、最具影响力的潜艇，以这些少数具有代表性的潜艇作为主角，讲述了它们的身世背景、性能特点以及在战场内外的故事，从潜艇的角度展现了人类海战的历史。

　　我们相信，这些潜行于水面之下的幽灵是有生命的，它们将告诉我们那个狭小的潜艇内部浓缩了多少军事科技，那浩瀚的海洋上有多少未知的凶险，那漆黑的水下世界曾上演何等的传奇……

目录 CONTENTS

战事回响

第五章 神龙归来 ——当代常规潜艇

引言 常规潜艇新纪元

战事回响

第六章　龙腾四海——当代核潜艇

引言　顺应世界潮流，水下各有千秋

战事回响

1 幽灵问世
早期潜水艇

🐬 首次潜水：亚历山大大帝和玻璃桶的传奇

千百年来，人们一直梦想着探寻海底世界的秘密——那蔚蓝色的海水下面到底是什么？是什么让那汹涌的海浪击穿岩石，又是什么让那些巨大的战舰、油轮葬身鱼腹？千百年来，我们对海底的探索从未停止，也从未满足。

人类早在公元前350年就开始设法进入海底，去破解那深水世界的秘密。当时，有个马其顿王国，濒临大海，国王亚历山大大帝也是靠山爱山、靠海爱海的人。他想潜入海底，饱览海底风光，做一个前无古人后无来者的绝世大帝。有一天，亚历山大突发奇想，把自己装在一个透明的玻璃桶里，开始了人类最早的潜水行动。名人的影响是具有蝴蝶效应的，在亚历山大大帝潜水之后的几千年里，很多潜水员和探险者多次效仿亚历山大潜入海底，正是这样，潜水的基本原理被人们发现。

时光荏苒，潜水的历史在欧洲文艺复兴时期被彻底改变，画家兼发明家的达·芬奇神奇地画出了潜艇的设计图，而潜艇研究者意大利人伦纳德则提出了"水下航行船体结构"的理论。

水下也能行船？人们带着质疑的目光审视着这个改变历史的理论。1620年，荷兰物理学家科尼利斯·德雷尔成功地制造出人类历史上第一艘潜水船，它是人类历史上第一艘能够潜入水下并能在水下行进的"船"。它的船体像一个木柜，木质结构，外面覆盖着涂有

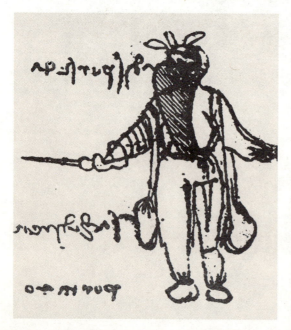

★达·芬奇设计的潜水服

★亚历山大大帝设计的潜水钟

油脂的牛皮，船内装有作为压载水舱使用的羊皮囊。这艘潜水船以多根木桨来驱动，可载12名船员，能够潜入水中3～5米。此潜水船的下潜是靠改变潜艇的自身重量来实现的。潜艇有多个蓄水舱，当潜艇要下潜时就往蓄水舱中注水，使潜艇重量增加超过它的排水量，潜艇就下潜。德雷尔的潜水船被认为是潜艇的雏形，所以他被称为"潜艇之父"。

此后百年间，潜艇的发展进入了"慢车道"。直到1724年，俄国人叶菲姆·尼科诺夫又制造出了一艘潜水船，这艘船用橡木、松木板、皮革、粗麻布、树脂、铁条、铜皮等材料制成。此后，潜艇的发展又一次进入停滞期。

🐢 潜水战船：为战争而生的武器

人类膨胀的野心引发了战争，战争又催生了各种各样的新式武器，潜艇便是其中之一。

17世纪初，荷兰物理学家德雷尔的潜水船成功下海，让人们看到了潜艇的巨大威力和战争潜力，因为它永远躲在暗处偷袭敌人，就像杀手，就像幽灵。终于，在1776年的美国独立战争中，潜艇这个躲在暗处的杀手被派上了战场。

当时，英军的军舰横扫大西洋，美联军有些独木难支。美国耶鲁大学毕业生戴维特·布什内尔在华盛顿将军的支持下，开始研究用潜水船打击英军的方法，潜艇发展史上著名的"海龟"艇就这样诞生了。虽然"海龟"号的攻击没有成功，但这不妨碍它成为世界上"第一艘军用潜艇"，因为它已经是一件完备的海底兵器，是具有杀伤力的。

时光流转，"海龟"诞生后直至19世纪初，如人们期待的那样，潜艇终于进入了正常发展时期。

爱尔兰裔的美国人罗伯特·富尔顿在战争狂人拿破仑的大力支持下，对"海龟"实施了解剖，研制出了让人瞠目结舌的"鹦鹉"号。在随后的战争中，"鹦鹉"号成功击沉双桅战舰"多罗西"号。可以这么说，"鹦鹉"号在很多方面已经接近了现代潜艇，因为它首次使用了水平舵，能够操纵潜艇保持或改变在水中的深度，大大改善了潜艇的操纵性。

几十年后，也就是19世纪中叶，德国人威廉·鲍尔根据富尔顿的设计改进制成了"火焰"号潜艇，其动力装置与自行车很相似，是用脚踏轮来带动螺旋桨转动。"火焰"号开创了潜艇历史上艇员逃生并且获得成功的先例。

1861年，美国南北战争爆发。为了打破北军对南军的封锁，亚拉巴马州的贺瑞斯·亨利于1863年和工程师麦克林、沃森三

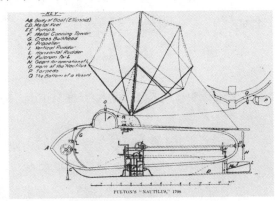

★"鹦鹉"号潜艇设计图

人一起研制出了"亨利"号潜艇。在1864年2月17日夜，"亨利"号击沉了北军的轻巡洋舰"豪萨托尼克"号。这是人类历史上潜艇作战的第一次实战胜利。

在"亨利"号击沉轻巡洋舰之后，人们开始思考这样一个问题：潜水艇是否能击沉巨大的战列舰呢？大家都知道，在航空母舰诞生之前，海洋上的霸主是战列舰。在作战飞机尚未装备军舰时，舰艇上最主要的武器就是舰炮，而战列舰之所以能在诸多舰种中排为龙头老大正是因为它拥有最厉害的火炮。

战列舰当霸主期间，其他战舰绝不敢说个"不"字，因为战列舰不仅攻击能力强，自身的防护能力也很强，不但装甲特别厚，而且设计有好几道水密隔舱，这样一旦被鱼雷击中，或是撞上水雷，海水不会漫延到所有舱室，战列舰不至于很快地沉没。

可以这么说，在以后的几百年里，潜艇的出现是随着水面舰艇的发展而作为对立面出现的，是水面舰艇的克星，双方在发展中对抗，在对抗中成长，在成长中成熟。

19世纪的最后十年中，潜艇已成为至少是具有潜在威慑力量的武器了。但是由于当时的英国、美国等海军大国对潜艇仍持怀疑态度，总认为潜艇只不过是弱小国家用于偷袭的武器，因此阻碍了潜艇的发展。

但是，当1898年法国的"古斯塔夫·齐德"号潜艇用鱼雷击沉了英国战列舰"马琴他"之后，英国人终于醒悟了，强烈要求英国政府赶快行动，以抗衡法国人因建造潜艇而带来的海上新威胁。同样德国和俄国也在无意之中领悟到潜艇可能将成为一种实用性武器而投入到建造潜艇的热潮中。在第一次世界大战前几年的时间里，潜艇终于越造越大，越造越好，并且以前所未有的速度增加着。

由于潜艇发展到此时，仍然开不快、行不远，鱼雷带得又很少，更因为不能在水下长期潜航，所以，它所担负的只能是保护本国海岸、在基地附近巡逻的任务。

世界第一艘军用潜艇
——"海龟"号

⊘ 完备的海底兵器：战火中诞生的"海龟"

1776年，美国独立战争正进行得如火如荼，英国的战舰如同凶猛的狮子一样，总是在美国的海面和港口上横行霸道，伺机捕食。

美国耶鲁大学毕业生戴维特·布什内尔深知改变历史的时刻来临了，他通读了所有关于潜艇的书籍，深信潜艇的巨大威力。当他站在华盛顿将军面前陈述潜艇的梦想时，他引用了英国人威廉对潜艇的定义：“有一种技术能够使船进入水下甚至到达水底，还可以再浮出水面。它有着巨大的体积，但是没有固定的质量，可以随时变重或变轻，上上下下任人控制……”

★ “海龟”号潜艇攻击水面舰船示意图

　　事情有时就是如此简单，在华盛顿将军的支持下，布什内尔制造了一艘新式潜艇，起名叫“海龟”号。

　　与现代潜艇相比，“海龟”号相当简陋，好像玩具一样。“海龟”号潜艇并不高，只有2米，外壳由橡木制成。那模样就像一个尖头向下的大鹅蛋。艇底有一个小小的水柜，艇里边有一个小水泵。水柜里灌上水，潜艇就能够潜到水中，用水泵把水抽出来，它就可以浮出海面。艇上设置压载水舱，用手动泵通过开关可调节进入的压载水量以控制潜艇的潜浮。

　　潜艇上还有一个手摇螺旋桨，只要一摇螺旋桨就能够让潜艇在水下航行。艇仅由一人操作，桨柄较长，使之达到操艇员的手臂范围内。艇内有一个罗经，使艇能一直保持正确的航向。艇上还设有水平和垂直两个螺旋推进器，以便艇作水平或垂直运动。艇上还装有两根通气管，以便换气。

　　潜艇外边挂着一个大炸药桶，向敌人战舰进攻的时候，潜艇开到敌人战舰下边，用木钻钻敌人战舰的船底，然后把炸药桶挂上，再装上定时爆炸装置。当潜艇离开以后，炸药桶就可以炸毁敌人的战舰了。

　　虽然“海龟”号的构造相当简陋，但它毕竟是世界上“第一艘军用潜艇”，因为它已经是一件完备的海底兵器，是具有杀伤力的。

◎ 首次大战：虽不完美但非比寻常

　　“海龟”号潜艇是为战争而生的一艘潜艇，造好后便被派上了战场。由于“海龟”号只能由一人操作，所以华盛顿将军将“海龟”号交给他最信赖的埃兹拉·里上士驾驶。“海龟”号潜水艇攻击英国的“鹰”号快速战舰的行动就此开始。

　　埃兹拉·里驾驶着“海龟”号潜艇在水下慢慢地航行着。埃兹拉·里来到英国“鹰”号战舰下边，就用木钻使劲地钻它的船底。谁知道，钻孔的位置没选好，怎么钻也钻不进去。时间一分一秒地过去了，埃兹拉·里一看带来的氧气快用完了，只好浮出海面，准备返航。

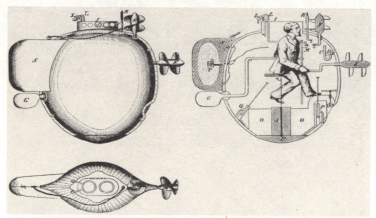

★"海龟"号潜艇结构图

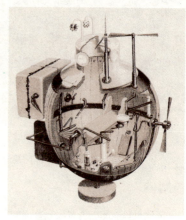

★"海龟"号潜艇内部结构图

就在这个时候，海面上开来一艘英国舰队的巡逻艇。英国人一眼就看见了"海龟"号潜艇，并迅速地追赶过去。

埃兹拉·里见敌军将至，便驾驶着"海龟"号潜艇迅速逃离，可是他怎么能跑得过英国人的巡逻艇呢？埃兹拉·里急中生智，赶紧把炸药桶放了下来，还点燃了定时爆炸装置。不一会儿，只听"轰隆"一声巨响，炸药桶爆炸了，炸得海面上蹿起一个冲天水柱，吓得英国巡逻艇扭头就跑。

英国舰队指挥官老远地看到这种情况，不知道美国人使用的是什么新式武器，赶紧命令舰队撤离了美国海岸。

在美国独立战争期间，"海龟"号用来进攻敌舰并没有获得成功。由人提供动力的潜艇并不十分有效，手轮不能提供足够的动力。19世纪的工程师们也发现很难封住螺旋桨出入口使其不漏水。直到效率高的汽油发动机研制出来后，潜艇才真正成为潜水艇。

虽然"海龟"号的这次任务未能成功，但是它是世界首例潜艇作战，揭开了潜艇战史的序幕。从此，人类的战场从陆地、水面延伸到了水下。

现代潜艇的鼻祖
——霍兰潜艇

◎ 霍兰传奇：中学教员走上潜艇之路

1861年美国南北战争爆发，在这场长达四年的战争中，海战起了至关重要的作用。那时，南方联军在海战中屡战屡败，原因是他们的木质战舰太过老旧，在北方联军新式的铁质战舰面前，简直不堪一击。英国人支持的北方联军依靠坚甲利舰逐渐占据了主动权，而这时，一个人正在默默地注视着战局的发展，他就是霍兰。英国人之所以专横，主要在于它的海上力量，一股强烈的民族感情激励着他，霍兰决心建造一种潜藏在水下的装甲舰打击狂妄的侵略者，拯救自己的国家和民族。

★"现代潜艇之父"约翰·霍兰

1841年2月24日，约翰·霍兰出生在爱尔兰的利斯凯纳镇。1856年，家境贫寒的霍兰进入一所学校学习英语，三年后又进入一所中等学校读书。这时，霍兰的父亲不幸病故，他只得结束学业，回乡做了一名理科教员。在从事教学工作过程中，霍兰对在当时尚属于新鲜事物的潜艇产生了兴趣，并开始了设计工作。

1873年，霍兰辞去了教师工作，带着他设计的一些潜艇图纸到了美国。1875年的一天，霍兰将他建造新型潜艇的计划送交给美国海军，用以抗击英军。但是，美国海军对于三年前发生的由"智慧鲸"号潜艇所带来的灾难记忆犹新，断然拒绝了霍兰的计划。有人甚至说"谁也不会坐这玩意儿到海底去送死"。

霍兰没有在挫折面前退却。很快，他得到了由一些流亡美国的爱尔兰革命者所组成的"芬尼亚社"的支持。这些爱尔兰革命者希望用霍兰制造的潜艇骚扰和打击英国人。

经过三年的努力，霍兰终于在1878年将他的第一艘潜艇送下了水。这艘潜艇被命名为"霍兰–1"号，是一艘单人驾驶的潜艇，艇长5米，装有一台汽油发动机，能以每小时3.5海里的速度航行。但由于水下航行时汽油发动机所需空气的问题没有解决，潜艇一潜入水下，发动机就停止了工作。虽然这是一艘不成功的潜艇，但霍兰却在它的身上积累了丰富的经验，为下一步建造新的潜艇打下了基础。霍兰在建造新潜艇时，"芬尼亚社"对潜艇的大小提出了要求，既要能在作战情况下有效地进行攻击，又要能够塞进特制的商船船舱里。这种特制的商船能够横渡大西洋，装成民船的模样，当遇到敌舰后，即将潜艇放出，以攻击敌人。

◎ 潜艇历史上的里程碑："霍兰-2"号问世

1881年，霍兰的第二艘潜艇建造成功，命名为"霍兰–2"号，也称"芬尼亚撞角"号。该艇长10米，装有一台功率为11千瓦（15马力）的内燃机，排水量19吨。为了解决潜艇的纵向稳定性问题，霍兰在艇上安装了保持纵向稳定的升降舵。同时，他还在这艘潜艇上安装了一门气动发射炮，使潜艇可以在水下发射一枚1.83米长的鱼雷。

　　"霍兰-2"号潜艇的成功之处在于首次安装了使潜艇能在前进中下潜而保持纵向稳定的升降舵。这艘潜艇下潜时，不是靠增加重量，而是用下潜舵（水平舵）来保持深度的；上浮时，利用少量贮备浮力上浮。这一设计在潜艇发展史上被认为是一个重要的里程碑。遗憾的是，这艘潜艇从来没有和英国军舰交过手。

　　19世纪80年代末，潜艇的发展引起了更多国家的兴趣，但是霍兰不幸被迫中止了潜艇的研制试验工作。原来，"芬尼亚社"的一些人见霍兰整天对潜艇进行试验，却丝毫没有用于作战的想法，便对他失去了耐心，并在一天晚上将他的第三艘潜艇和"芬尼亚撞角"号一起偷偷地运走了。

　　没有了"芬尼亚社"的资助，霍兰只得到一家气枪公司工作。后来，他在朋友们的支持下，又与炮兵上尉扎林斯基一起创办了一家潜艇公司，合作研制了他的第四艘潜艇，并命名为"扎林斯基"号。这艘潜艇于1886年首次进行下水试验时，滑道崩塌，全艇被毁。

◎ 世纪之艇："霍兰-6"号

　　1893年，法国建成了"古斯塔夫·齐德"号潜艇。这艘当时最先进的潜艇的诞生促使美国海军部举行了一次潜艇设计大赛，从而使霍兰有了翻身的机会。他不仅在大赛中夺魁，而且还于1895年接到了制造一艘潜艇的订货单，并从美国海军那里得到了一笔15万美元的经费。

　　为了建造一艘像样的潜艇，霍兰在几经修改设计后，定型了一艘长约26米，拥有一种最新的双推进装置的潜艇——"潜水者"号。该艇的双推进装置是指用于水面航行时使用的蒸汽机动力装置和用于水下潜航时使用的电动机动力推进装置。这可是潜艇双推进系统的"鼻祖"。不过，美国海军要求霍兰要让"潜水者"号能够用于水面作战，但霍兰认为，按照这种要求，是不能制造出满意的潜艇的，于是就放弃了"潜水者"号潜艇的建造工作，归还了美国海军的经费，开始用自己的钱来建造一艘新的潜艇。

　　1897年5月17日，时年56岁的霍兰终于成功地制造出了一艘长约15米，装有33千瓦汽油发动机和以蓄电池为动力的电动机的传奇式潜艇。该艇共有5名艇员，武器为一具艇艏鱼雷发射管（有

★ "霍兰"号潜艇

3枚鱼雷）和两门火炮，一门炮口向前，一门炮口向后，火炮的瞄准要靠操纵潜艇自身去对准目标。该艇能在水下发射鱼雷，水上航行平稳，下潜迅速，机动灵活。这就是霍兰设计的第六艘潜艇"霍兰-6"号，也是他一生中设计建造的最后一艘潜艇。

"霍兰-6"号艇的动力装置采用双推进系统，水面航行时，用1台45马力的汽油发动机推进，同时为蓄电池充电，水下航行时，用电动机推进，艇的水上航速可达7节，续航力1000海里，水下最高航速达5节，对应的续航力为50海里。

"霍兰-6"号对潜艇双推进系统的运用，使这艘潜艇取得了潜艇发展史上前所未有的成功，从而奠定了霍兰作为"现代潜艇之父"的地位。为了纪念霍兰这位伟

★霍兰与他的潜艇

大的先驱者，人们又将该艇称为"霍兰"号。但是，"霍兰-6"号潜艇的成功没有给霍兰本人带来任何好处。由于美国海军部一些官员的偏见和挑剔，这艘潜艇不仅没有被美国海军采用，反而使这位大发明家受到了恶毒的嘲讽。在一片讽刺声中，霍兰愤然辞职，放弃了其心爱的事业，并最终于74岁时积劳成疾，因肺炎病逝。

第一艘在公海远航的潜艇
——"亚古尔"号

🚫 让梦想成为现实："小亚古尔爸爸"诞生

在潜艇建造史上，从来不乏传奇。"霍兰"和"纳维尔"潜艇都是在军方的大力支持下建造，或者说他们建艇的目的都是为了击沉强大的军舰，从而占据战争的主动权。而美国潜艇"亚古尔"号却与众不同，美国青年西蒙·莱克建造潜艇并非为了击沉军舰。

西蒙·莱克在看了法国著名科普作家儒勒·凡尔纳的科幻小说《海底两万里》后，完全被迷人的海底生物所吸引。有一天，他突发奇想，想建造一艘新式潜艇，下潜到海底，然后从潜艇中走出来，以便采集海底生物。他的这个想法受到了周围人的嘲笑和讽刺，因为在那个时代，以个人的力量建造潜艇，简直是空谈，就像现在有个农民号称想要建造一

★著名的科幻小说家儒勒·凡尔纳

★科幻小说《海底两万里》中描绘的海底世界

艘宇宙飞船环游宇宙一样。西蒙·莱克感到了空前的压力，周围的人们能给他的只有冷眼。但是，这并没有阻挡住这位敢想敢干的年轻人。莱克从其亲属那里借来一笔钱，经过努力，于1893年建成了他的第一艘潜艇——"小亚古尔爸爸"号。

奇怪的想法，必然产生奇怪的东西，"小亚古尔爸爸"号也是如此。从外表上看，它也许是潜艇史上自"海龟"号以来最不像样的潜艇。它看上去就像一个特大的木柜子，长4.2米，高1.5米。艇体以松木板内衬帆布垫建造而成。艇体上方有个小舱盖，艇底安有三个木头轮子（前面一个，后面两个），轮子是由手摇曲柄带动行走的。"小亚古尔爸爸"号与其他潜艇相比独具匠心，它没有用于注排水的羊皮口袋或水泵、水箱等，而是采用装载足够重的压载物使之沉到海底，接着在海底用轮子滚动推进，如果要上升到海面，只要把压载物抛掉，艇体即可上浮。

出于对海底生物的着迷，莱克想深入海底世界，采集大量的海底生物，所以，他在潜艇中安装了空气压缩设备，并设置了一个空气闸舱。莱克使压缩空气设备所产生的空气压力与艇外海水压力相等，这样打开空气闸舱的舱门，人们便可以穿着潜水服从艇中走出来，而海水却不会涌进闸舱。人们将这种使海水不能涌进艇内而人能从艇的舱口自由进出的闸舱门叫做气门或水门。在气门的帮助下，莱克和他的伙伴在迷人的纽约湾海底，采集了大量海洋生物，度过了一段愉快的时光。

带着梦想去远航："亚古尔"号公海之游

时光流逝，莱克的想法也随时间的改变而改变。几年后，莱克对潜艇又有了新的认识，他开始了对"小亚古尔爸爸"号的不断改装，并于1897年完工。改装后的潜艇命名为"亚古尔"号。

"亚古尔"号潜艇无论在水上或水下航行，都由一台22千瓦（30马力）的汽油发动机来推动前进。由于汽油发动机工作时需要空气，所以莱克在艇上装有可伸出水面的吸气管和排烟管，同时取消了固体压载物，而用压载水箱来带动潜艇的沉浮。为了改善潜艇的适航性，莱克又在吸气管和排烟管外包上一层外壳，使"亚古尔"号外形类似于现代潜艇上层建筑（即潜艇的指挥台）的第二层艇壳。经过改装后的"亚古尔"号潜艇的上浮与下潜都是较为稳定的，并能在一个适当的深度上将内燃机水下工作时所用的通气管伸出水面，从而延长了潜艇水下滞留时间。

1898年，"亚古尔"号潜艇仅靠自身的动力，从诺福克航行到了纽约，成了第一艘在公海远航的潜艇。莱克的第二艘潜艇"保护者"号也于1901年下水。莱克潜艇的最大特点就是艇员可以在水下自由出入潜艇，因此完全可派人进行水下作战、扫雷和布雷。

莱克很想将潜艇奉献给自己的祖国，用于对敌作战，但美国海军部却拒绝了他的好意。莱克只好到国外去寻求他自己的位置，从而埋没了一代潜艇发明家的才华。

划时代的双壳潜艇
——"纳维尔"号

竞赛中诞生的优胜者

19世纪末20世纪初，浪漫的法兰西人意识到潜艇在海战中的巨大能量，法国开始制造潜艇。尽管爱尔兰人霍兰在潜艇技术上取得了优异的成就，但是在20世纪初，法国在这一领域仍居于领先地位。

1896年，法国海军部长像他的美国对手早先干过的那样，宣布进行一次公开的潜艇设计竞赛。法国原有的"吉姆特"和"古斯塔夫·齐德"艇多年来经过一系列的改进，稳定性已得到显著的提高，但是，法国海军部长洛克罗伊想通过这次竞赛得到某种与海军现有潜艇在某些方面完全不同的潜艇。

★建造中的单壳体结构潜艇

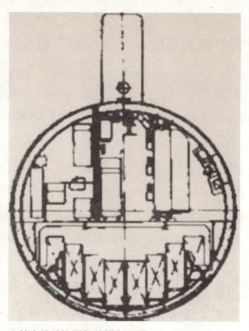

★单壳体结构潜艇的横剖面图

　　1899年，法国建成了新艇"莫尔斯"艇。但是，该艇仍保留着一个严重的缺陷：由于不能于海上给蓄电池充电，所以该艇的电动机仅能在水下提供充分动力，在水面航行时却无法使潜艇具有持续航行的能力。

　　法国海军部长洛克罗伊需要的艇是：它既能在水面高速航行较远的距离，又能在潜航时完成突然袭击所需要的比较近的距离。实际上，这样的艇很像"诺德费尔特"号奋力以求但未曾成功的那种潜水鱼雷艇。"诺德费尔特"号潜艇由瑞典人诺德费尔特建造，是现代潜艇的前身，是早期潜艇中最早装备鱼雷武器的潜艇。

　　潜艇设计竞赛取得了成果，法国科学家劳贝夫利用他所掌握的先进的潜艇技术和资料，于1899年制造出了大名鼎鼎的"纳维尔"号潜艇，并于同年下水。

◎ 蒸汽机与电动机：两个时代的动力结合

　　1899年，对于潜艇来说，是至关重要的一年，因为"纳维尔"号潜艇的出现，更因为"纳维尔"号潜艇的革新性，所以，"纳维尔"号潜艇一出现便引来了轰动。"纳维尔"号可以在水面航行，又具备鱼雷艇那种良好的适航性；潜艇的水面时速达到了引人注目的11节，续航力达到500海里；水下航行时，短距离内航速可达8节，如要作数小时航行，速度也能达到5节。此外，与"霍兰"艇相同的是，供水面航行用的发动机也能为给电动机供电的蓄电池充电。

　　"纳维尔"号和"霍兰"号潜艇的最大区别是：两者在水下航行时都是使用电动机，

但"纳维尔"艇在水面航行时使用的是蒸汽机,即霍兰在"潜水者"艇上使用过但后来又放弃了的那种装置。"纳维尔"艇实际上是两个艇体合二为一。

"纳维尔"的优点和缺点都集中在蒸汽机的应用上。20世纪初,内燃机尚处于原始阶段,而蒸汽机已经高度发展了。要想潜艇具有良好的水面性能,就要确保潜艇具有充足的动力,在当时,蒸汽机无疑是最好的动力装置。但是,蒸汽机对潜艇来说还是不够令人满意的,即使只限于用在水面航行也是如此。"纳维尔"号潜艇需要足足二十分钟的时间才能使发动机熄火,然后才能使艇下潜,而且在此时,舱内的余热会使艇员感到难以忍受。

◎ "双壳"革命:引领潜艇新潮流

与以往的潜艇不同,"纳维尔"号在其内壳之外又包上了一层外壳。这使得"纳维尔"号既有一个酷似鱼雷艇似的外壳,又有一个按照潜艇要求设计的内壳,艇员及所有装备都装在耐压的内壳之中。

内外壳之间的空间被充做压载水柜,并以此控制潜艇下潜和上浮。当该艇排除压载水柜中的水之后,即可像鱼雷艇一样具有良好的适航性,使得其水面航行的速度达每小时11海里,续航力为500海里;当压载水柜中注满水之后,"纳维尔"号又将与早先潜艇一样,它的水下短距离航速可达每小时8海里,即使在水下航行数小时,其水下航速也可达每小时5海里。

★建造中的双壳体结构潜艇

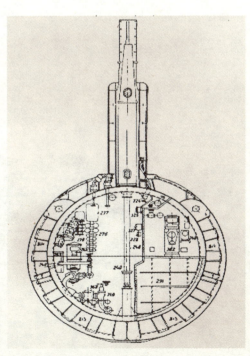

★双壳体结构潜艇的横剖面图

双层壳体结构使"纳维尔"号潜艇具有无可比拟的先进性。"纳维尔"号潜艇的建成，使潜艇的艇型发生了革命性的变化，双壳潜艇就此诞生。现代潜艇大多是双壳潜艇，现代双壳潜艇就是在"纳维尔"号潜艇的基础上发展起来的。

战事回响

🎧 首沉战舰的潜艇——"亨利"号

1861年，美国南北战争爆发。战争爆发时，南北海军共有各型舰船42只，不过北方海军占有明显优势。鉴于此种情况，南方海军只得借用美国潜艇"开山鼻祖"著名工程师富尔顿当年留下的潜艇设计方案和图纸，建造了几艘潜艇。1862年2月，在经过了两艘原型潜艇的航行试验后，"亨利"号顺利下水并马上开往前线。

"亨利"号潜艇曾在1863年8月底与10月中旬先后两次沉没，但都被打捞了上来，再次投入战场。

1864年2月17日晚上8时许，在中尉乔治·狄克逊的指挥下，8名艇员奋力摇动曲柄轴，驱动着"亨利"号潜艇秘密潜入北方海军基地——查尔斯顿港，悄悄逼近北方海军的"豪萨托尼克"号巡洋舰。

★ "亨利"号潜艇（素描）

晚上8时45分，"豪萨托尼克"号的瞭望手已经是又累又困，但他不敢有任何松懈。关于南方联邦秘密武器的传闻不时出现在他的脑海中。突然他发现战船的右舷处有什么东西浮出海面，乍一看好像是一头浮出海面喷水玩的小鲸。但他马上意识到这样的东西不太可能是小鲸，而是南方联邦的神秘武器，而他们的战船可能随即遭到攻击。

于是他马上拉响了警报。战船上的水手们迅速各就各位，并向不明物体不停地射击，但已经来不及了。此时，"亨利"号潜艇已经向"豪萨托尼克"号成功地发射了一枚重达90磅的"长杆"鱼雷。

片刻之间，鱼雷击中了"豪萨托尼克"号右舷的水下部位。只听一声足以惊天震海的巨响，人类历史上第一次潜艇成功攻击大型水面舰艇的纪录诞生了。

然而接下来，"亨利"号潜艇却发生了潜艇史上戏剧性的一幕。乔治·狄克逊中尉看到已经准确击中敌舰，便急忙指挥8名艇员改变方向，全力驶离作战区域。但狄克逊很快发现，虽然他们的推进速度已经达到了极限，但"亨利"号不但没有撤离战区，反而慢慢地向正在下沉的"豪萨托尼克"号靠近。就这样，狄克逊及另外8名艇员在完成攻击后带着胜利的喜悦同他们的潜艇一起，成了"豪萨托尼克"号的殉葬品。直到1995年，人们才发现此潜艇的残骸就在离事发点1000多米处。

2000年8月8日，"亨利"号被打捞出海。一些美国专家展开了对"亨利"号的研究。随着对"亨利"号研究的深入，专家们对于"亨利"号的沉没给出了几种推断，但最终无法形成定论。因此，"亨利"号的沉没至今还是个谜。

"亨利"号潜艇创造了人类历史上第一次潜艇成功攻击大型水面舰艇的纪录，同时这个纪录也是潜艇被用于军事用途后的首次胜战纪录，"亨利"号也因此被载入史册。虽然"亨利"号在创纪录之后便随即离奇地沉没了，但这更给它增添了几分神秘感与戏剧色彩，从而让它成为了史上一艘别具一格的潜艇而受到世人瞩目。

第二章

蛟龙出海

一战时期的潜艇

引言 战火中的新生——从附属舰种到海战生力军

但凡一种新武器的诞生，总会经历一个让人们接受的过程，这个过程很漫长，十年，二十年，甚至是上百年，潜艇便是其中的代表。潜艇作为一种水下攻击武器，从一开始就被定义成"躲在暗处的杀手"。虽然大家都知道"明枪易躲，暗箭难防"，但要让高傲的将军和士兵们真正地接受自己变成一个躲在暗地里放暗箭的人，则需要一个很长的过程……

20世纪初，潜艇装备逐步完善，性能逐渐提高，出现具备一定实战能力的潜艇。但是，由于技术不够完善等原因，此时的潜艇还没有显现出像战舰一样可靠的且具有威胁的战斗力。另外，在20世纪初，人们仍然认为潜艇作战不够正大光明，有损骑士风度，加上当时普遍认为潜艇不具独立作战能力，只能算海军的一个辅助舰种，因此，潜艇作战仍被大多数国家拒绝。直到1914年，潜艇的命运才得到了转机。

从1914年开始，德国U型潜艇在大西洋上相继击沉了英国和俄国的巡洋舰，这些事件刺激了各国对潜艇战的研究，潜艇作战由此正式加入世界战争史。到1915年，各海军强国基本上都建立了各自的潜艇部队。其后不久，这些强国纷纷卷入了第一次世界大战，潜艇也有了一显身手的好机会。

★一战时期德国潜艇在英国南岸抢滩登陆

当然，一战时各国海军的主力还是水面舰艇，尤其是当时叱咤风云的战列舰，潜艇作为初登战场的"新兵"，还只能是辅助性的兵力。战前，各国潜艇数量也不是很多，德国有28艘，法国有38艘，俄国有23艘，美国50艘左右，英国最多，为76艘。其中，以德国潜艇性能最为优秀，尤其是U-23～U-41艇，它们的最大潜深为48米，水下航速将近10节，巡航速度4节，蓄电池可供潜艇在水下航行1小时左右，蓄电池能量耗尽后需浮出水面用柴油机充电。

在第一次世界大战中，德国海军最为重视潜艇的运用，德国是第一个发动潜艇作战的国家。在战争期间，德国共拥有350艘潜艇，在潜艇的主要作战武器——鱼雷的发展上也有了显著提高。名垂潜艇史册的"一艇沉三舰"就是德国潜艇部队的经典之战。

1917年2月11日，德国宣布进行无限制潜艇战，共有111艘德国潜艇投入了战斗，给协约国方面，尤其是英国造成很大损失，并且牵制了协约国方面的大量人力物力，初次显示了潜艇在现代海战中的重要作用和对整个战争的重要影响。

第一次世界大战后，潜艇从海军的一个可有可无的附属舰种，逐渐成为一支海战生力军，历经战火洗礼的潜艇获得了新生。各主要海军国家开始重视建造和发展潜艇。潜艇的数量不断增加，种类增多，到第二次世界大战前夕，共有潜艇900余艘。

一艇沉三舰的U型奇兵
——U-9号潜艇

◎ U艇诞生：德国U艇战绩卓著

★ **U-9号潜艇性能参数** ★

水上排水量： 254吨	**水上续航力：** 1600海里/8节
水下排水量： 303 吨	**水下续航力：** 35海里/4节
艇长： 40.9米	**鱼雷发射管口径：** 3 x 533毫米
艇宽： 4.1米	**高射机炮口径：** 1 x 20毫米
吃水： 3.8 米	**动力装置：** 2台发电机
水上航速： 13节	2台柴油机
水下航速： 6.9节	**轴数：** 2轴
最大下潜深度： 80 米	**编制：** 25人
艇载燃油量： 12吨	

★U-9号潜艇图1

　　1900年前后，法国先后制造了"古斯塔夫·齐德"号和"纳维尔"号潜艇，其卓越的性能和击沉英国军舰的战绩让德国人羡慕不已，好战的德意志人决心研制自己的潜艇。

　　于是，自20世纪初期，德国人开始了以柴油机为动力的U型潜艇的研制工作。

　　1906年初，德国的日耳曼尼亚造船厂为德国海军建造的第一艘潜艇"U-1"号成为大西洋上最令人恐惧的武器。此后，德国人开始建造更多U型潜艇。随着第一次世界大战的爆发，德国U型潜艇的建造数量更是创造了世界之最。

　　第一次世界大战中，各参战国先后共建造了640余艘潜艇，德国建造的潜艇就有300多艘，其中U型潜艇以其卓越的水下机动性和作战能力在海上出尽了风头。

　　U-9号潜艇是U型潜艇中富有代表性的一艘，在第一次世界大战中创造了辉煌。1914年9月22日，德国U-9号潜艇首次出海，从此开始了它的航程。

🚫 性能卓越：续航能力超群

　　U-9号潜艇采用柴油动力。20世纪初，掌握柴油动力技术的国家可谓少之又少，德国便是一个，由此可以看出德国的海洋军事能力在当时属于一流水平。相比于蒸汽潜艇，采用柴油动力的好处就是续航能力强，水下噪音比较小，这也成为所有U型潜艇的看家法宝。

　　可以这么说，U-9号潜艇已经是现代潜艇了，它有完备的武器系统，水雷、鱼雷俱全。下潜深度也达到了在当时让人恐惧的80米。

⊗ 经典大战：U-9一艇沉三舰

在20世纪初的德国，所有武器的制造只有一个目的，那就是用于战争，并在战争中将武器的实用性最大化。所以，在第一次世界大战中，德国海军最为重视潜艇的运用，并成为第一个发动潜艇作战的国家。在战争期间，德国共拥有350艘潜艇，在潜艇的主要作战武器——鱼雷的发展上也有了显著提高，最经典的战役就是德国潜艇部队的"一艇沉三舰"，而这幕大戏的主角就是U-9号潜艇。

1914年9月23日，德国海军U-9号潜艇在比利时奥斯坦德港和英国马加特之间的伏击阵位上游弋待机，清晨时分，U-9艇发现了三艘英国皇家海军巡洋舰，即"阿布基尔"号、"霍格"号和"克雷西"号，排水量均为12000吨。韦迪根艇长指挥U-9艇悄悄向"阿布基尔"号靠拢，在听到"鱼雷准备完毕"的报告后，他下达了发射命令。鱼雷带着咝咝的响声从发射管中冲了出去。6时30分，随着一声巨响，"阿布基尔"号被击中。

为了清查战果，韦迪根艇长升起潜望镜，令他难以相信的是，"霍格"号巡洋舰不但没有进行任何规避或反潜行动，反而待在危险区域内抢救"阿布基尔"的落水船员。原来，英国人根本没有意识到是德国潜艇攻击了他们，还以为是撞上了水雷。

韦迪根艇长当然不肯放过这个绝好机会，U-9艇再次进入了攻击阵位。这时，U-9艇艇艏突然下倾，但训练有素的艇员们没有慌乱，在轮机长的命令下，除鱼雷发射舱和指挥舱人员外，所有艇员都跑到艇艉以保持艇身平衡。6时55分，两枚鱼雷又从第一、第二发射管中呼啸而出，半分钟后，两声巨响传来，"霍格"号也被击中，并迅速开始下沉。

★U-9号潜艇图2

★U-9号潜艇艇长 奥托·温丁根

U-9艇也开始下潜规避，准备逃离这块是非之地。

两艘军舰被击沉使幸存的"克雷西"号舰长约翰逊海军上校意识到是遭到了潜艇的攻击，但看到在水中挣扎的同伴，这位上校没有下达攻潜的命令，而是下达了救援的命令，这个错误的决定又将"克雷西"号送入了绝境。

韦迪根并没有跑远，当他观察到英国人的举动后，无论如何不想放弃这块已经到嘴的"肥肉"。不过，这次攻击就没有前两次那么轻松了。当"克雷西"号发现U-9艇之后，203毫米的主炮毫不客气地向它怒吼起来。但是，这些炮弹想击中当时还很小巧的潜艇并不容易。U-9艇在冲天的弹雨中向"克雷西"号发射出两枚艇艉鱼雷，鱼雷准确命中了"克雷西"号。但这一次英舰并没有受到重创。于是，韦迪根下令艇艉鱼雷管重新装雷，并指挥潜艇进入新的发射阵位；很快，U-9艇上的最后一枚鱼雷射了出去。7时30分，"克雷西"号在一声巨响中遭到了灭顶之灾。

仅仅一个小时之后，这条爆炸性新闻迅速传遍了世界，国际海军界为之震惊：一条"铁皮壳"似的潜艇，只用了一个小时，就将三艘万吨级的巡洋舰击沉，在此之前这是人们连想都不敢想的事。

可以说，这场潜艇战斗在震惊国际的同时，一定程度上促进了传统海战思想的转变，引发了人们对潜艇作战能力和作战用途的思考与探索。

皇家海军的后起之秀
——英国E级潜艇

◎ E艇出世：英国人不甘落后

19世纪末，法国、美国、德国都有了自己的潜艇，海上霸主英国的多艘军舰被潜艇击沉，英国海军不得不把潜艇计划重新提上日程，国防部也同时给出了海战预测报告，预言潜艇会成为未来十几年的海上作战利器。大不列颠海军终于放下了高傲的绅士风度，不

★ E级潜艇（第1～3批）性能参数： ★

水上排水量： 652吨（1批）662吨
（2批及3批）

水下排水量： 795吨（1批）807吨
（2批及3批）

艇长： 53.65米（1批）
54.86米（2批及3批）

艇宽： 6.86米

吃水： 3.68米（1批）3.81米（2批及3批）

水上航速： 9.75节

水下航速： 15.25节

续航能力： 325海里（水面）

自持能力： 24天

动力： 2 x 1600 马力 维克斯柴油引擎
2 x 840 马力 电动马达

武器装备（1批）： 1 x 18双发射管
2 x 18射柱管
1 x 18船尾发射管
8枚鱼雷
1 x 12磅 甲板炮

武器装备（2及3批）：
2 x 18双发射管
2 x 18射柱管
1 x 18船尾发射管
10枚鱼雷
1 x 12磅 甲板炮

编制： 3名军官、28名士兵

远万里跑到美国订购了5艘"霍兰"号潜艇。

英国人还是很自知的，他们感觉到总是引进潜艇不是长久之计，所以，从1906年开始，英国开始研制D级潜艇。该级潜艇排水量500吨，双层壳体，适航性好，并且安装有试验型柴油机。

事实证明，英国人永不服输的精神救了他们自己，如果他们将D级潜艇装备到几年后开始的一战海军中，那么其结果将是惨败，他们会有更多的战列舰被击沉。于是，英国皇

★英国D级潜艇

★英国E级潜艇示意图

★英国E级潜艇

家海军在D级潜艇的基础上开始了E级柴电潜艇的研制工作，所以说E级潜艇是英国D级潜艇的改进型号。首艇，也就是E-1潜艇，于1912年建造完毕并开始服役。

⊘ 性能优异：皇家海军潜艇部队的骨干

英国皇家海军的E级柴电潜艇于1912年至1916年间建造，E级潜艇服役后，成为第一次世界大战时英国皇家海军潜艇舰队的骨干。

到1916年，英国总共建造了58艘E级潜艇，其中还包括2艘为澳大利亚皇家海军建造的潜艇，舰号分别为AE-1、AE-2。这些E级潜艇中有20艘由英国BAE系统公司巴罗船厂建造。随着一战的展开，英国对该级潜艇的需要激增，于是另外又有12个船厂也加入了该级潜艇的建造工作。E级潜艇总共分3批建造，第1批10艘，第2批 12艘，第3批36艘。

在所有的E级潜艇中，第3批中的6艘艇是作为布雷潜艇建造的，也最为独特，用20具纵向鱼雷发射管代替了2具横向鱼雷发射管，其他各艇都是作为海上巡逻潜艇建造的。

三批建造的E级潜艇性能指标各有不同，但差别不太大，水面排水量一般为700吨左右，装有4具457毫米口径鱼雷发射管（艏艉各2具）、1门76毫米甲板炮，水上航速15节，水下航速10节，续航能力为300多海里，这在当时来说性能已经相当优异了。

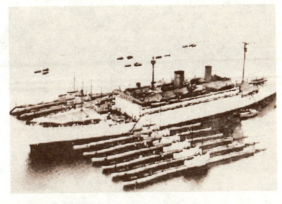
★英国E级潜艇群

★达达尼尔海峡地理位置图

🚫 E艇出击：鏖战达达尼尔海峡

E级潜艇是为一战建造的最成功的一个级别的潜艇，该级潜艇也是英国在一战期间的潜艇部队主力。E级潜艇参加了整个一战，活动范围非常广泛，北海（大西洋的边缘海，位于大不列颠与欧洲西北之间，通过多佛尔海峡与英吉利海峡相连）、波罗的海、大西洋和地中海都曾见证了它们战斗的身影。

在E级潜艇一生参加的所有行动中，最

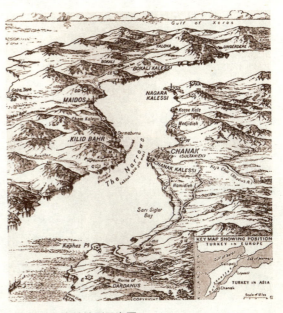
★达达尼尔海峡地形示意图

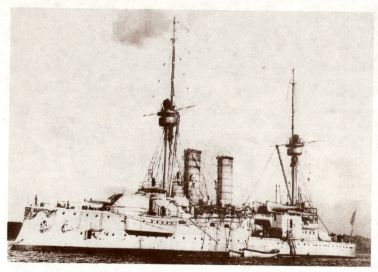

★土耳其海军的"巴巴罗萨"号战列舰

★E-11潜艇的艇长史密斯少校

为精彩的是协约国部队在1915年企图突破土耳其海峡以包围君士坦丁堡的行动。这个行动构想最初是由英国当时的海军大臣丘吉尔提出来的，其目的是为了打开一条从黑海到遭围困的俄国之间的后勤补给线，同时还可以给土耳其帝国以致命一击，从而迫使其退出战争。虽然协约国军队占领君士坦丁堡的图谋最终被土耳其军队击溃，但在此役期间发生的潜艇突袭战却是不容忽视的——英国E级潜艇多次成功地突破了防守森严的达达尼尔海峡，经过层层堵截进入到了马尔马拉海域，有力地破坏了土耳其通往前线的海上补给线。凭借着出色的表现，它在早期的潜艇战中为自己写下了光辉的一页。

达达尼尔海峡是一条西南至东北走向的狭窄水道，连接爱琴海和马尔马拉海。海峡南临亚洲，北边是欧洲的加里波利半岛。达达尼尔海峡的入口位于海勒斯角与库姆卡莱之间。海峡由此向前延伸60多千米达到土耳其的加里波利市。海峡在此处变得宽阔起来，呈喇叭形汇入马尔马拉海。

1915年3月下旬，皇家海军的3艘E级潜艇（舷号分别为E-11、E-14及E-15）奉命出击。它们从英国出发，加入到正在地中海东部集结的英法联合舰队，支援即将开始的加里波利行动。而另一艘E级潜艇（AE-2）也正由澳大利亚驶来。澳大利亚从英国购置该艇还不到一年，艇上军官全部是英国人，艇员则一半澳大利亚人，一半英国人。

在航行途中，由史密斯少校任艇长的E-11潜艇和哈里·斯托克少校任艇长的AE-2潜艇中途转道马耳他岛作了短暂停留进行修理。4月中旬，E-14潜艇和E-15潜艇率先抵达位于莫德罗斯的协约国海军基地。莫德罗斯基地位于希腊的利姆诺斯岛、达达尼尔海峡入口西面80千米处。4月18日，完成检修的E-11潜艇在史密斯少校的率领下抵达莫德罗斯基地。但E-15潜艇已在16日夜晚，试图乘着夜色强行通过达达尼尔海峡时，在凯菲兹角遭遇土耳其火炮攻击，葬身海底。E-15潜艇艇长布罗狄及3个艇员当场死亡，其他人全部被俘。

4月21日，斯托克艇长率领AE-2抵达莫德罗斯基地，但该艇的首次受命出击就因为机械故障被迫中断。接着，在协约国部队登陆加里波利前几个小时，AE-2潜艇于4月25日凌晨3时进入了达达尼尔海峡。进入海峡后，为避免被土耳其的探照灯发现，该艇始终保持着潜望镜深度航行。但在AE-2巧妙地逼近雷区时，却被土耳其人发现，遭到了炮火攻击。斯托克艇长命令潜艇下潜至雷区以下，但就在此时一枚水雷的锚绳擦到了AE-2潜艇的艇身，于是潜艇在位于纳洛斯的最狭窄水道处重新回到了潜望镜深度。正在这时AE-2潜艇成功地用鱼雷击沉了土耳其一艘炮艇，但在敌方炮火下AE-2潜艇随后在恰那克卡雷附近搁浅。AE-2潜艇不惧艰险，成功地摆脱了敌人的袭扰。最后冒着敌方巡逻艇的追杀以及沿岸炮火的袭击， AE-2潜艇成功突破了敌方设在纳洛斯的防线，抵达了海峡北口。驶出海峡后，为了安全起见，斯托克艇长命令潜艇下潜至海峡底部，第二天一整天潜艇都保持在水下。

第二天晚上9时，AE-2潜艇再次浮出水面。斯托克向协约国指挥部拍发了无线电报，报告了潜艇顺利穿越海峡的消息。

斯托克的电报来的正是时候：当时负责指挥整个加里波利行动的英国汉密尔顿将军已经焦头烂额了。澳新军团从爱琴海海岸的一处后来被称为澳新军团湾的地方登陆，其横穿半岛及绕过海峡的行动进行得并不顺利。行动的现场指挥官建议立即撤退。而AE-2潜艇成功穿越达达尼尔海峡的消息无疑给了汉密尔顿巨大的信心。他命令澳新军团部队抢修防御工事，一定要坚持下去。

AE-2潜艇顺利穿越达达尼尔海峡后，又来了一个马赛大回旋。1915年4月26日凌晨，AE-2潜艇成功进入了马尔马拉海域，并对土耳其的海运船只进行了袭扰，当然也不断遭到敌方护航舰只的攻击。

★英国E-11潜艇

4月27日凌晨，E-14潜艇进入达达尼尔海峡。波义耳少校原本打算以水面航行的方式通过纳洛斯，但却被敌方探照灯发现并遭到了炮火攻击。他很快意识到这个方案行不通。波义耳于是命令潜艇下潜。

4月29日，波义耳艇长率领E-14潜艇与AE-2潜艇在马尔马拉海西部实现了会合。他与斯托克艇长约好第二天在卡拉·布努角再次会合。不幸的是，当AE-2潜艇在约定的时间抵达会合地后，刚刚上浮到水面，立即被土耳其人发现，遭到了猛烈的追击。为了逃避敌人的追踪，该潜艇紧急下潜。无奈潜得过深，潜艇试图纠正深度时，遇到了意想不到的密度层，海水的密度突然增加，压力也随之增大。潜艇艇艏随即破裂。而此时土耳其"苏丹乃瑟"号鱼雷艇的炮火也洞穿了AE-2潜艇。斯托克和他的艇员们将潜艇凿沉后，弃艇而逃。潜艇刚沉入海底，他们就被俘了。

波义耳艇长和他的E-14潜艇算是比较幸运的。整整三个星期时间内，他们成功地在马尔马拉海域与土耳其人对抗着。直到5月18日，他们才返回爱琴海。该艇是第一艘穿越达达尼尔海峡并成功返回的潜艇。在这次巡逻任务中，波义耳少校率艇击沉了土耳其两艘炮舰和两艘运输船。其中，最重要的是一艘白星航运公司的轮船。它装载了许多重型火炮及6000名土耳其士兵，目的是补充土军在加里波利的损失。

在E-14潜艇返回爱琴海之前，协约国在另一次海峡行动中又遭遇了一次损失。5月1日，土耳其发布消息，称法国"朱尔"号潜艇被击沉，所有艇员全部遇难。此时距该艇离开莫德罗斯仅一天。然而，这个挫折并没有吓倒E-11潜艇的艇长史密斯少校。E-11潜艇此时已休整完毕。借助波义耳率领E-14潜艇积累下的经验，史密斯少校率领该艇于5月19日天亮之前驶入达达尼尔海峡。16个小时之后，它抵达马尔马拉海域并上浮至水面。航行期间，在纳加拉角附近，它曾与土耳其"里斯"号和"巴巴罗萨"号战列舰有过短暂的相遇。不过，由于被咬得很紧，E-11潜艇都没有找到开火的机会。

抵达马尔马拉海域后，E-11潜艇随即展开了巡逻任务。此次任务持续了两周半

★明轮古船模型

的时间。在史密斯的率领下任务完成得相当出色，给土耳其在马尔马拉海域的海上运输造成了极大的麻烦。为此，史密斯还获得了维多利亚十字勋章。虽然出发时只携带了10枚鱼雷，但E-11潜艇却击沉了4艘大型汽船、2艘军火船以及1艘鱼雷炮艇。他们还曾试图再次追踪"巴巴罗萨"号战列舰，但是没有成功。

在执行任务期间，E-11潜艇曾强行连续几天征用了一艘土耳其帆船，把它绑在潜艇靠近岸边一侧作为炮灰。还有一次，E-11潜艇将一艘明轮蒸汽船追到了海滩上。一群土耳其骑兵及时赶到，才使这艘明轮蒸汽船幸免于难。在撤退前，E-11潜艇上的水兵们使用轻武器与敌人公开交火。

5月25日，史密斯率艇以潜望镜深度驶入君士坦丁堡港。在以圆形航线避开自己发射的鱼雷后，该艇成功地将"斯坦布尔"号运输船击沉。当时，该船系泊在金角湾外的兵工厂码头。此次行动是史密斯取得的最大的胜利。但就在史密斯还没来得及确认鱼雷是否已经击中目标的时候，在博斯普鲁斯海峡南端，E-11潜艇突然卷入了汹涌的交叉涌流和密度层，失去了深度控制，撞向海底，在海底绕了至少两圈，才回到了马尔马拉海域。

这次行动给土耳其造成了巨大的震撼，暴露了其首都在防御海上攻击方面的脆弱性。同时在君士坦丁堡街头爆发了骚乱，码头上也停止了一切活动。土耳其不得不对加里波利前线的增援路线作了更改。与此同时，史密斯和E-11潜艇又开始了另一次历时10天的行动。在归航途中，该艇使用最后一枚回收再利用的鱼雷击沉了在纳洛斯海面活动的又一艘土耳其大型运输船。

6月6日，E-11潜艇安全离开了达达尼尔海峡。

★加里波利战役中英军补给部队被困安扎斯湾

　　7月中旬，德国人在位于纳洛斯的最狭窄水道布置了巨大的反潜铁网。铁网一直延伸到水下60多米，并由配备深水炸弹的巡逻艇看守。尽管E-20潜艇在试图通过时被铁网缠住，被迫投降，但大多数E级潜艇都能够杀开一条血路，继续执行它们的任务。许多潜艇还不断夺取土耳其帆船上的货物，以延长执行任务的时间。另外它们还利用安装在甲板上的火炮，对岸上的敌方军火工厂和弹药库进行轰炸。还是在这次巡逻任务中，史密斯故伎重演，击沉了停在君士坦丁堡港内码头的一艘运煤船。最后，E-11潜艇埋伏在海峡内，在纳洛斯击沉了"巴巴罗萨"号战列舰。

　　1916年年初，加里波利战役降下了帷幕。此战共有13艘协约国部队的潜艇参与了达达尼尔海峡行动，虽然损失了其中8艘，但却创下了骄人的战绩，土耳其方面损失了2艘战列舰、1艘驱逐舰、5艘运输船、44艘蒸汽船及148艘帆船。其中101艘是被史密斯率领的E-11潜艇击沉的，史密斯还创下了47天的最长巡逻时间纪录。由于率领E级潜艇的杰出表现，在二次世界大战前，他出任英国海军第二军务大臣。史密斯死于1965年。

　　除了舰船和物质上的损失，单是土耳其的补给线所遭受的损失都是灾难性的。1915年年底时，土耳其对加里波利的所有补给几乎全都被迫改走马尔马拉海沿岸的土路，要么就绕道近1000千米通过铁路运输。尽管土耳其最终取得了陆上作战的优势，但其陆上运输十分不便。

　　由于海上战争的胜利，使土耳其后勤方面受到了非常重大的影响，但协约国部队对这一点却没能加以利用。另一方面，协约国部队也没能继续采用大胆的单人突袭方式，切断达达尼尔海峡通往土耳其北部的交通线。如果当时协约国部队这样做了的话，第一次世界大战的结果也许会大不一样。

传奇般的"海上疯子"
——U-21号潜艇

⊘ 传奇之艇：迷幻身世，显赫战绩

　　20世纪初，几乎所有主要沿海国家都开始建造潜艇，潜艇的排水量越造越大，性能也不断得到提高，同时数量也在激增。到第一次世界大战爆发前夕，各国拥有的潜艇数量为：意大利19艘、俄国15艘、法国38艘、英国76艘、德国28艘、奥匈帝国6艘，这些潜艇的排水量都不超过1000吨，柴油机做动力，武器为鱼雷发射管和火炮。例如英国于1912年建成一批"E"级潜艇，其水面排水量约700吨，装备有4个18英寸口径的鱼雷发射管，水

上航速可达16节，水下航速可达10节，有效航程为3000海里。

人们对这个新出现的潜艇，在海战中处于何种地位，采用何种战法，能起到多大的作用等等，提出了各种各样的疑问和设想。有不少海军将领仍然迷信"大舰巨炮制胜"的观念，对潜艇的作用持否定的态度，并争论不休。只好将潜艇放到实战中去进行检验。

★U-21潜艇

在潜艇作战方面，德国人走在了世界前列。战争一开始，德国海军就非常重视潜艇的使用，派出大批U级潜艇活跃在英国的海上交通线上，时刻在寻找它的猎物。而U-21潜艇则是他们中最先进的潜艇之一。

◎ "沉默的疯子"：这才是真正的潜艇

★ U-21号潜艇性能参数 ★

水上排水量： 279 吨	**动力装置：** 2台发电机
水下排水量： 328 吨	2台柴油机
艇长： 42.7米	**动力输出：** 2 x 180马力（电）
艇宽： 4.1米	2 x 350马力（柴）
吃水： 3.8米	**艇载燃油量：** 21吨
水上航速： 13节	**高射机炮口径：** 1 x 20 毫米
水下航速： 6.9 节	**鱼雷发射管口径：** 3 x 533毫米
水上续航力： 3100海里/8节	**鱼雷：** 5 枚
水下续航力： 43海里/4节	**水雷：** 12枚
最大下潜深度： 120 米	**编制：** 25人

和U-9号潜艇相比，U-21号潜艇非常先进。首先，它也采用柴油动力，下潜深度达到了让人恐惧的120米，43海里的航速能力也比在同时期的U-9号强悍，艇载燃油量达到了21吨，可以这么说，U-21号潜艇可谓是"海上的疯子"。

U-21就像个沉默的潜行者一样，它的静默能力实在是超强，以至于战后德国很多士兵都说：U-21才像个真正的潜艇。

◎ 不是传说胜似传说：U-21的传奇战绩

一战中，正当德国的所有报刊都在大肆宣扬U-9号潜艇的战绩之际，德国海军的另一艘潜艇U-21却正在创造着另一项更令世人目瞪口呆的战绩。

1914年9月，几乎就在U-9击沉"阿布基尔"等3艘巡洋舰的同时，U-21在艇长赫森的指挥下也刚刚将英国的一艘轻型巡洋舰"探路"号送入海底。

10月，U-21又将一艘由英国向法国运送枪支弹药的运输舰"孔雀"号击沉，没过多久，U-21又一次使一艘英国运煤的轮船消失于海上。

1915年，艇长赫森指挥U-21采取了一次大胆的行动，他们闯进了被英军视为"圣地"的爱尔兰海，这里，海面上"岗哨"林立，戒备森严，水下处处都有英军布下的反潜水雷。到这里"觅食"，无异于虎口拔牙。然而，就在英国人的眼皮底下，U-21击沉了3艘英国舰船，甚至于一天夜里竟驶近英国海岸向附近的一个机场开炮。

当时许多人，包括德国人自己都不能理解赫森的举动，如果不是神经有问题的话，谁会拿自己的脑袋去冒险呢？从此，U-21和它的艇长一起多了一个绰号——"海上疯子"。然而这些举动对于赫森自己来说，却算不得什么，更疯狂的事情还在后面呢！

1915年初，协约国的海军舰船对土耳其实施了猛烈的袭击，土耳其政府请求德国给予支援，德国答应了土耳其的请求。德军决定派出潜艇前往地中海。没几天，U-21潜艇驶出了威廉港。U-21只身穿过协约国层层封锁的直布罗陀海峡，航行4000余海里，终于抵达了亚得里亚海域。在一个夜晚，U-21乘着夜色悄悄地摸进了协约国在希腊角附近的海军锚地，这时协约国做梦都不会想到德国的潜艇来到了他们的身旁。是夜平安无事。

第二天清晨，希腊角附近风平浪静，碧空如洗，蔚蓝色的海面上不时掠过一群群海鸥。赫森一觉醒来，伸伸懒腰，开始了新的一天。他将潜望镜悄悄伸出水面，这一看不要紧，赫森兴奋得差点跳起来。锚地里，密密麻麻摆着几十艘各型舰船，望着那一艘艘舰船，赫森暗中庆幸——自己立功的时候到了。要收拾这些目标对于赫森来说简直易如反掌，然而麻烦的是那些庞然大物旁边窜来窜去的巡逻艇。经过一番精心策划，赫森选中的首要目标是英国的战列舰"凯旋"号。

"艇艏鱼雷管准备！"赫森横下心来，毅然决定冒险一试，谁也舍不得放弃这么好的机会，"预备——放！"

随着赫森的一声令下，一枚鱼雷跃出发射管，直奔"凯旋"号而去……"轰隆"，只听一声震耳欲聋般的爆炸声，"凯旋"号如同遭到蜂蜇一般，巨大的身躯重重地摔向水面，激起了一股冲天浪柱，鱼雷还引起了舰内一连串的爆炸。几分钟后，"凯旋"号沉入海底。"凯旋"号的突然爆炸，引起了锚地的一阵骚动，巡逻艇、驱逐舰立即封锁了锚地出口，准备捉拿窜入禁地的捣乱鬼，然后将它撕成碎片。然而此时的U-21根本就没有跑的打算，当鱼雷跃出发射管时，胸有成竹的赫森马上命令潜艇迅速下潜，向"凯旋"号方向驶去，他知道最危险的地方恰恰是最安全的。

U-21藏在了"凯旋"号残躯的身旁，所以尽管英军向水下投掷了大量的深水炸弹，却没有损伤U-21一根毫毛。入夜后，英军的戒备稍稍放松下来，U-21又悄悄浮了上来，赫森这次选择的是另一艘战列舰"尊严"号，经过仔细的观察，赫森还选好了逃跑的路线。

"艇艉鱼雷管准备发射！""发射！"赫森果断地下达了攻击命令。不一会儿，一声轰天巨响，U-21又把"尊严"号送入海底，乘着英军混乱之机，赫森和他的U-21悄悄地溜出了锚地，胜利凯旋。

一战时期，战列舰是当之无愧的海上霸主，赫森和他的U-21远离基地，单枪匹马闯进英军戒备森严的锚地，两天之内将两艘战列舰击毁，一举改写了德军潜艇史上的新纪录。

在第一次世界大战中，赫森凭借他的U-21成为战绩最大的德国潜艇艇长之一，德国海军把他当做偶像来推崇。第一次世界大战结束后，法国人悬赏2万马克缉取赫森的脑袋，由此可见赫森和他的U-21当年是何等的风光。

战事回响

🎧 无限制潜艇战

如果说一战期间，哪种潜艇战术最为有名，相信所有了解那段历史的人都会说是无限制潜艇战。

大名鼎鼎的"无限制潜艇战"是德国海军部于1917年2月宣布的一种潜艇作战方法，即德国潜艇可以事先不发警告，而任意击沉任何开往英国水域的商船，其目的是要对英国进行封锁。德国在1914年第一次世界大战开始后，就对协约国实施潜艇战，给英国商船和战舰以重大打击，后因担心美国等中立国的反对，不得不采取"有限制潜艇战"。但到1917年2月4日，德国海军部为打破因战争僵局而引起的经济困难，正式宣布实行"无限制潜艇战"。此后，协约国商船的损失由1月份的30万吨增至2月份的40万吨，再猛增至3月份的50万吨，直到4月份的85万吨。英国出海的商船中，平均每4艘就有1艘被击沉。

为了击败德国潜艇，英国海军军部咨询了许多数学大家，根据概率，数学家们指出，集体航行是减少损失的最好办法。因此，为维护海上交通线，英国海军部采取了"船队护航体系"的紧急措施。这就是说，将十几艘或几十艘的商船编成船队，由驱逐舰或巡洋舰护送，往返于美英国家之间。由于护航舰艇安装有声呐和深水炸弹，可以反击德国舰艇，因而大大减少了商船的损失。

1917年10月开始按照上述办法护航后，在12月，协约国商船损失数字分别下降为24.58万吨和23.16万吨。随着反潜战术的不断发展，德国潜艇的损失逐步增加。1918年，德国潜艇虽然仍击沉了协约国商船1283艘，注册吨位达292.2万吨，但它只及1917年击沉数的一半。而协约国造船的总吨位则比损失数字增加了100万吨，从而打破了德军潜艇对英国的封锁。

在第一次世界大战期间，协约国为打破德国的"无限制潜艇战"，共动员舰艇和辅助舰船5000艘，飞机3000架，终于挫败了德国的"无限制潜艇战"，对保证第一次世界大战的胜利起了积极作用。

◎ 英德潜艇博弈战

第一次世界大战刚开始，英国的战舰和货船在大西洋上遭到了德国U型潜艇的疯狂袭击。

1915年2月，英国货船在英国的东海岸沿海和南北爱尔兰的西部海面上首次遭到德国潜艇袭击。德国潜艇喜欢突然袭击，平均每天击沉1.9艘船只，每月近10万总登记吨。英国布雷艇很快就开始制止这种威胁，但在1918年夏季之前，多佛尔海峡一直都不能有效地封锁潜艇的活动。

1915年5月，"U-20"潜艇在爱尔兰南部沿海击沉了英国班船"卢西塔尼亚"号，死者中有128名美国人。美国向德国提出了强烈抗议，并要求保证美国人在海上的安全，保证旅客班船不

★被击沉的"卢西塔尼亚"号

受袭击。德国人驳回了这一抗议照会，声称"卢西塔尼亚"号上载有战争物资，因此对其袭击是理所当然的。美国人虽然火气很大，但正如德国人所预见的那样，美国还不准备参战。

1915年8月，英国客轮"阿拉伯"号在爱尔兰的金塞尔外海通过德国"U-24"潜艇的航线时，马上被"U-24"潜艇击沉了，船上三个美国人的死亡使美国的抗议达到战争威胁的程度。德国人动摇了。9月20日，德国皇帝批准了停止袭击客船的命令，于是潜艇战的第一阶段就此结束了。德国人把潜艇袭击的重点转移到地中海。到1915年底，100多艘协约国商船在地中海被击沉。

1916年初，海军上将蒂尔皮茨和陆军上将卢登多尔夫不知根据什么得出结论说，美国对潜艇战已变得比较赞同了。但德国皇帝拒绝考虑击沉"捕获法"规定以外的船只，并命令说只能在交战地带，并且只能对武装商船搞不警告袭击。不过不到两个星期就又出现了德美危机。3月24日，没有武装，没有护航的法国汽轮"索塞克斯"号在英吉利海峡被"U-29"潜艇误认为是军舰而击沉。沉船上的伤亡人员中有三名美国人，这使威尔逊总统在4月18日威胁说要与德国断绝外交关系。德国政府5月4日作出答复，以"索塞克斯"号发誓，保证今后潜艇对商船的袭击一定严格按照"捕获法"的规定，为了旅客与船员的安全，在击沉船只之前要先进行调查，搜查和采取预防措施。海军上将谢尔认为要按"捕获法"办事，潜艇战就不可能胜利，于是就把他的北海潜艇支队从西部水域召了回来，并宣布针对英国商船的潜艇战已经结束。德国皇帝对此表示赞同，并下令开展一场激烈的仅针对协约国军舰的潜艇战。

这样，从1916年5月到9月，德国人就试图用潜艇伏击协约国海军舰艇。谢尔计划用巡洋舰引出大舰队的部分军舰，让伏击的潜艇将其击沉。大舰队出动巡弋时，德国人部署了12艘潜艇。与此同时，德国潜艇按照"捕获法"还在地中海对防卫力量不强的商船打消耗战。英国人蒙受损失后在3月中旬决定，远东船队改用航程较远，但比较安全的好望角航线。

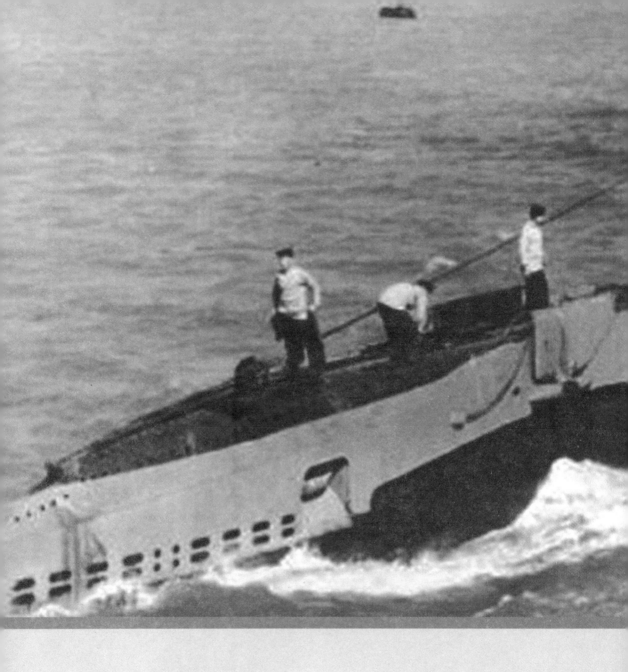

3 群龙闹海

二战时期的潜艇

🌀 引言　潜艇新时代

　　二战期间，潜艇共击沉运输船5000余艘，计2300余万吨，占各国运输船总损失吨位的62%，远远超过其他兵力击沉运输船吨位的总和；潜艇还击沉各种战斗舰艇400余艘。此外，潜艇的作战行动还牵制了对方大量兵力。

　　潜艇取得的辉煌战果，在一定程度上影响了战争的进程和结局，潜艇的战果也足以证明潜艇是海军的主要兵种和海战的主要突击兵力之一。第二次世界大战，宣告了潜艇作为海军主力舰艇时代的来临……

🌀 战略思想的转变让潜艇得以重用

　　潜艇自出世以来到第一次世界大战后，已经表现出了出色的战斗力。其地位也从海军中可有可无的角色，逐渐转变为一支海战生力军。但是，作为一种新生事物，从无到有、从有到强往往需要一个漫长的过程，潜艇也是如此。除了技术层面的原因外，人们的思想层面上的因素也起到决定性作用。尽管在第一次世界大战中，潜艇的表现有目共睹，但是在二战前，包括德国在内的各国都没有给予潜艇足够的重视与信任，直到战争中各国才逐渐转变思想，这种思想上的转变，使得潜艇得到重用，逐步走向了成功。

　　在二战开始时，德国海军仍拘泥于传统的海战思想，没有把潜艇当做海军的主要突击力量，仅将其看做水面舰艇的辅助兵力，使用大型水面舰艇在大西洋交通线上进行奔袭作战，攻击英国运输船和水面舰艇。当大型水面舰艇的巡洋作战受到英国强大的水面舰艇和航空兵力的猛烈抗击，遭到惨重的损失后，德国海军才清醒过来，把破坏交通线的任务完全交给潜艇。这一认识的转变，使潜艇充分发挥了作用，严重削弱了英国的经济和战争潜力，德国几乎赢得大西洋海战的胜利。

★二战日本潜艇1

　　二战期间，对潜艇的认识最为不足的国家就是日本。在战争期间，依靠水面舰队主力决战的思想一直在日本海军占据统治地位。他们认为潜艇只是水面舰队的战斗保障兵力，将潜艇完全隶属于水面舰队，让潜艇担负为主力舰队进行侦察、警戒和掩护等任务。战争期间日军还派潜艇为水上飞机进行中途加油、炮击海岸与岛屿、携带飞机对敌岸侦察和轰炸、为被围困岛屿运送粮食和弹药等。而攻击运输船的任务只不过是潜艇的一项附带性任务，甚至规定："只有在没有值得一击的舰艇时，方可攻击运输船"，"对一艘运输船的攻击，只能发射一枚鱼雷"。这种落后的认识和僵化做法，严重地妨碍和束缚了潜艇作用的发挥。以至于在整个战争期间，日本潜艇战绩甚微，只击沉运输船140余艘、巡洋舰以上大型水面舰艇5艘，而潜艇的损失却很大，被击沉了130艘，遭到毁灭性的打击。

★二战日本潜艇2

★二战日本潜艇3

相比于日本海军，美国海军在战争初期也存在由水面舰队进行主力决战的思想，由于日本偷袭珍珠港，使其水面舰队主力遭到重大损失，故赋予潜艇的作战任务是攻击敌人大型水面舰艇。但随着战争形势的发展，美国很快改变了对潜艇的看法，认识到潜艇是施行破坏敌方交通线任务最有效的兵力，所以将潜艇的作战任务由攻击大型水面舰艇为主改为以攻击运输船为主。这一改变，使潜艇在战争期间击沉日本运输船1100余艘，计470余万吨，1944年美国潜艇平均每月击沉日本运输船20万吨，基本切断了日本的航运线，造成日本战争资源枯竭和供应困难，加速了日本的投降。

☯ 武器装备左右潜艇战的成败

战争是力量与智慧的对抗，武器装备是决定战争胜负的物质基础。而如果没有足够数量的质量过硬的武器装备，那么在战争中必然要处于劣势。二战前各国对其潜艇的认识不足，对战争的准备也不充足，以至于战争初期，诸多参战国家所装备的潜艇从数量到质量，都未能完全适应二战的需求。

由于认识上的问题，二战前德国对潜艇建设没有足够的重视。战争爆发时在列潜艇仅有57艘，而且能用于大西洋作战的只有22艘，平均保持在海上活动的潜艇只有5～7艘。这与实际需求相距甚远。战争初期，德国潜艇的建造速度也很缓慢，这种状况直到1941年下半年才有所改善。由于潜艇数量的不足，使德国的潜艇战没有发挥出更大作用，从而贻误了对英国实施潜艇作战的最佳时机。

日本将潜艇作为水面舰队的辅助兵力，二战前仅建造了63艘，其数量占日本舰队的7.9%。战争期间又将分给海军的钢材首先用来保证战列舰、航空母舰的建造，从1941年至战争结束，日本只建造了129艘潜艇，使得在列潜艇数仅维持在战前水平。日本潜艇在战争中得不到足够的补充和加强，作战能力逐年下降。到战争结束时，能够参战的潜艇只有10余艘，以这样弱小的潜艇兵力，抗衡美国强大的反潜兵力，无异于自取灭亡。

与日本海军相反，太平洋战争爆发时，美国已拥有121艘潜艇，日本偷袭珍珠港后，潜艇意外地未受损失，成为美军反击日本海军的唯一兵力。根据战争形势的发展，美国海军及时调整了潜艇的作战任务，加强了潜艇的建造，整个战争期间共建造了203艘潜艇。由于使用得当，加之日本反潜能力很弱，战争期间美国海军仅损失了52艘潜艇，这就保证了其潜艇战的顺利进行。

二战中除了潜艇的数量对潜艇作战有直接的影响外，潜艇装备的质量对潜艇作战的影响也不可忽视。

战争开始时，美国潜艇使用的鱼雷数量不足，质量也差。鱼雷的引信不可靠，定深也不准，发射出管后有的命中目标不爆炸，有的则过早爆炸，爆炸的碎片甚至落在潜艇上。美国

"棘鬣鱼"号潜艇在一次战斗中曾13次占领有利射击阵位，实施鱼雷攻击，无一命中。另有一艘潜艇对一艘停泊中的日本油船连续发射了9枚鱼雷，全部命中目标，但一枚也未爆炸。鱼雷的质量问题使美国潜艇在战争开始的两年半里，没有可以信赖的武器，有的潜艇甚至不得不改装水雷武器去执行任务。

二战中，日本不注意采用新科学技术成果改进潜艇装备。在美国反潜兵力大量使用雷达以后，其潜艇夜间充电和雾中航行均受到很大威胁，在这种情况下，日本仍然无动于衷，直到1944年才在部分潜艇上装备了雷达。在争夺塞班岛期间，日本20余艘潜艇参战，损失了13艘，其中三分之二是未装雷达者。与日本海军不同，美国海军根据潜艇作战的需要，在战争中不断改进潜艇的战术技术性能。例如，增加潜艇的速度和下潜深度、采用鱼雷射击指挥仪、加大鱼雷携带量、装备新型声呐和雷达等，使潜艇的作战能力不断增强。

德国潜艇在战争开始后不久，也出现过类似的鱼雷危机。U-47号潜艇在挪威战役中，曾对一列停泊中相互重叠、形如长垣的英国运输船队发射了8枚鱼雷，但毫无成效。鱼雷的质量问题使德国潜艇在1940年上半年进行的挪威战役中，实际上没有武器可用。二战中，德国是潜艇战进行较好的国家，但其潜艇战最终还是失败了，除了其他原因外，在技术装备的发展上，德国潜艇逐渐落后于同盟国反潜兵力，也是一个重要因素。

经过二战的洗礼，特别是反潜作战的进步，潜艇装备也有了相应的进步，潜艇技术逐渐走向成熟。

★二战德军潜艇

🌀 战争的洗礼催生潜艇战法的进步

二战中，参战国的潜艇除了装备上的进步，在战法上也有了显著的进步。

德国潜艇部队吸取了第一次世界大战的经验教训，在战前就研究了潜艇使用的"狼群战术"，并通过训练和演习不断加以改进和完善，制定出潜艇"合群战术"条令，汇编入"潜艇艇长手册"之中。因此，战争爆发后，德国潜艇是有的放矢地进行作战，在对潜艇的认识改变、潜艇的数量增加后，便果断地实施了"狼群战术"。这一新颖的战法取得了很大战果，德国的"狼群战术"曾给同盟国造成很大威胁，直至1943年5月，由于英、美反潜能力的增长，超过了德国潜艇的战斗能力，才使其"狼群战术"逐渐失效。

美国潜艇部队在太平洋战场上之所以能够取得较大战果，"不仅是因为指挥官指挥得当和潜艇艇员的技术熟练，还因为它有一套完整的战术，这套战术是十分灵活的，并根据实战经验和多变的作战特点，不断加以改进"。

日本偷袭珍珠港后几个小时，美国当局就下令对日本实施无限制的潜艇战。1942年6月，太平洋舰队的潜艇部队由舰队直接指挥改由潜艇司令部指挥，潜艇司令部成立了专门小组，派出考察人员随艇出海，及时总结潜艇作战的经验。为了有效地实施破交作战，提高潜艇作战效率，潜艇司令部根据日本运输船队的特点，研究并采用了适合太平洋海域作战的"狼群战术"。每一"狼群"一般不超过3艘潜艇，以便在战斗中保持密切协同。实施这种"狼群战术"的方法是两艘潜艇分别在护航运输队的两侧占领攻击阵位，第三艘潜艇占领船队的后面阵位，准备袭击受伤的舰船。但是，在实战中准确地占领这样的阵位是非常困难的，因此，潜艇司令部根据实际情况，及时地对战术进行了修改，规定潜艇为占领适宜的阵位可以随机应变。这就能使潜艇艇长们充分发挥主观能动性，更多地把握战机。从1944年至战争结束的一年多时间，美国潜艇的"狼群"广泛活动在日本沿海、南海、菲律宾海域及印度洋，击沉了大量日本舰船。

★二战美军潜艇

★二战时期作战中的美军潜艇

　　当新技术装备舰艇后，美国潜艇也注意及时研究和改进作战方法。起初，美国潜艇基本上是白天在水下状态，使用潜望镜进行鱼雷攻击，安装雷达后则多利用夜间在水面状态进行攻击；当装备了鱼雷射击指挥仪后，潜艇鱼雷攻击除了继续使用直进射击方法外，又采用了转角射击新方法，缩短了占位时间，增加了攻击的机会。

　　武器装备是战争的物质基础，但仅仅拥有先进的武器是不够的，还必须配以好的战法。只有使用得当的战法，才能充分发挥武器装备的作战效能，从而赢得战争，这是二战潜艇战法给予我们的启示。

贵族气质的传奇潜艇
——U-47号潜艇

◎ 海魔出世：战列舰的克星

一战后，《凡尔赛条约》规定战后德国不能拥有潜艇。希特勒上台后决定大力发展海军，主要对象是潜艇和大型水面作战舰艇。当时的海军上校邓尼兹接受任务，决定建造大型潜艇用于远洋作战，由于受《凡尔赛条约》约束，研制潜艇需要秘密进行，秘密的设计工作一直在荷兰、芬兰进行。

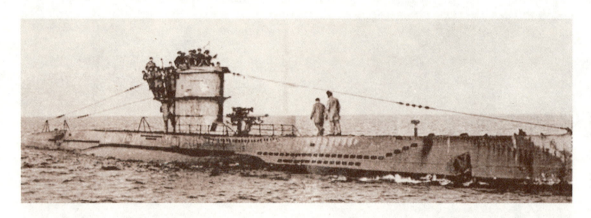

★U-47号潜艇

1935年6月18日，德国与英国签订了回避《凡尔赛条约》的限制协议书，规定了德国的海下武装力量要限制在英国的45%以内。于是德国于1935年开始建造潜艇。事实上，希特勒的第一艘潜艇在协议签订那天已经下了水。

U-47号潜艇隶属于UIIB型。UIIB型潜艇作为德军在二战期间的主力潜艇型号，曾给盟军带去了不小的麻烦。UIIB型是由UIIA型潜艇发展而来的，大名鼎鼎的UIIA型潜艇曾在一战中为德国海军立下了赫赫战功。故而，很多人称U-47号潜艇是带有贵族气质的潜艇，原因就在于此。

1937年2月27日，U-47号潜艇下水，试验成功。1938年2月17日，U-47号潜艇正式服役。1939年10月，德国海军U-47号潜艇大胆地潜入位于斯卡帕湾的英国皇家海军基地，一举击沉"皇家橡树"号战列舰。这次成功的战例成为海军史上一个传奇般的故事——不仅因为它具有重要的战略意义，也因为完成这次作战任务的精彩过程。

德军突袭斯卡帕湾的成功，极大地撼动了当时的英国政府，他们开始意识到自己在海上并非无可匹敌，由此也引发了大西洋上英国皇家海军与德国海军潜艇部队旷日持久的激烈斗争。

1941年3月7日，U-47号潜艇失事沉没，艇上45人全部丧生。在服役的四年多时间里，U-47号潜艇共完成10次战斗巡逻任务，战绩显赫，共击沉各类舰船31艘，总吨位191918吨，击伤各类舰船8艘，总吨位63282吨。

◎ 航程增大：改进的VIIA型

U-47号潜艇是VIIB型U艇，它是在VIIA型的基础上作了很多改进的潜艇：航程增大，可以深入大西洋更远的海域；航速提高，增加了艇艉鱼雷舱，提高了储弹量。VIIB型U艇的甲板上有四个水密舱，用于储备鱼雷，使得鱼雷总数达到14枚。VIIB型U艇弥补了VIIA型的许多缺陷，为后来大规模建造的VIIC型艇提供了非常有益的经验。

★ VIIB型潜艇性能参数 ★

排水量： 750吨	**最大下潜深度：** 250米
艇长： 66.5米	**鱼雷发射管数量：** 5具（艇艏4具/艇艉1具）
水上最高航速： 17.2节	**鱼雷总数：** 14枚
水下最高航速： 8节	**甲板武器：** 1门20毫米机枪
水上航程： 6500海里/12节	1门88毫米火炮
水下航程： 90海里/4节	**编制：** 44～48人
设计下潜深度： 100米	

整个战争期间，该型U艇一共建造了24艘。最为成功的是U-47号、U-99号、U-100号、U-48号等。

临危受命：成功突袭英海军基地

而VIIB型潜艇中最令盟军恐惧的是U-47号潜艇，使U-47号潜艇成名的艇长正是大名鼎鼎的冈瑟·普里恩。

1939年，英德的深海较量正进行得如火如荼，德国人正酝酿着一次大的突袭行动，目标直指英国皇家海军在不列颠群岛上的主力舰队锚地——斯卡帕湾海军基地。

斯卡帕湾海军基地位于苏格兰以北的奥克尼群岛。这一地点恰恰位于德国海上运输线出入北海的要冲，具有极其重要的战略意义。毫无疑问，该基地也经常会出现一些对于德军潜艇而言极富诱惑力的目标，但正和其他坚不可摧的要塞一样，斯卡帕湾戒备森严，尤其是对可能发生的潜艇攻击。第一次世界大战期间，德国海军中校厄姆斯曼指挥的UB-116号潜艇曾于1918年10月潜入斯卡帕湾，但由于触雷而沉没，所有艇员丧生。人们认为，任何企图突破斯卡帕湾的尝试，都需要非凡的胆略和高超的技术。用时任德国海军潜艇部队总指挥官邓尼兹的话来说，任何攻击者都"需要最为大胆与强烈的进取心"。因为他们所要面临的不仅是重兵防守的皇家海军，还有无法事先预知的强烈海流，它的力量足以使潜艇偏离预定航线而陷入危险境地。

一直以来邓尼兹都想尝试让一艘德国潜艇潜入这一水域并给予英国皇家海军沉重一击，这样英国人在数年之内都将一蹶不振（建造一艘战列舰并将其列装需耗费3～4年时间）。德国海军情报部门为此做了大量的准备工作，并通过德国空军和部分出海巡逻的潜艇收集到了部分关于斯卡帕湾的情报资料。1939年9月26日，德国空军设法拍摄了一些该

★U-47号潜艇艇长普里恩

基地的清晰照片；同年9月在斯卡帕湾附近海域巡逻的U-16号潜艇也冒险靠近斯卡帕湾带回了一些极有价值的报告。在针对上述情报仔细研究后，德国海军潜艇部队司令部得出结论：必须采取夜间攻击的方式，因为那时海底的水流较为缓慢。接下来的问题就是确定执行攻击任务的人选。

这个人便是时年31岁的普里恩。普里恩当时已是具有7年作战经验的艇长。普里恩于1933年加入德国海军，曾参加西班牙内战，在他的首次战斗巡逻中就取得击沉3艘敌舰、总吨位66000吨的战果，并因此获得二级铁十字勋章。在邓尼兹的回忆录《十年与二十天》中，邓尼兹记录下了他当年的考虑："我必须作一次尝试，我的选择倾向于海

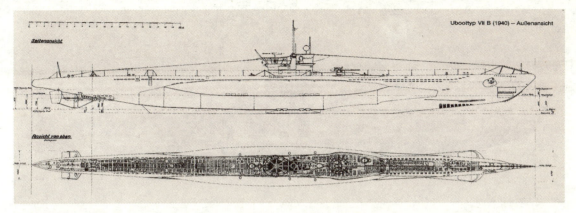

★VIIB型潜艇结构图

★U-47潜艇胜利返航

军上尉普里恩，他是U-47号艇的艇长。在我看来他完全具备执行任务所需的个人品质和专业技能，看上去再合适不过。我把所有的有关资料都递给了他，告诉他可以选择接受或者放弃。"

　　这一天是1939年10月1日，邓尼兹给了普里恩48小时研究作战计划并作决定。当晚普里恩将作战计划拿回家仔细研究到深夜。次日，他决定接受这次作战任务，因为他完全有信心成功地完成这次作战任务。攻击的日期被定在10月13日或14日夜间，因为此时的海流较平缓。

　　当潜艇上原有储备的物资被卸下，取而代之的是比以往执行任务时少得多的补给品时，U-47号潜艇上的艇员已经清楚这是一次极为特殊的任务。U-47号潜艇是一艘排水量为750吨的VIIB型远洋潜艇，该型潜艇独特的艇体舯部鞍状水柜设计使得潜艇航程达到6500海里，这样的航程足以远航至英国甚至大西洋中部。

　　1939年10月8日，U-47号潜艇满载鱼雷缓缓离开基尔港，沿着事先谨慎制定的航线经由威廉港驶往北海，在那里改航向往南并潜航以避免被水面船只发现自身的位置。此次作

★U-47号潜艇模型

战任务代号为"P"，航线的制定是在高度机密的情况下完成的，然后由邓尼兹亲自口述给海军司令雷德尔。在潜艇离港出发的时候，码头上甚至没有举行任何出海仪式。

10月12日晚，依靠声呐和盲目估算几乎在水下航行了一整天的U-47号浮出海面并开始修正航线。此时天气逐渐发生了变化，浓云和空中的细雨使得星光隐没不现，辨别航向和方位极为困难。根据海岸上发出的灯光，普里恩确信自己已经离奥克尼郡不远。事实上，潜艇当时的确已经到达位于距离奥克尼郡不到1.8海里的位置。普里恩的估计相当准确，其高超的航海经验毋庸置疑。艇上不明实情的艇员甚至问普里恩："我们是否要去拜访奥克尼郡？"得到的回答是："不，是斯卡帕湾。"

10月13日，凌晨4点，潜艇开始排气下潜，深度定在水下150米。

形势已经变得明朗，作战任务也得以解密。普里恩告诉手下艇员次日的任务便是进入斯卡帕湾。由于接下来的几乎一整天必须在水下度过，普里恩命令所有人节省空气和用电，如无必要不许四处走动。接着照明便中断了，潜艇控制室的仪表、管道轻微渗漏的水滴和海水从四面挤压艇壳发出的声响成为艇内唯一的噪音。

次日下午4点，全体艇员用餐完毕，桌椅器皿都整理完毕，艇员的铺位也都折叠起来。为了避免潜艇被俘，几名艇员在潜艇底部安装了炸药。每个人都检查了自己的救生衣，同时撕掉自己帽子上的舰队标志以避免可能被俘后暴露自己的身份。普里恩命令全体艇员作好战斗准备，攻击行动即将开始。

◎ 一战成名：U-47号击沉"皇家橡树"号

突袭斯卡帕湾，这是艇长普里恩掌管U-47号潜艇以来接受的最为重要的任务。因为这次突袭行动不仅要重创不可一世的英国皇家海军，同时也是德军潜艇部队的正名之战。多次大战的经验告诉普里恩，这将是一次冒险的旅程。让他意想不到的是，这次行动成为他与U-47号的成名之战。

1939年10月13日19点，普里恩终于下定决心，他下令潜艇上浮。电动机开始全速运转，在水下80英尺的深度，水下侦听器报告未侦听到海面传来的任何噪音。在上浮至45英尺深度时，普里恩命令升起潜望镜。经过观察，夜幕已经降临并且海况良好。19点15分，普里恩下令浮出海面。于是柴油机开始运转。在接下来的四小时里，U-47号随着海潮向赫姆海峡西北方向以半速缓慢前行。为了躲避海面过往的船只，潜艇时常潜入水中，同时还得与逐渐强烈的海流抗

★斯卡帕湾地理位置示意图

衡。进入斯卡帕湾的时间计算得有些偏差，有一股强大的海潮此时正流入斯卡帕湾。如同落入激流中的独木舟一般，U-47号勉强进入夜幕中的科克海峡。

23点31分，潜艇开始进入斯卡帕湾，其间艇壳底部甚至与铺设在海底的系缆索发生了摩擦碰撞，使潜艇急剧右转并搁浅。由于此前普里恩根据水深情况下令潜艇采用半潜航状态行进，眼下只有向水柜内继续排气，U-47号因此成功地再次浮起。前方的海峡逐渐变宽，水流也减缓下来。为了防范潜艇攻击，宽度不到一千米的海峡内的水下密布着许多人为的沉船和其他水下障碍物。根据出发之前搜集到的情报显示，采用通过科克海峡的路线进入斯卡帕湾是极其困难的，几乎难以渗透进去。而此时的U-47号潜艇正是沿着这条航线向前航行。午夜12点27分，普里恩在作战日记中写道：我们已经进入斯卡帕湾。

突然一道亮光射向U-47号，将它的指挥塔围壳照得雪亮。这亮光来自岸边圣玛丽小镇一条公路上碰巧路过的出租车前灯。强光照射之下，指挥塔上的艇员甚至可以望见岸上的卡车和岗哨。所有人都惊慌失措，看起来行踪已经暴露，遭受攻击已是在所难免。幸运的是出租车并未发现潜艇，而是拐了个弯继续朝斯卡帕湾方向开去。不管怎样，眼前的形势已经没有退路。U-47号潜艇当前的任务就是尽快寻找攻击目标。

普里恩一面指挥潜艇继续向西航行，一面仔细观察海面。尽管视野良好，潜艇向前缓慢航行了3.5英里却未能发现任何船只。事实上，出现这样的情况是德国海军情报部门的

疏漏。就在不到一个星期以前，德国海军"格奈森诺"号战列舰由"科恩"号巡洋舰和九艘驱逐舰护航前往北海引诱斯卡帕湾内的英国皇家海军舰队出击，希望英国舰队正好落入德国空军的攻击范围内。但由于空军方面行动迟缓，预料中的英国皇家海军舰队并未被发现，德国人只好撤退。不久，英国人也意识到斯卡帕湾的脆弱性，于是将整个舰队撤出斯卡帕湾，基地也改设在苏格兰以西。这样一来，也使此时的普里恩失去了发现攻击目标的机会。

潜艇改左满舵沿着大陆海岸继续向前航行，途中发现了几艘静静停靠在岸边的油船，普里恩对此不屑一顾。

突然，潜艇前方出现了一艘船只巨大的黑影。普里恩命令潜艇缓慢靠近并仔细观察。根据船上烟囱、三角桅杆和炮塔的外形，普里恩判断出这应该是"皇家橡树"号战列舰。紧接着又发现了不远处的另一艘战舰，普里恩认为是"反击"号（实际上是排水量为6900吨的"飞马"号水上飞机母舰）。

前者的确是排水量为29000吨的英国皇家海军"皇家橡树"号战列舰。该舰装备有8门15英寸主炮，装甲厚度达13英寸，这也使得"皇家橡树"号的航速较慢，无法跟上舰队里的新型战舰因而暂时留在港内，准备当天一早再起锚出发。

借助夜色掩护，U-47号大胆地以水面航行状态接近，普里恩指示手下艇员将"皇家橡树"号列为首要攻击目标。在距离"皇家橡树"号不到3000码时，测定潜艇吃水22英尺，普里恩下令鱼雷发射管注水并打开管盖准备进行水面发射。0点58分，在仔细瞄准

★英国皇家海军"皇家橡树"号战列舰

之后，普里恩下令艇艏鱼雷发射管发射3枚G7e型鱼雷，鱼雷成功入水并以30节的航速奔向目标。

此时的"皇家橡树"号上几乎所有人都在熟睡之中。第一发鱼雷命中后发出的沉闷爆炸声并未引起舰上官兵的注意。凌晨1点，右舷再次传出爆炸声，但并未发生火灾，大部分人在未觉察到异样后继续睡觉。在U—47号潜艇上，普里恩和艇员们认为击中了"反击"号，于是快速转向180度并瞄准"皇家橡树"号用艇艉的鱼雷发射管再次发射了鱼雷，但没有命中。通常在这种情况下的德军艇长该考虑立即撤退，因为对方马上就会拉响警报展开搜索。但邓尼兹选对了

★邓尼兹在研究作战计划

人——普里恩命令潜艇再次转向并将艇艉的鱼雷发射管迅速装填完毕，鱼雷再次瞄准"皇家橡树"号舰体舯部发射出去。

凌晨1点16分，所有三发鱼雷全部准确命中目标并引爆，鱼雷的爆炸终于撕破了29000吨的英国皇家海军"皇家橡树"号战列舰的巨大舰体，海面上烈焰冲天浓烟滚滚，该舰在10分钟后即告沉没，舰上包括英国皇家海军第二舰队司令布拉格若夫在内的24名军官共800多人丧生，只有375人生还。普里恩注视着"皇家橡树"号沉没，下令保持安静并迅速撤离。由于担心英国人的追击，普里恩没有进行救援。事实上此时根本没有追兵，英国人几乎没有意识到这艘德国潜艇的存在。但此时的海潮方向改变了，撤离斯卡帕湾变得困难重重。凌晨1点28分，潜艇沿着原路返回科克海峡。普里恩向艇员宣布战果：击沉一艘战列舰，重创另一艘。大战期间被德国潜艇击沉的各类舰船中，"皇家橡树"号的吨位排名第三，也是仅有的两艘被德军潜艇击沉的英国皇家海军战列舰中的一艘，另一艘是被U—331号击沉的"巴哈姆"号。英国皇家海军在大战中损失的另两艘战列舰"威尔士亲王"号和"反击"号则是被日本海军于1941年12月击沉。

2点15分，U—47号重新进入北海水域。不久，英国人宣布斯卡帕湾遭袭。1939年10月14日的英国BBC新闻播报如下："根据今天早间的报道，皇家海军舰队司令遗憾地宣布：英国皇家海军'皇家橡树'号战列舰被击沉，相信这是德国潜艇所为。"

英国人同时宣布：入侵者——德国潜艇已被击沉，这显然是个笑话。在返航途中，U—47号的艇员在潜艇的指挥塔围壳上涂上了一头正在喘气的愤怒公牛——"斯卡帕公牛"徽章，这一图案来自普里恩和其他艇员共有的一本漫画书，该徽章在后来成为普里恩

的个人徽章和第七舰队的舰队徽章。

1939年10月17日上午11点44分，U-47号潜艇抵达德国威廉港。海军司令雷德尔与邓尼兹已经在码头上等候。艇员们登岸后，邓尼兹为所有人都亲自颁发了铁十字勋章，普里恩也被授予一级铁十字勋章，邓尼兹本人更是被雷德尔提升为海军少将。

在码头上，U-47号的艇员们得到了当地群众英雄般的欢迎，当天下午所有艇员都乘坐专机飞往柏林并得到了希特勒的亲自接见。希特勒亲自为普里恩佩戴上骑士十字勋章，并称赞这次奇袭斯卡帕湾作战行动的成功是"德国海军潜艇部队作战历史上最引以自豪的战绩"。邓尼兹也不失时机地向希特勒提出扩大潜艇生产的建议。希特勒尽管仍存有疑虑，但最终还是答应了邓尼兹的要求。当天晚上，U-47全体艇员都与希特勒共进了晚餐。

偷袭斯卡帕湾获得成功，使英国海军蒙受巨大损失。德国U-47号潜艇成为德国海军的明星潜艇，被称为"水下屠夫"。从此，以U-47潜艇为代表的德国VIIB型潜艇成了水下杀手，德国潜艇部队成了德国法西斯手中的一张王牌。

德国潜艇头号王牌 —— U-99号潜艇

⊘ 沉默的杀手：U-99号

U-99号是德军的王牌潜艇，它属于VIIB型U艇中的第二艘，第一艘为U-47号潜艇，第三艘为U-100号潜艇。这三艘VIIB型U艇都是德军潜艇部队的主力。

1940年之前，U-99号潜艇并不像U-47号潜艇那样有名气，它一直默默地航行在大西洋深处，直到德国头号王牌奥托·克雷齐默尔来到艇上任艇长，U-99号才露出了杀手本色。

1940年4月，奥托·克雷齐默尔离开U-23潜艇并被委任为U-99号潜艇的艇长。两个月后U-99号潜艇离开在德国基尔的训练基地，开始了它一生中最辉煌的"猎杀潜航"。在这次出击中，U-99号潜艇9次对盟军的护航船队实施水面攻击，击沉多艘盟军舰船。特别值得一提的是，它击沉了三艘万吨级的英国的装甲巡洋舰，成为德国的潜艇王牌。

到1940年11月，U-99号潜艇总共击沉了超过46000吨的船只。从这时起，在众多U艇艇长中，"沉默的奥托"变成了"吨位之王"，而且一直也没有人超过他。他也有了一句著名的名言——"一枚鱼雷……一艘船"。

"群狼"之首："狼群战术"的主力艇

★ VIIB型U-99号潜艇性能参数 ★

排水量：750吨	最大下潜深度：250米
艇长：66.5米	鱼雷发射管数量：5具（艇艏4具/艇艉1具）
水上最高航速：17.2节	鱼雷总数：14枚
水下最高航速：8节	甲板武器：1 x 20毫米机枪
水上航程：6500海里/12节	1 x 88毫米火炮
水下航程：90海里/4节	编制：44～48人
设计下潜深度：100米	

U-99号和U-47号同属于VIIB型U艇，其特点在U-47号处已经介绍，这里不再重述。

U-99号服役之后，二战便开始了。希特勒就为VIIB型潜艇设定了战术范围，即以6—8艘甚至更多数量的潜艇在护航运输船队可能经过的海域以四五十千米间隔一字展开，形成潜艇巡逻线或称艇幕，只要其中任何一艘潜艇发现船队，就立即报告潜艇司令部，再由潜艇司令部组织附近潜艇展开连续的夜间水面攻击。

德国海军总司令邓尼兹将这一战术的原则思想概括为在必要时间和地点上集中最大数量的潜艇，又称"狼群战术"。U-99号和U-47号便是"狼群战术"的主力艇。

★U-99号潜艇艇长奥托·克雷齐默尔

★1940年7月21日，奥托（左）在U-99号上接受检阅。

"群狼"围攻：U-99潜艇尽显"头狼"风范

如果评选出二战中最有杀伤力的潜艇，非U-99号潜艇莫属。在德国海军总司令邓尼兹眼里，U-99号潜艇是他"狼群战术"中最重要的一环。U-99号潜艇服役之后，便开始了战功赫赫的航程。

1941年3月6日晚，德军U-47号潜艇在冰岛以南200海里处发现了从利物浦开往美国的OB-293护航运输船队，立即向潜艇司令部报告，并准备投入攻击，但被英军护航军舰发现并遭攻击，被迫潜入水下，因此失去了与船队的接触。但德军潜艇司令部迅速将情况通报给附近的潜艇，U-70和U-99闻讯而来，于3月7日凌晨相继投入攻击，先后击沉2艘运输船，击伤3艘。U-70被英军护卫舰发现，遭到猛烈的深水炸弹攻击，终被击伤而被迫上浮，浮出水面后又遭到英舰的炮火轰击，幸存者纷纷弃艇逃生，几分钟后U-70号就沉入海里。

3月7日拂晓，U-47再次发现船队，全速追赶并准备攻击。入夜后，U-47正企图实施攻击，被近在咫尺的英军"狼獾"号驱逐舰目视发现，只得紧急下潜，"狼獾"号驱逐舰猛冲过来，投下一连串深水炸弹，潜艇遭到剧烈震动，螺旋桨主轴被爆炸的冲击波所伤，因此航行时发出很大的噪音，被"狼獾"号驱逐舰声呐准确捕捉到，又是一番深水炸弹攻击最终将其击沉。德军三大王牌艇长之一，奇袭斯卡帕湾的传奇人物普里恩上尉和全艇官兵一起葬身海底。U-47被击沉时的战绩为击沉28艘船只，总吨位16万吨，在德军潜艇部队中排名第二。

这天才刚得到消息的U-95号潜艇全速赶来，两次攻击了船队，击沉2艘运输船，但U-95被2艘英军驱逐舰追杀了好几个小时，受到重创，全靠艇长的出色指挥才逃脱了沉没的命运，蹒跚地驶回基地。

★VIIB型U-99号潜艇

★U型系列潜艇的前身，VIIB型潜艇模型。

3月8日，OB-293护航运输船队驶近冰岛，得到了从冰岛起飞的航空兵的有力掩护，邓尼兹才下令停止对该船队的攻击，此次战斗，德军潜艇击沉2艘油船和3艘运输船，还击伤油船和运输船各1艘，损失2艘潜艇。

3月12日，德军侦察机在格陵兰以南297海里海域发现HX-12护航运输船队，该船队是从加拿大开往英国的，编有41艘运输船，由5艘驱逐舰和2艘护卫舰担任护航，护航船队司令是"沃克"号驱逐舰的舰长唐纳德·麦金泰尔海军少校，一位出身于战斗机飞行员的舰长，是经验丰富的反潜战专家，毕业于波特兰海军反潜学校，受到过著名声呐专家约克·安德森教授的亲自传授。

邓尼兹随即将这一情况通知了在该海域活动的5艘潜艇，3月14日拂晓，这5艘潜艇以U-99为核心组成潜艇巡逻线，准备迎击船队。麦金泰尔根据德军潜艇频繁的电讯往来，敏锐察觉到德军已经发现了船队行踪，正在密切跟踪，伺机攻击，因此严令各舰提高警惕，随时准备战斗。

3月15日拂晓，德军U-110号潜艇在冰岛西南约200海里海域发现了船队，立即向潜艇司令部报告，并一直在后跟踪船队。中午过后，U-99号和U-100号潜艇也相继发现了船队，紧紧尾随在后。

入夜后，U-99、U-100和U-110均对船队发起了攻击，先后击沉2艘油船和3艘运输船，英军护航军舰进行了长时间的搜索和攻击，却毫无收获。

3月16日晚，U-99和U-100再次攻击了船队，击沉油船和运输船各1艘，击伤运输船1艘。

3月17日凌晨，U-100先击沉了1艘因伤掉队的油船，然后全速追赶船队，准备继续攻击，麦金泰尔指挥护航军舰在运输船周围不断巡逻，严密监视观察四周海面，终于"沃克"号发现了U-100的航迹，便全速冲过去，在潜艇下沉的地方一连投下十颗深水炸弹，海面上顿时掀起了巨大的水柱，还看到火焰从海底冒了出来，但麦金泰尔认为不能就此断定已将潜艇击沉，必须要找到确凿的证据，因此命令继续用声呐进行搜索，果然不久又发现了潜艇的踪迹，"沃克"号迅速召来了"范诺克"号驱逐舰，轮番实施深弹攻击，U-100号不断进行规避，并不时改变深度，总算躲过一劫。

战斗平息后，"沃克"号迅速抓紧机会救助被击沉的运输船船员，就在这时，"范诺克"号的雷达发现了浮出水面的U-100号，便开足马力冲了上去，德军潜艇三大王牌艇长之一的U-100号艇长舍普克上尉，被"范诺克"号的迷彩涂色所迷惑，将英舰的距离判断错误，这一致命错误不仅葬送了他自己的性命，还葬送了U-100号。几秒钟后，"范诺克"狠狠撞上了U-100，舍普克就在潜艇指挥塔上被活活撞死，而U-100也被撞沉。

"范诺克"号随即开始救助德军潜艇幸存艇员，"沃克"号一边掩护，一边乘机稍作喘息，水兵们抓紧这一时机将深弹从炸弹舱中搬上甲板，刚才的激烈战斗已使甲板上的深弹全部耗尽。这时，"沃克"号的声呐军士长报告又发现德军潜艇，麦金泰尔起初还以为是误报，但经验丰富的声呐军士长认为肯定是潜艇，发现的正是在昨天战斗中耗尽鱼雷而返航的U-99号！麦金泰尔立即下令攻击，六颗刚搬上甲板的深弹一口气投了下去，"沃克"号正要转向继续攻击，U-99已经在猛烈攻击下受到重创，被迫浮出水面，"沃克"号和"范诺克"号的火炮一起开火，耗尽鱼雷的U-99毫无还手之力，只得用灯光发出乞降信号，"沃克"放下小艇，准备俘虏这艘潜艇，此时德军潜艇的艇员纷纷弃艇，潜艇因伤势太重已经开始下沉，包括艇长克雷斯特施默尔在内的大部分艇员被俘。U-99被击沉

★奥托在完成一次出航任务后和U-99号的艇员们在喝啤酒庆贺

实在是麦金泰尔的幸运，U-99耗尽鱼雷刚准备浮出水面返航，就发现英军护航军舰就在附近，潜艇的值更军官惊慌失措，竟下令立即下潜！如果他继续保持水面航行状态，完全可以利用夜色掩护悄然逃脱，而一潜入水中，就立即被英军声呐发现！

3月18日，船队进入了有航空兵掩护的明奇水道，邓尼兹被迫下令终止了对船队的攻击。此次战斗，德军虽然击沉了4艘油船和5艘运输船，但损失了两艘王牌潜艇，U-99号潜艇的战绩是击沉44艘，德军当时最高战绩，艇长克雷斯特施默尔获得橡树叶、宝剑和骑士三个级别的铁十字勋章殊荣。U-100击沉39艘，排名第三。在十天中，德军潜艇部队一下损失了三艘王牌潜艇，对于邓尼兹和他的潜艇部队，都是非常沉重的打击，连德军潜艇部队一直引以为豪的高涨士气都受到了严重挫伤。

在这场"群狼"围攻中，U-99号尽显头狼本色，但是它的好运并没有持续下去，1941年3月，它开始了最后一次航行，并击沉了10艘盟军船只。3月17日，U-99号潜艇在英国东南面遇到了英国驱逐舰"漫步者"号。"漫步者"号发现U-99后，马上发起追击施放深水炸弹。在多次攻击后，U-99的艇体被严重炸坏，被迫浮出水面，艇长奥托和43名艇员钻出潜艇，马上被英舰俘虏，U-99号潜艇随后便沉没了，如果不是过早被俘，奥托·克雷斯特施默尔和U-99号潜艇很可能创下更惊人的可怕战绩。

击沉盟国商船最多的潜艇
——U-107号潜艇

🚫 切断供给的潜艇之星

第二次世界大战初期，尽管英国运输船队在早期遭受了上述灾难，英国海军官员们仍然非常赞赏美国在北大西洋所承担的日益增多的义务。

到1941年10月中旬，随着美国同意将运输船队的护航区向东扩大到距爱尔兰400海里处，英国西部海防区司令认为可以从西北海防区中抽调三个护航舰群去增援前往直布罗陀和西非港口的护航运输队。这一战略上的重新调整对于海军部来说是非常及时的，因为这时海军部接到一些有关德国潜艇在若干新的海上战区活动的报告。

1941年最后一个季度，海上恶劣的天气影响了邓尼兹北大西洋战役。在这一时期，德国潜艇只击沉了极少一部分运输船只，然而，也就在这几个月中，德国潜艇却在日益向从北角到非洲黄金海岸整个一线进行集中。

1941年5月，德国1100吨级的远洋潜艇（IX-B型）在西非的弗里敦附近海域发动了攻

★U-107号潜艇上的官

势，其中最为突出的是U-107号潜艇。该艇在一次巡航中就击沉了大部分运输船只，迫使英国海军部将运输船队转移到加那利群岛以西。

第二次世界大战期间，纳粹德国海军有II型（2型）、VII型（7型）、IX型（9型）以及XXI型（21型）、XXIII型（23型）用于作战。 在二战中，德国中校京特尔·海斯勒作为U-107号U-IX潜艇艇长，指挥官兵击沉敌船39艘，击沉辅助巡洋舰3艘，成为德国U艇中击沉盟国商船最多的潜艇。

名艇辈出的IX-B型

IX-B型艇是IX型艇的一种改进型艇，其排水量比后者稍大，航程也相应地增加1500海里。IX-C型艇则在此基础上作了进一步改进。

IX-B型潜艇可以说是大战期间德军潜艇中最为成功的艇型，平均每艘该型艇都有击沉10万吨各类船只的战绩。艇上携带有23枚鱼雷，这使得潜艇指挥官能够针对同一护航船队进行夜以继日的持续攻击。

IX-B型潜艇中最著名的应该说是U-123号艇，正是该艇的指挥官哈尔德根于1942年初揭开了美国海岸攻击行动（"鼓点"战役）的序幕。

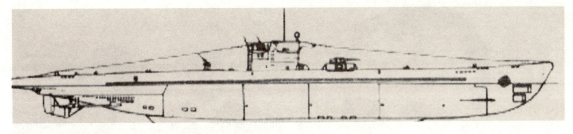

★IX-B型潜艇侧视图

而海斯勒指挥的U-107号艇则创下了战争期间攻击护航船队的最高纪录，在非洲的弗里敦附近海域，该艇取得了击沉船只吨位共计10万吨的战绩。

同为该型艇的有：U-64号、U-65号、U-103号、U-104号、U-105号、U-106号、U-107号、U-108号、U-109号、U-110号、U-111号、U-122号、U-123号及U-124号艇。

◎ 战功卓越的舰艇与功成名就的艇长

★ IX-B型潜艇性能参数 ★

水上排水量：1050吨	水下64海里/4节
水下排水量：1178吨	设计下潜深度：230米
艇长：76.5米	安全下潜深度：165米
水面最高航速：18.2节	鱼雷发射管数量：6具（艇艏4具/艇艉2具）
水下最高航速：7.3节	鱼雷总数：22枚（或44枚水雷）
水上航程：12000海里/10节航速	武器装备：105毫米甲板炮，备弹110发；
水下航程：64海里/4节航速	2门20毫米机炮
续航力：水面8700海里/12节、	编制：48～56人

通过海军中校京特尔·海斯勒在二战中的经历可以略知这艘著名潜艇的不凡战绩。京特尔·海斯勒，1927年4月加入海军。在完成了军官训练后，他先是在鱼雷艇上服役，后又在战列舰西里西亚号上服役。

1940年4月京特尔·海斯勒被调到了U艇部队服役，六个月后他成了IX-B级U-107号潜艇的指挥官。需要特别指出的是，一个人没有担任过值班军官或经过指挥官培训就成为U艇指挥官是非常罕见的。但是海斯勒是一位经验丰富的海军军官，他很快就证明了迅速任命他为潜艇的艇长是一个多么正确的决定。在他的第一次作战巡航中，他指挥的U-107号潜艇共击沉了4艘轮船。但是使他成名的却是他的第二次U-107号潜艇作战巡航。

1941年3月29日19点30分，京特尔·海斯勒上尉指挥的U-107号潜艇和另外一艘潜

★U-107号潜艇的指挥官京特尔·海斯勒　　　★京特尔·海斯勒与妻子犹苏拉

艇——U-94号潜艇离开了位于法国洛里昂的海军基地，这次行动是在二战中攻击盟军商船最成功的一次。但是京特尔·海斯勒上尉指挥的U-107号潜艇是向南驶去的，他们的作战区域是围绕着加那利群岛（加那利群岛是大西洋中由13个火山岛屿组成的群岛，位于非洲西北海岸，靠近弗里敦——非洲塞拉利昂首都）。在这个作战区域京特尔·海斯勒上尉指挥的U-107号潜艇共击沉了14艘轮船。这次作战巡逻攻击的第一艘船是英国商船SS Eskdene号，U-107号潜艇总共发射了两枚鱼雷和104发位于甲板上的105毫米大炮的炮弹击沉了SS Eskdene号。这次作战巡逻中击沉的最大的一艘船是英国船只卡尔恰斯号（10305吨）。

1941年6月1日京特尔·海斯勒指挥的U-107号潜艇击沉了英国猎潜艇"阿尔弗雷得·琼斯"号（5013吨）。U-107号潜艇于1941年7月2日返回了罗连安特海军基地。在京特尔·海斯勒离开U-107号潜艇之前，1941年11月指挥U-107号潜艇开始了第三次作战巡逻，在这次作战巡逻中，他指挥的U-107艇共击沉了三艘船。在离开了U-107号潜艇后，他作为潜艇司令部作战处的首席参谋一直服役到战争结束。

京特尔·海斯勒上尉于1937年11月与时任海军潜艇部队总司令的卡尔·邓尼兹的女儿犹苏拉结婚。那个时候京特尔·海斯勒正在鱼雷艇上服役。正因为京特尔·海斯勒是邓尼兹的女婿，所以邓尼兹对授予京特尔·海斯勒骑士铁十字勋章持保留意见，但是最终海军总司令雷德尔还是签署了授奖文件。

战争结束后，京特尔·海斯勒被盟军囚禁了一年多。从1947年到1951年他受英国皇

★U-107号潜艇全家福

家海军的委托写了《大西洋U艇战》一书（*The U-Boat War in the Atlantic*，共分上中下三册）。写该书他得到了前U-378号潜艇指挥官，后来也是潜艇司令部作战处的一名参谋的阿尔弗雷得·霍斯卡特海军少校的帮助。

二战盟军头号猎杀对象
——U-571潜艇

◎ VIIC型潜艇的经典之作

　　U-571号属于VIIC型潜艇。自1941年以来，VIIC型潜艇就是二战中德国潜艇部队的主力，在整个大战期间它的建造工作就一直没有终止过。第一艘服役的VIIC型潜艇是1940年的U-69号。VIIC型潜艇是一种威力巨大的战斗机器，几乎在所有有德国潜艇活动的海域都能见到它的身影。

　　1944年到1945年间，这些潜艇大多安装了通气管，VIIC/41型潜艇甚至作了更大改进，而大型布雷潜艇VIID则是由VIIC直接改装而来。

★U-571电影复原场景图

VIIC型潜艇投入使用时正是德国海军威风的日子即将结束的时候，1943年底到1944年，它不得不面临盟军即将发动的反潜总攻势。

在所有VIIC型潜艇中，最成功的是U-571号，它横行海底，最后成为了盟军海军追杀的头号目标，它在许多有关德国潜艇的影片中都出现过。

◎ 最大特点：5个鱼雷发射管

★ U-571号潜艇性能参数 ★

水上排水量：769吨	**动力**：3200马力（水上）
水下排水量：871吨	750马力（水下）
最大排水量：1070吨	**最大下潜深度**：220米
艇长：67.10米	**鱼雷发射管数量**：5具（艇艏4具/艇艉1具）
艇宽：4.74米	**鱼雷携带**：14枚
吃水：6.20米	**水上武器装备**：1门88毫米甲板炮
水上航速：17.7节	（被弹220发）
水下航速：7.6节	1门20毫米指挥塔机关炮
水上续航力：8500海里/10节	**编制**：44～52人
水下续航力：80海里/4节	

U-571是最著名的VIIC型潜艇。

VIIC型潜艇是由极为成功的VIIB型潜艇改进而来，两者具有相同的引擎设计和马力，但更大的体积和排水量使得VIIC型艇的航速不及VIIB型。

U-571号最大的特点是装备有5个鱼雷发射管（4个位于艇艏，1个位于艇艉），而诸如U-72、U-78、U-80、U-554和U-555号都只在艇艏装有2具鱼雷发射管，U-203、U-331、U-351、U-401、U-431、U-651号则没有艇艉鱼雷发射管。

⊘ 经典大战：猎杀U-571

作为二战中最为经典的型号——VIIC型潜艇的代表，U-571号潜艇曾被美国人搬上银幕，拍摄了同名电影《U-571》。影片中讲述了这样一个故事：

1942年二战正酣之时，纳粹潜艇在北大西洋航线上运用"狼群"战术，使盟军大西洋战略补给线严重受阻。为及时掌握德军在海上的动向，破译德国潜艇与基地的密码通讯，盟军急欲截获德军潜艇所使用的一种极为机密的密码机。一场小规模的海战之后，一艘代号为U-571的德军潜艇被盟军击伤，正漂浮在北大西洋某海区等待救援。获悉这一情报后，美军指挥部随即下令派人攻入这艘潜艇寻找密码机。按计划，美军将改装自己的潜艇并伪装成德军海上补给潜艇接近并攻下U-571，于是一艘代号S-33、老旧不堪但便于改装的美军潜艇接受了这一特殊使命。

夜晚的军港忙乱而紧张，一群年纪还不如S-33号潜艇大的年轻水兵列队在码头上等待登艇。经过简单的动员，一次危险的任务开始了，艇上的大副安德鲁上尉和其他艇员一样，直到出海之时，还对此行的目的一无所知。

阴冷的大西洋深处，U-571仍漂浮在海面上，艇上的德军水兵焦急地等待着补给艇的到来。夜里，海面上风雨大作，S-33号潜艇终于利用探测设备发现了U-571。经过信号灯联系，S-33主动向德国潜艇靠近，并派出佯装进行补给作业的特别行动队员划着橡皮筏向德国潜艇驶去。U-571艇上，不知真相的德国水兵兴奋地招呼着皮筏上的人。但头几名

★二战后复原的VIIC型潜艇

★美国电影《U-571》剧照

行动队员一登上德国潜艇，老练的德国艇长便看出了事有蹊跷，U-571狭窄的甲板上一时枪声大作，德国水兵舱皇中向艇内撤退，但一切为时已晚。一阵激战过后，行动小组干净利落地占领了潜艇。临时替换艇长加入行动小组的安德鲁也进入了U-571，并迅速找到了密码机。任务看来进行得十分顺利，行动小组带着密码机和被俘的德国水兵准备分批返回S-33。可就在此时，S-33上突然传来剧烈的爆炸声。原来真正的德军补给艇已经赶到，发现U-571受到攻击后也向美国潜艇发射了鱼雷。本已老态龙钟的S-33哪堪一击，立即起火沉入大海。

此时，侥幸滞留在U-571上的安德鲁和部分行动小组队员只得退回艇内，这时就只有U-571能够拯救他们了。可事情远没那么简单，U-571艇上的仪表说明用的都是德文，大部分人一时无法操作，艇上的动力系统本已瘫痪，只得紧急派人抢修……在小组成员的共同努力下，U-571终于下潜成功并一举击沉了来袭的德国补给艇。激战过后，U-571重又浮出水面寻找幸存者，所幸又救起了几人，但U-571的德国艇长也佯称自己是受伤的机械师重返潜艇。

幸存在U-571艇中的美国水兵个个愁容满面，这突如其来的变故让他们一时不知所措，上尉安德鲁虽然一直自信自己能胜任艇长之职，但此时真的只由他来指挥U-571时，眼前竟是一片茫然，潜艇又出现了严重故障……幸得身边老军士长的帮助，安德鲁承担起了指挥官的职责，并渐渐进入"角色"。天亮之后，一架德军侦察机发现了漂浮在海上的U-571，安德鲁的果断处理不但避免了真实身份的暴露，还使自己树立起了作为指挥官的信心并得到了手下人的信任。

"好心"的德国飞机叫来了一艘德国巡洋舰帮助瘫痪的U-571。巡洋舰派出的舢版只要一登上潜艇，安德鲁他们的身份必然暴露无疑。在不可能立刻下潜的情况下，安德鲁当机立断，下令用潜艇甲板炮攻击德舰的通讯系统，以防引起更大的麻烦，失去已经到手的密码机。巡洋舰上，一阵混乱之后，德国水兵开始向U-571攻击，在最危急的关头，潜艇的机械故障终于得以排除，一场潜艇与巡洋舰的生死猎杀战就此展开。

一艘二战潜艇，一旦被反潜舰艇盯上，多半只能在水下等着挨炸，能不能生还，就只有靠祈祷上帝了。对于从未做过艇长的安德鲁和他手下涉世未深的年轻水兵，此役无疑九死一生，但也正是这场为了生存而进行的战斗，终于使他们从惊愕、惶恐、冲动、绝望中学会了忍耐、合作、牺牲和诀别，最终，安德鲁依靠自己的机智和勇气指挥U-571用最后一枚鱼雷击中了德国军舰。

电影的情节跌宕起伏，扣人心弦。但是故事毕竟是故事。历史上真实的U-571号远比电影更为传奇。

U-571号于1941年5月22日服役，属于第三潜艇支队，一共出航11次，主要活动于北大西洋。

在其服役的将近两年零九个月的时间里，U-571号一共击沉各类船只5艘；击伤1艘；合作击沉2艘。由于战绩太过显赫，U-571号成为了二战中盟军的头号猎杀对象。

1944年1月28日，在爱尔兰以西，位于北纬52.41度，东经14.27度处，U-571号被澳大利亚森德兰反潜机用深水炸弹击沉，52名艇员全部阵亡。

尽管它的战绩曾是如此出众，但仍然难逃覆灭的命运。或许U-571号与那些葬身海底的德国潜艇官兵一样，从他们开始卷入战争的那一天，就注定将有个悲剧的结局。

历史上最成功的袖珍潜艇
——XE-3号潜艇

◎ 艰难出世——袖珍潜艇曾被丘吉尔否决

自从一战开始以来，英国皇家海军傲气十足。它视战列舰和巡洋舰为掌上明珠，一向看不起潜艇，对袖珍潜艇更是不屑一顾，认为那只是少数发明家荒诞离奇的怪想，根本就不能成为有效兵器。第一次世界大战爆发后，潜艇堂而皇之地登上了海战舞台，皇家海军这才纠正自己的偏见，准备建造一批袖珍潜艇，用它们来突入敌港，攻杀敌舰船。

这个主张遭到了时任海军大臣的温斯顿·丘吉尔的坚决反对，理由很简单，这样干，危险，艇员无安全保证。第二次世界大战一拉开战幕，英国便处境艰危，皇家海军落到了背水一战的境地，为了赢得战争，它不能再顾及许多，唯有使出浑身解数，来打击对手，袖珍潜艇这才时来运转，成为皇家海军手中的秘密武器。

1909年，海军中校G.赫尔伯特最早提出了袖珍潜艇的设想，1915年，设计师罗伯特·戴维斯拿出了第一个有3名潜员的袖珍潜艇设计图。但是，这些人对潜艇的探索还处

★ "邦纳文彻"号巡洋舰

于初级阶段。经过长期对意大利微型潜艇的研究，海军中校克伦威尔·瓦利逐渐掌握了袖珍潜艇的秘密，瓦利中校拿出了自己的方案，但同样也被皇家海军否决了。几年中，瓦利冒着战争的危险跑到意大利学习，功夫不负有心人，1940年，英国海军部接受了海军中校克伦威尔·瓦利的方案。瓦利的袖珍潜艇长为15.25米，有一个逃生舱。第一艘建成时，代号叫X型艇。

1944年，瓦利对设计作了改进，并建成了11艘，称为XE型艇。这年7月，其中6艘潜艇由"邦纳文彻"号搭载，被运到远东参加对日作战，XE-3号潜艇则被留在了大不列颠。

◎ 特色潜艇：小而巧的XE-3号

★ XE-3号潜艇性能参数 ★

排水量：36吨	**下潜深度**：30米
艇长：15.25米	**最大航程**：12海里
艇宽：1米	

XE-3号潜艇不是大型潜艇的小型化，这个"小"，就是它的特色。它的使命是突入敌港，攻击停泊舰船，在海上则是基本上没有作战能力。所以，XE-3号潜艇没有上层建筑，不携带鱼雷，艇体被分成四个舱，排水量仅36吨。1号舱（艏舱）是蓄电池舱；2号舱是逃生舱，蛙人也从此舱出入袖珍潜艇，进行艇外作业；3号舱是控制舱，舱内装有操舵装置、平衡系统、潜浮系统等操纵机构，还有空调设备、潜望镜等；4号舱（艉舱）是机舱和电动机舱库，并装有压缩空气机。

袖珍艇有3个主压载水柜，一个速潜水柜。装备为两个浮筒，分别挂在艇的左右两舷，里面可以装定时磁性水雷，亦可装高爆炸药。此外，XE-3号艇上还装有一个强有力的割网器，蛙人可以用它割破防潜网。

这些与众不同的装置让XE-3号拥有了自己的独门秘籍，XE-3号的噪声很低，这样便易于接近目标而不易被敌方发现，适于在近海、狭窄海域或浅水海区执行一些特种任务，如破坏敌人海上交通运输线、输送特种侦察队员登陆、对敌岸基地或锚泊舰船进行袭击、爆破等。

XE-3号潜艇除装有导航和通信系统等通用设备以外，还能根据艇的排水量和使命，装备水雷、炸药、鱼雷、导弹、红外成像装置、激光测距仪及电子对抗装置等。正是由于这些特点和所起的特殊作用，让XE-3号潜艇在战场上大放光彩。

🚫 夜海出击：XE-3号潜艇击杀"高雄"号

1941年12月10日，英国皇家海军的"威尔士亲王"号战列舰和"反击"号战列巡洋舰在马来亚半岛附近水域被日本岸基飞机击沉。不久，驻新加坡的英军司令又做了日军的阶下囚，从而给皇家海军留下了耻辱的印记。

1945年夏，大西洋上硝烟刚刚消散，英国皇家海军便调集重兵，其中就有XE-3号潜艇，转战印度洋和太平洋，其首先打击的目标就是新加坡的日军。

据侦察，新加坡港内泊有日军的巡洋舰"高雄"号。"高雄"号长203.76米，宽19.52米，型深10.97米，吃水6.32米，几经改造，标准排水量达13400吨；火力猛，装有10门203

★日军的"高雄"号巡洋舰

毫米主炮，8门127毫米副炮，36门25毫米炮，4具四联装610毫米鱼雷发射管，备用鱼雷24枚；装有两部弹射器，3架水上侦察机；舰员编制835人。1944年10月下旬，它随粟田健男海军中将率领的中央部队进击莱特湾，在巴拉望水道遭到美国"海鲫"号潜艇攻击，因伤重被迫撤离战斗。

英国皇家海军准备先从"高雄"号下手，为此还制订了一个特别行动计划。

特别行动计划的要旨是：XE-3号艇由"冥河"号潜艇从文莱基地拖曳出海，前往距新加坡港大约40海里的出击水域。航渡期间，袖珍艇每隔4小时上浮换气，其余时间一概在水下潜航。艇由航渡艇员驾驶，战斗艇员则搭乘母艇，以养精蓄锐，到达出击水域后，战斗艇员再替下航渡艇员。然后解下拖缆脱离母艇独自进港。

1945年7月30日，夜深沉。在新加坡海峡口外的洋面上，一艘圆木状的小艇正破浪行驶。它，就是英国海军的XE-3号袖珍潜艇。

XE-3号艇的战斗艇员主要为I.E.弗雷泽海军上尉、W.L.史密斯海军中尉和J.J.马金尼斯一等兵，艇长是弗雷泽。这时，他正站在袖珍潜艇上，全神贯注地搜索着前方水域，指挥着袖珍艇向前航进。

XE-3号艇沿柔佛海峡缓缓行驶，经普劳德公岛，直抵新加坡海峡入口。日军已在峡口外布下了水雷场，水道内则设有监听声呐。严密监视着过往船只。为了避免被察觉，弗雷泽下令小艇改向，驶进了水雷场。

天空蒙蒙发亮，峡口外晨风吹拂，微波荡漾。弗雷泽手举望远镜，前方出现了一个暗影。暗影在逐渐放大，两侧还有两个移动的黑点。他判断，目标是一艘油轮和两艘护航舰只。它们姗姗而来，恰好处在XE-3艇进港的主航线上。

弗雷泽赶忙钻回舱内，关闭了出入口盖。史密斯打开了注排水阀，水柜注水，空气吱吱外窜。柴油机停止工作，电动机驱动螺旋桨，发出了一片嗡嗡嘤嘤的响声。峡口水浅，XE-3号艇缓缓下潜，准备潜坐海底。突然，艇底传来一声怪响，像是系泊浮筒碰撞艇体的声音。史密斯、马金尼斯惊恐地望着弗雷泽。袖珍艇或许潜坐在一枚水雷上面。此刻，它随时都有可能引爆水雷、被炸得粉身碎骨。

控制舱内狭小拥挤，闷热难熬。空气逐渐污浊，人体和各种设备、仪表发出的气味，令人头昏脑涨。水听器内，传来了螺旋桨平稳、沉闷的击水声，伴之以护航舰只螺旋桨快速、尖细的嗡鸣。噪音越来越大，犹如滚滚雷霆，从一侧驰过。时间一秒一秒地过去了，噪音又开始变弱，慢慢地，便消失得无声无息。弗雷泽艇长嘘了一口气，他冲史密斯一努嘴，遂下令除去压载水柜。

XE-3艇浮出水面，水雷没有爆炸。弗雷泽打开了出入口盖，一边给艇内更换空气，一边让舵手启动了柴油机。袖珍潜艇低速前行，大摇大摆地驶向新加坡港，直到望远镜内出现了一艘拖网渔船，它才下潜到潜望镜深度，偷偷摸向目标。

在拖网渔船附近，日本人下了防潜网。弗雷泽用潜望镜扫视着水面，不肯放过半点蛛丝马迹，10点30分，XE-3号艇一驶到拖网渔船的正前方，他就让马金尼斯出艇。蛙人马金尼斯身穿潜水衣，肩背水中呼吸器，早已作好了出艇准备。他的任务是：用割网器割破防潜网，为袖珍艇进港开道。

弗雷泽在原处徘徊不前，等待马金尼斯。马金尼斯动作麻利，很快就割开了防潜网。弗雷泽一直注视着马金尼斯的举动，见状立即收回潜望镜，低速驱艇驶过了拖网渔船，相距只有几米，水面上没有留下航迹，日本人没有察觉。袖珍艇顺利地钻过了防潜网。继续往前。水道开始变窄，港内，交通艇来来往往。这时，袖珍艇只要稍有闪失，就会暴露目标。弗雷泽不敢大意，他升起潜望镜，负责导航和搜索目标；史密斯密切注视着深度计，保持小艇在潜望镜深度行驶；舵手则全神贯注，根据弗雷泽下达的舵令操艇。在艇上，马金尼斯反倒无所事事，比较轻松。

XE-3号艇驶向港内深处，潜望镜内，弗雷泽忽见一艘满载水兵的交通艇从一旁驶来。他赶紧降下了潜望镜，看看表，时间已是14点整，装有10门203毫米炮的敌人重巡洋舰到底锚泊在哪里呢？

交通艇开走之后，弗雷泽又升起了潜望镜。沿着敌艇的行进方向，他找到了大炮高昂的"高雄"号。他迅速测定了航向和距离，然后下令下潜。

XE-3号艇贴着海底向前蠕动，并用罗经导向。弗雷泽眼盯手表，计算着时间。30分钟过去了，袖珍潜艇仍未找到目标舰。舵手小心翼翼，继续操艇缓行。忽然，艇艏猛地撞到了重巡洋舰的圆舯上，发出了惊人的响声，如同一柄重锤，敲打着一个空心钢壳。袖珍艇身子一歪，险些翻覆。

弗雷泽企图钻到"高雄"号底部施展手脚。XE-3号艇几次进入，都撞上了重巡洋舰的外壳。整整用了40分钟，他才如愿以偿，找到了一个比较理想的位置。

救生舱内注满了海水，马金尼斯作好了出艇准备。但是当他用力去推舱盖时，舱盖却被"高雄"号舰底压住，只能半开。马金尼斯无可奈何，只有放掉水下呼吸器中的部分空气，让背上的空气袋下瘪，才勉强钻出了舱口。

在"高雄"号长满海藻、贝壳和藤壶的底部，马金尼斯足足爬了半个小时，才布下6枚磁性固定附着水雷。6枚水雷分散在大约15米的距离上。他的手多处被划伤，以致当他返回逃生舱，打开阀门排水时，都感到相当吃力。

在XE-3号艇的左舷，挂的浮筒内装水雷。为了保持艇的平衡，右舷同样挂有一个装高爆炸药的浮筒，马金尼斯刚开阀门给逃生舱排水，弗雷泽便下达命令，将左右舷的浮筒同时放掉。接着，袖珍艇开始倒车，试图从"高雄"号底部抽身撤走。然而，意外事故发生了，XE-3号艇像被舰体卡住似的，动弹不得。弗雷泽采取了紧急措施，他一会儿给水柜注水，让艇下坐；一会儿排水，让艇上浮；时而他令小艇全速向前，时而，又全速后退。但是，折腾了将

★维多利亚十字勋章

近一个小时，袖珍潜艇仍然没有活动的征兆。

弗雷泽心急如焚。不久，水雷和高爆炸药浮筒会相继爆炸，袖珍艇再不能及时撤离，就要和"高雄"号同归于尽了。他看看史密斯和舵手，俩人光着膀子，浑身大汗淋漓，眼里流露出焦急的神态。就在这时，XE-3号艇又生意外，它猛地向后蹿出，不住地扭动身子，浮出了水面。弗雷泽大惊失色，小艇和日舰近在咫尺，一旦被敌人发现，那就注定难逃厄运。或许是距离太近了，日舰全然没有察觉。

XE-3号艇紧急下潜，重新潜坐港底。弗雷泽试图保持艇的平衡，但左舷仿佛被一只巨手往上托似的，难以控制，直到这时，他才明白，原来，在他释放左右舷的浮筒时，左舷浮筒未能放掉。马金尼斯匆匆出艇，他抽掉了固定浮筒的螺栓，前后只用了七分钟。

XE-3号艇如释重负，很快恢复了平衡。它上浮到潜望镜深度，驶向外海。不久，它重新钻过防潜网，穿过水雷场，平安赶到出击点，找到了"冥河"号潜艇。日舰完全丧失了出海作战能力，只有困居港内，束手待毙。

日本投降后，英军扣留了"高雄"号，1956年10月29日，又将它炸毁在马六甲海峡。

XE-3号艇夜袭"高雄"号，取得了圆满成功。参加这次作战的四名官兵都受到了表彰，艇长弗雷泽和蛙人马金尼斯还获得了英国军人的最高荣誉——维多利亚十字勋章，在二战期间，皇家海军总共只有28人获得这项殊荣。

不该被遗忘的"东洋恶龙"
——乙型潜艇

🚫 "恶龙"降世：日本海军预谋得逞

在太平洋战争爆发前，一种新型的乙型潜艇加入了日本联合舰队的潜艇部队。这种集强大攻击力、远程续航力、水面高速和独特侦察能力于一体的水下"恶龙"在太平洋和印度洋猖獗一时。但是日本人保守的使用观念使得它未能充分发挥作用，在盟军强大的反潜力量面前损失殆尽。

日本作为一个岛国，通过两次海战的胜利奠定了其崛起的基础，一直以来非常重视海军新兵器的发展，潜艇便是其中之一。

日本早在1905年就着手从美国购买了五艘潜艇，组成了第一支潜艇队。购买这些潜艇除了壮大军力的因素之外，更多的是一种技术引进的手段，以此来达到学习和自行建造潜艇的目的。很快，在1906年4月，位于日本神户的川崎重工即为海军建造了6号和7号潜艇。之后日本先后引进和自建了多批多型号的潜艇。

到了1922年，世界各海军强国在美国缔结《华盛顿条约》，条约规定日本的战列舰吨位仅为美英的60%，日本在战列舰上便处于劣势地位。因此，日本提出了建造能远洋作战、具有水面高航速、可消耗英美军战列舰数量的大型潜艇。这就是后来的一系列的"海大型"潜艇。然而，"海大型"潜艇续航力无法满足需要，因为在日美之间爆发战争的构想中，该潜艇无法拦截从夏威夷绕道南洋群岛进攻的美国舰队，所以日本海军又提出了巡洋潜艇的方案。该方案潜艇的排水量从"海大型"的1300吨提高到了接近2000吨，后续甚至突破了2200吨。但是该型潜艇在大幅度提高续航力的同时，水上航速却有所下降。 20世纪30年代中期，日本海军已经不满足于这两种潜艇分类体系，他们提出了新的方案，要求将两者的优点结合起来，发展出一种相对全面的混合型潜艇，作为主力作战的潜艇。

对日本有利的是，在1930年的《伦敦海军条约》中，日本争取到了52700吨的潜艇份额，该份额与美英一致。但是不利的是，该条约规定不能建造标准排水量2000吨以上、主炮口径超过127毫米的潜艇。由于当时美国有三艘V级潜艇，不但标准排水量超过2000吨，并且装备了潜艇上口径最大的152毫米火炮，因此单纯看数字的日本人如鲠在喉。为了避免违反条约，过早引起英美的强烈反应，日本海军将混合型潜艇的计划推迟，直到1937年。

1936年的12月31日，《伦敦海军条约》到期，日本抓住这个机会，提出了甲、乙、丙三种不同的混合型潜艇设计方案，并于1937年开工建造（条约过期如此之短的时间内，潜艇即开工建造，可见日本海军早有预谋）。

1940年3月，第一艘注重鱼雷攻击任务的丙I型潜水艇伊16号完成，其标准排水量达到了2184吨。

1940年9月30日，第一艘乙型潜艇伊15正式完工，其标准排水量略超过丙I型，达到2198吨。接着第二年有6艘乙型潜艇完工，1942年有10艘完工，1943年有3艘完工。前后合计20艘。其后，还曾经在乙型的基础上又发展出乙改I型和乙改II型，前者建造6艘，后者建造三艘。总计在日本海军中乙型潜艇一共建造了29艘。

🚫 虽非甲等，可称乙级——不可小视的乙型潜艇

★ 乙型潜艇性能参数 ★

艇宽：9.3米

水上排水量：2589吨

水线长：106.9米

水下排水量：3654吨

垂线间长：102.4米

艇长：108.7米

吃水5.14米

　　二战时期，潜艇首要的武器是鱼雷。乙型潜艇的鱼雷发射管与甲、丙型一致，均集中于前部，不过在数量上有所削减，仅6具53厘米口径发射管，艇艏下方左右两侧各3具。不过，与前两型潜艇一样可发射九五式氧气鱼雷。该鱼雷为著名的61厘米九三式"长矛"鱼雷的缩小版，同样使用氧气作为推进动力，航迹不明显。雷体直径53厘米，长7.15米，重1665千克，携带压缩氧气383升，燃料50升，雷头装药405千克。航速设定为49节时，射程9000米；航速设定为45节时，射程12000米。由于威力巨大，一般1枚就能击沉一艘驱逐舰。而在该艇上一共可携带17枚该种鱼雷。

　　此外，还在潜艇后甲板装备1门40倍口径的大正十一年式140毫米中型火炮，用于水面作战、对岸轰击和射击不值得使用鱼雷攻击的目标。该炮全重3.84吨，炮长5.9米，身管长5.6米，射速5发/分，炮弹初速705米/秒，射程16000米。指挥塔后部还装备有1座九六式双联装25毫米机关炮，用于防空（比甲型减少1座）。为防止海水浸入炮管，造成侵蚀，炮口都有密闭装置。艇桥最后方的1.5米测距仪为140毫米炮提供测距服务。其测距范围为250～15000米，放大倍率18倍。

★乙型潜艇

对于潜艇来说，观测和水声侦听设备是其战斗力强弱的关键因素，纵然有强大的鱼雷，无法有效地追踪和找寻猎物等于无的放矢。

乙型潜艇在艇桥上装备制式九三式防水双筒潜望镜。该潜望镜于1933年开始装备潜艇部队，依照安装物镜的直径可分为12厘米和15厘米两种，前者装备小型和中型潜艇，后者装备大型潜艇，乙型就是装备的后者。该潜望镜最大放大倍率20倍，该放大倍率下视角3度。乙型潜艇上有2只潜望镜，前后并列于艇桥上，靠近艇艏的为昼间使用的，另一只为夜晚专用的。

该型艇还装备1933年开始服役的九三式水中侦听器和九三式探信仪（其实就是被动声呐和主动声呐）。前者是1932年从德国进口的法国制造的水下侦听器。日本海军测试的结果表明，该设备要比美国的MV水下侦听器的效果更好，因此在国产化之后成为潜艇和驱逐舰的制式装备。后者也是太平洋战争初期的潜艇制式装备，该设备对12节航行的驱逐舰探知距离为1500米。但与水下侦听器相比，探信仪的使用效果差。

通讯设备包括司令塔后部的升降式短波天线，以及后部甲板的起倒式长波天线，后者能在不超过20米的深度接收信息。电文的接收和处理则都在司令塔内的电信室，4名电信员分成两班各24小时轮流负责。

乙型潜艇为了达到水面高速，采取超过10:1长宽比的细长型艇体，艇艏形状也是适合水面高速航行的设计。艇艉有大型排气孔。其整体外观与甲型潜艇非常接近，但是由于没有甲型潜艇的那些旗舰设备而司令塔相对较小。艇体则采用双壳体设计，人员和主要设备都集中于艇体中部一个直径约5.6米的耐压壳体中。前部往后依次是鱼雷发射室、水兵和士官室、指挥所、动力舱、后部水兵舱。电池组集中在水兵和士官室的下方。在两层壳体之间除了压载水舱之外，左右两边还各有4个辅助平衡水舱。负责调节艇体在水中的姿势。该艇安全潜深约100米。

★乙型潜艇在太平洋执行任务

艇体中央内部的指挥所是整艘潜艇的核心，里面容纳了各种通信设备、指挥设备和操舵设备等，有一层甲板将其与下部辅助机械设备分开。而潜望镜的通道从司令塔穿过耐压壳体和这层甲板直到耐压壳体的下半部分。平时潜望镜的主体部分就存放于甲板下部的潜望镜容纳筒中，一旦需要则通过液压设备将其提升到合适位置，以便艇长通过它观察海面情况。

该型艇动力设备为2台日本自行设计生产的舰本式甲10D型柴油机，单机功率7000马力，实际单机输出功率6200马力（每分钟350转），双轴推进。如此大的动力加上良好的水面艇形，使得乙型潜艇水上航速高达23.6节。水下则使用2台主电动机，单台最大输出功率1000马力，每分钟163转，最高航速达到8节。另外，艇上还有2台850马力的发电机组，为艇上提供机械和照明所需的电力。

潜艇底舱储备淡水和燃油，该艇总共能携带774吨重油和22吨滑油，使得水上续航力可达14000海里/16节。此外，底舱的电池组为2号5型，总共由360个铅酸电池组成。如果以3节航速航行，可使用32小时，续航距离为96海里。在二战中，潜艇一般水下续航距离在60海里，由此可见乙型潜艇大型化的好处。

艇上食品主要存放在水兵室的后方，储备量按全体艇员3个月的需要量为标准。因此，在太平洋海战中，以潜艇为主要作战兵力的第6舰队，通常对自港口出发3个月后失去联络的潜艇上的艇员，都按照战死判定。

此外，由于艇内温度和湿度高，实际新鲜蔬菜和肉保鲜时期在一周之内，因此通常艇员在前5天对食物比较满意，而5天后连续食用干燥野菜、粉末酱油和腌制品时，他们就对食物表示不满，并出现食欲减退现象。

乙型潜艇原来是作为航空侦察的加强型而提出的，因此其最有特色的就是在指挥塔前部有一圆形的半埋式水上飞机机库，可以容纳1架九六式或零式水上侦察机。水上侦察机在机库内采取拆解的方式储运，一旦需要时，重新装配之后使用。发射时，使用弹射器。回收时，飞机降落在海面，由潜艇甲板上的吊车负责回收。

◎ "乙型"悲剧：一生罪恶史，魂断太平洋

1941年12月8日太平洋战争爆发时，日本海军总共有7艘乙型潜艇已经完工。这些潜艇刚服役就全部参加了珍珠港袭击作战。其中伊15、伊17、伊25配置在瓦胡岛东北，负责掩护南云机动舰队和截击敢于出海反击的美军舰队；伊19、伊21、伊23组成巡逻部队，航行于南云机动舰队前方，为其开道，提供警戒；伊26则单独航行至阿留申地区，进行侦察和警戒活动。后来7艘艇全部参加了对美国西海岸的破坏作战。

随着战线和战局的变化，1942年和1943年完工的乙型潜艇，主要投入了澳大利亚、所

★乙型潜艇上搭载的零式小型水面侦察机

罗门群岛和印度洋战线，进行交通破坏和侦察。这两年也是乙型潜艇活跃的高峰期，先后击沉美军一艘航母、一艘巡洋舰、两艘驱逐舰，击伤一艘航母、一艘战列舰。在交通破坏方面，最突出的就是伊27号游猎印度洋，在1943年一年击沉13艘商船。但是截至1943年底，开战之初的7艘乙型潜艇除了伊26号之外，已经全部损失，1942年服役的乙型潜艇也损失一半，因此1943年开始服役的乙改I型潜艇挑起了大梁。这些潜艇除了首艇伊40号之外，其余都先后加入了第15潜水战队，投入到一线作战。但是，日军从1943年开始已经彻底转入战略防御，而且日本海军对潜艇使用没有提出合适的战术，所以发挥的作用有限。甚至如伊38号潜艇，终其一生主要任务就是运输物资。由于美军反潜力量的强大，到了1944年底，除了伊36、伊44和两艘完工不久的乙改II型潜艇，所有的乙型潜艇都损失了。最后终战时，仅存的伊36和伊58号潜艇被美军接收，沉海处理。

此外，为了适应战争的需要，日本海军还曾经将一些潜艇改装为可携带特种攻击潜艇的母艇。乙型的伊27和伊28，改装后可搭载甲标特种潜艇；乙型的伊36、伊37以及乙改I型的伊44，改装后可搭载4艘回天攻击潜艇；乙改II型的伊58也大约在1944年12月进行了回天潜艇搭载的改装。

乙型潜艇是日本潜水艇历史上重要的一篇，总共建造了29艘，在建造数量上仅次于海大型（37艘），是日本建造数量较多的大型潜艇之一。由于其续航力远，水上航速快，活动范围广，武器装备强大，数量众多，因而成为太平洋战争期间各条战线的重要支柱力量。其击沉商船吨位占全日本潜艇部队的42%，其中伊27更是创下击沉15艘商船，击沉和击伤吨位99359吨的日本潜艇部队纪录。而日本潜艇部队中击沉和击伤吨位（包括商船和军舰）4万吨以上的12艘潜艇中，乙型有7艘之多，并且在前六名中占了五席！更可怕的是，其本身建造的目的就是作为监视和削弱美军太平洋舰队的侦探和杀手，因此美军军舰所遭受的潜艇攻击，也大多来自此型潜艇。"黄蜂"号航母、"印第安纳波利斯"号重巡、"朱诺"号轻巡（CL–52）均遭其毒手；"萨拉托加"号航母、"桑提"号护航航母、"北卡罗来纳"号战列舰、"里诺"号轻巡（CL–96）也曾受其荼毒，可谓威胁力巨大。

尽管乙型潜艇曾经在二战初期猖獗一时，但是由于其自身的缺陷和战术运用的失策，很快就在美军强大完备的反潜力量面前损失惨重。

首先从技术上讲，日本海军自行研制的柴油机噪声巨大（这是单纯追求输出功率的结果），诚如美国海军一名声呐士官所言："日本的潜艇航行如同敲着大鼓行进。"这样大的噪声很容易被美国驱逐舰探测并发现。而且美军凭借雄厚的工业基础和强大的研发能力，给军舰装备了多种对海搜索雷达、声呐设备和电子对抗设备，在技术上完全压倒了日军。其次，从战术角度讲，美军反潜力量全面完善。由于美军参与大西洋反潜战，积累了一系列经验，因此建立了从航空、水面舰只乃至潜艇全面的反潜作战体系。

而日本海军按固定思维将潜艇用于进攻防守严密的美军舰队，忽视破交和攻击商船（日本人认为攻击商船不能体现其勇武精神），对攻击商船使用鱼雷横加限定，更可笑的是居然不顾实际作战需要，实行所谓定时上浮汇报制度，造成潜艇部队损失巨大而所获并不相抵。

最终，29艘乙型潜艇落得个近乎全军覆没的下场，除2艘坚持到战后、1艘因事故沉没和2艘沉没原因不明之外，其余24艘均被确定击沉。其中12艘被军舰击沉，5艘被潜艇击沉，3艘被飞机击沉，3艘被军舰和飞机共同击沉，1艘触雷沉没。

乙型潜艇曾经在二战初期拥有不菲的"战绩"。但是，这些"战绩"只能增加它的罪恶，它的"战绩"越辉煌，罪恶也就越深重。最终，乙型潜艇走向末路，沉没于太平洋之中。

"大凤"号重型航母的终结者 ——"大青花鱼"号潜艇

✪ 二战功臣："加托"级潜艇出世

"加托"级潜艇是美国海军在第二次世界大战中的主力潜艇，也是混用柴油引擎及电动机的常规动力潜艇，又称"小鲨鱼"，其改良型为"白鱼"级、"丁鲹"级。

"加托"级潜艇继承"塔波"级潜艇的设计，将其大型化并延长了水下及水面的续航距离。"加托"级从1941年到1942年全部有73艘服役。

"巴拉欧"级潜艇用高张力钢材建造与"加托"级潜艇相同的船体，潜水深度比"加托"级又有所提升。其他的差别不大。"巴拉欧"级的建造数是132艘，服役期从1943年到1947年。

"丹基"级潜艇稍微改良"巴拉欧"级潜艇的设计，压舱和燃料槽的位置有变动。预计建造146艘，不过由于第二次世界大战的终结，其大半中止建造，仅有31艘在1944年至1951年服役。

这些潜艇对日本和德国进行通商破坏，堵塞战略物资运输，成为战争胜利的幕后功臣。

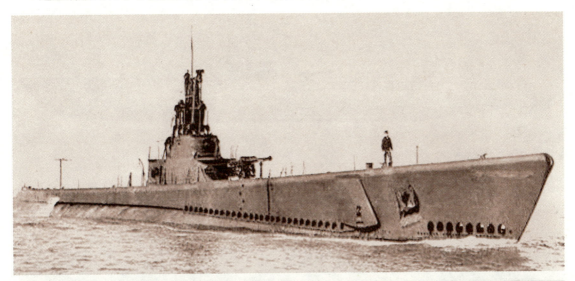

★ "加托"级潜艇

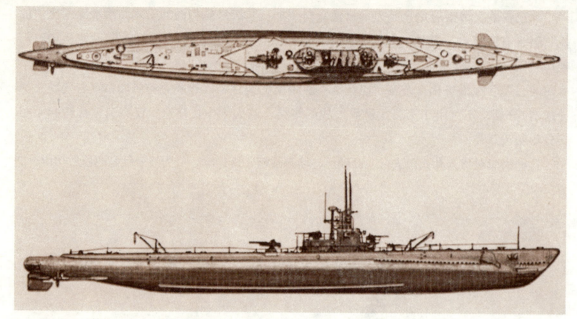

★ "大青花鱼"号潜艇两视图

在太平洋战争初期由于珍珠港事件的严重损失，太平洋舰队没有足够军舰去阻止日军咄咄逼人的攻势，潜艇部队（主要是"加托"级）发起闻名的"狼群作战"打击日本通往太平洋诸岛的交通线，给太平洋舰队宝贵的备战时间，得以在后来中途岛海战、瓜达尔卡纳尔岛战役扭转局势，最终击溃日本联合舰队。

正当日美双方陷入血腥的瓜达尔卡纳尔岛战役，太平洋舰队因为四次海战（第一、第二、第三次所罗门海战、圣克鲁兹海战）损失惨重时，"加托"级潜艇再度发挥巨大的作用，袭击日本运输舰队，孤立该岛日军使美军获得最后胜利，有海军历史学者曾夸张地说："瓜达尔卡纳尔的日军在后来得亲手割稻为粮，因为已经没有补给了。"（"加托"级潜艇把日军运输线切断了。）其实日军的补给并非全为美军潜艇所阻止，一大部分是被企业号等美军投入的水面舰队及进驻瓜达尔卡纳尔岛亨得森机场的"仙人掌"航空队所拦阻。即使如此，潜艇仍功不可没。

除了打击运输线，"加托"级潜艇在战役场面表现也相当抢眼，菲律宾海海战中"竹荚鱼"号（SS-244）击沉日本海军航空母舰"翔鹤"，"大青花鱼"号（SS-218）击沉航空母舰"大凤"号，在该战役中取得比美国航空母舰更辉煌的战绩（航空母舰部队仅击沉一艘"飞鹰"号）。还有莱特湾海战的锡布延海战中，"海鲫"号（SS-227）击沉重巡洋舰"爱宕"，"鲦鱼"号（SS-247）击沉重巡洋舰"摩耶"的战绩。

可见"加托"级潜艇不仅对运输船，对有战斗力的军舰也构成巨大威胁。另一方面，改良型"巴拉欧"级的"嘉鱼"号（SS-328）击沉轻巡"五十铃"，"射水鱼"号（SS-311）在战争结束前击沉航空母舰"信浓"（由"大和"级战舰改装，比当时世界上所有航空母舰都大一倍以上）。"加拉欧"号（SS-368）击沉轻巡洋舰"多摩"，"红鱼"号（SS-395）击沉航空母舰"云龙"，大西洋"白鲳"号（SS-411）击沉航空母舰"神鹰"，日本执行反潜任务的驱逐舰和海防军舰也多数被击沉。

战争结束之前"剑鱼"号（SS-220）、"银边"号（SS-236）、"闪光"号（SS-249）、"拉雪"号（SS-269）击沉了共计90000吨以上的军舰和船只。战后，对各舰有不同的处理，有的被作为训练军舰和靶舰使用；"加托"级5艘、"巴拉欧"级8艘、"丹基"级2艘共15艘作为纪念舰而被保存下来；卖给阿根廷的"巴拉欧"级潜艇"凯特菲修"号（SS-339）则在福克兰群岛战争中因损伤而被弃，最后被英军击沉。

◎ 高速潜艇的鼻祖

★ "加托"级"大青花鱼"号潜艇性能参数 ★

艇长：95米	**动力**：4座柴油引擎，6500马力
艇宽：8.2米	4座电动机，740马力
吃水：4.6米	2轴推进
水上航速：20.75节	**武器装备**：533毫米鱼雷发射管
水下航速：8.75节	376毫米炮1门
续航力（水下）：96海里/2节	20毫米机关炮2门
安全潜航深度：90米	**编制**：80人

说起"大青花鱼"号，大家可能不大熟悉，因潜艇形如青花鱼而得名。它其实是20世纪50年代的产品。该型艇于1941年11月24日正式设计命名，1942年3月15日在朴次茅斯海军船厂开始建造，1943年8月1日建成下水，1954年12月投入使用，1972年退役。该艇采用类似飞艇的、沿水平轴线对称布置的回转形艇体和十字形布置的尾操纵面，使螺旋桨处于水滴形回转轴线上，成为潜艇外形发展的一大突破。这样，潜艇不但下潜变得更容易，而且还具有了更优良的机动性。

"大青花鱼"号是美国海军的常规动力高速试验艇，主要用于试验流体动力学。潜艇艇体第一次采用鲸类的流线型，因而它比当时其他的常规潜艇速度快，机动性好。

"大青花鱼"号经过几次改装，其中第三次改装将艉舵改成X形结构，也就是将以前的布置相对地转过45度，用以提高舵的效率。第四次改装采用了银锌电池和反转螺旋桨，大幅度提高了水下推进电机的单机功率，由6500马力提高到15000马力。此外，在"大青花鱼"号潜艇上还进行了声呐和其他许多设计方案的试验，试验取

★ "大青花鱼" 号潜艇

得明显效果的是艇的外形。美国的"鲣鱼"级攻击核潜艇就是采用了这种水滴形减小水下阻力达到高速性的。

"大青花鱼"号对后来的潜艇设计产生了很大的影响，成了世界各国建造高速潜艇（不论是核潜艇还是常规潜艇）的主要标本。美国的"海狼"级潜艇、日本的"春潮"级等潜艇，基本上都按此结构设计。

◎ 扬威太平洋："大青花鱼"号绞杀"大凤"号

有人说美国人崇尚实用主义，很多人都赞同，他们在建造潜艇时也是这样。1943年，美国"大青花鱼"号潜艇建成，1944年，在菲律宾大海战中，"大青花鱼"号潜艇一举击沉2艘日本航空母舰，奠定了此次海战胜利的基础。

第二次世界大战中，航空母舰之间的战斗仅仅发生过5次，其中规模最大的一次是马里亚纳海战。马里亚纳海战同珊瑚海海战、中途岛海战、东所罗门群岛海战以及圣克鲁斯海战时的情况不同，美国航空母舰数量大增，飞行员和飞机也比两年前好得多，而日本人，却不顾日趋衰败的真正危险，大量消耗了精锐的航空兵力。

日本人再次试图在加罗林群岛西部水域进行决战，实施"阿号作战"。

1944年6月15日，美军在塞班岛登陆，这是日本人实施"阿号作战"的起因。塞班岛是日本内防御圈的关键岛屿，它使日军把盟国远程轰炸机拒之于国门之外。为了弥补海军飞机数量的不足，日本人期望在塞班岛以西水域与美军决战，即在关岛、雅浦岛和罗塔岛日本岸基飞机的作战半径内与美国人决战。

3月初，日本海军进行大规模改编，把联合舰队的兵力改编成几支同美国特混舰队类似的部队。第1机动部队由海军中将小泽治三郎指挥，分成3个航空母舰部队：

第1航空母舰部队（甲部队）："大凤"号、"翔鹤"号和"瑞鹤"号；

第2航空母舰部队（乙部队）："飞鹰"号、"隼鹰"号和"龙骧"号；

第3航空母舰部队（丙部队）："千岁"号、"千代田"号和"瑞凤"号。

日本人的情况相当不妙，小泽没有足够的优质燃油使他的航空母舰能够离开基地，在更远的距离上作战。美国潜艇的游猎使日军的燃油补给严重不足，小泽的军舰被迫使用容易挥发的、不纯的、未经加工的婆罗洲原油。

小泽的第1机动部队规模庞大，在这以前，日本海军还没有哪一位将领指挥过如此规模的航空母舰部队。但是，配备飞行员却十分棘手。他们煞费苦心，把1943年在腊包尔被歼灭的前航空队的残余飞行员拉来，为第1航空母舰部队组编飞行队，1944年2月勉强凑齐。同样，第2航空母舰部队各飞行队的架子，是1944年1月在腊包尔遭到沉重打击的一支航空队。第3航空母舰部队的飞行队，也在2月初组成。这些飞行队配备了新式52型"零"式战斗机、"彗星"俯冲轰炸机和"天山"鱼雷机。在航速比较低的轻型航空母舰上，"彗星"轰炸机不能起降。

日本航空母舰在新加坡进行短时维修后，便开往婆罗洲东北面的苏禄群岛的塔威塔威群岛前进基地，准备在这里训练那些没有作战经验的飞行员。由于盟国潜艇非常活跃，计划遂告落空。5月22日，"千岁"号被2枚鱼雷击中，鱼雷没有爆炸。这里很不安全，日本人没敢再让第1机动部队出海操练，加上塔威塔威群岛没有机场，这些时运乖蹇的飞行员始终没有机会提高自己的飞行技术。

小泽部队将由马里亚纳群岛岸基航空部队（司令官角田觉治海军中将）进行空中支援。日本舰载机没有采用自封油箱和保护飞行员的装甲，所以续航力比美国飞机大210海里。小泽预计，战斗将在日军岸基飞机作战半径之内展开，而且，在驻马里亚纳群岛的日军岸基飞机削弱敌人之后，他还可以用舰载机攻击敌人。小泽的企图是，让舰载机在攻击美国第58特混舰队之后去关岛加油装弹，返回时再对敌人实施第二次攻击。如果刮起东贸

★ "大凤"号航空母舰

★美国海军中将斯普鲁恩斯　　　　　★日本海军中将小泽治三郎

易风，他的舰队就处于下风方向，可以一面接敌，一面让飞机起飞和降落，而美国航空母舰在作战的时候则时刻处于顶风，特别是在收回飞机的时候。作战计划对于侦察的规定，比中途岛海战时要好得多。小泽决心避免不能及时发现敌航空母舰的错误。

第58特混舰队隶属于斯普鲁恩斯海军中将指挥的第5舰队。斯普鲁恩斯指挥才能高超，他不仅赢得了中途岛海战的胜利，也无疑避免了一次失败。斯普鲁恩斯正确地认识到自己的主要任务是掩护塞班岛的登陆部队，于是，他将4个特混大队用来堵击小泽的进攻，时刻防范小泽舰队向北或向南移动。斯普鲁恩斯第一次从特混大队中抽出战列舰，组成由威利斯·A.李海军中将指挥的炮火支援舰群。日本飞机如果要染指美国航空母舰，它们在对付每一支美国特混大队的空中战斗巡逻和突破美舰的高射炮火之前，首先会遭到美国战列舰的高射炮火的猛烈堵截。

6月14日，日本第1机动部队驶离塔威塔威群岛，第二天被美国潜艇发现，第5舰队随即处于全面戒备状态。早在6月11日，日本岸基侦察机就曾与第58特混舰队有过接触。为了预防日本飞机的袭击，美军先发制人，由208架舰载战斗机组成的庞大机群对日军机场进行了首次毁灭性袭击：由于角田在攻击第58特混舰队计划上的失策，硫黄岛和父岛两个中间机场失去了作用。接着，关岛和罗塔岛的机场也被摧毁。运气不佳的小泽将面对一支实力没有受到削弱的美国快速航空母舰部队。角田没有把发生的情况通知小泽，这是令人费解的。结果，小泽的处境更加困难。更有甚者，角田从设在提尼安岛的基地继续电告小泽，他的飞机歼灭了大批敌机和敌舰。事实上，每次攻击都被美军击败，并遭到惨重损失。"阿号作战"要依靠关岛"储备"的500架飞机，但角田仍旧试图完成掩护所有其他基地的任务，抗击美军的牵制性空袭。6月18日夜晚，角田只派了50架飞机增援关岛，在向小泽报告时，他却自欺欺人，说该岛守备严密，飞机供给不成问题。人们只能作这样的推测，即角田为了保全面子而把小泽引入了歧途。角田应该知道，他的扯谎加速了"大日本帝国"的惨败。

小泽不知道他的对手完全没有遭到伤害。6月18日清晨，小泽的舰队排成战斗队形。前卫部队（丙队，由栗田海军中将指挥）有"千代田"号、"瑞凤"号和"千岁"号轻型航空母舰，排成横队，先于主力100海里。主力分成两队，甲队有"翔鹤"号、"大凤"号和"瑞鹤"号；乙队断后，有"飞鹰"号、"隼鹰"号和"龙骧"号。

次日9时左右，第一攻击波起飞，大约1小时后被美军炮火支援舰群的雷达发现。由于美舰高射炮火的封锁，以及美国飞行员的高超战术和训练素质，美军彻底粉碎了这次袭击，日本人遭到了灾难性的失败，一共起飞69架飞机，只有37架返航。此后，日军主力又发起了第二次袭击，出动110架飞机，又被美军炮火支援舰群的密集炮火粉碎，仅有31架飞机返航。

实施第二次袭击的飞机刚刚起飞10分钟，"大青花鱼"号潜艇突破日本驱逐舰的警戒，向日本旗舰"大凤"号航空母舰发射了鱼雷，1雷命中。日本人大难临头。鱼雷炸坏了前部升降机和加油管路，致命的汽油蒸气窜入机库。"大凤"号没有起火，经损管队6个小时奋战，该舰似乎可以得救了。舰长命令转入顶风航行，继续保持着26节航速。为了排除机库里的汽油蒸气，舰长命令打开所有的舱口盖和水密门。结果，汽油蒸气进一步扩散。15时30分，一台电动泵启动时发出的致命火花酿成了一次猛烈的爆炸。没有精炼的燃油挥发的气体是另一个危险源。航空汽油的爆炸引起了连锁反应，"大

★"翔鹤"号航空母舰

★日军"翔鹤"号航空母舰甲板上的A6M2舰载机

凤"号处于火海之中。"大凤"号大火熊熊，其他军舰无法靠近。16时28分，"大凤"号沉没，2150名官兵中仅有500人得救。

12时22分，另一艘潜艇（"棘鳍"号）发射的4枚鱼雷击中新的旗舰"翔鹤"号航空母舰。"翔鹤"号完全被大火吞没。15时10分，"翔鹤"号舰内发生爆炸，16时24分沉没。小泽的司令旗已经转移两次，最后又转移到"瑞鹤"号。小泽并不知道岸基飞机损失惨重，仍然坚持要与美国人决战，用剩下的102架飞机同美国人作一番较量。角田的报告使他相信，已有几艘美国航空母舰被击沉，相当数量的日本舰载机已经在关岛机场降落。这一切都是主观意愿。事实上，角田没有对第58特混舰队实施过什么大规模袭击，而小泽对他的报告却信以为真。

敌对双方这两支航空母舰部队没有马上交手。斯普鲁恩斯的航空母舰航速较快，到第二天下午发现了小泽舰队。这个情报被小泽截获，他立即下令停止加油，加大航速，准备攻击。6月20日15时40分，一架侦察机发现了日本舰队，但斯普鲁恩斯犹豫不定。如果立即下令攻击，那么，飞机要在300海里以外的海域作战，将在漆黑的夜里返回航空母舰，而有的飞机可能因燃油烧光无法返回。然而，这是打击日本舰队的最后机会，机不可失。16时20分，斯普鲁恩斯命令全面出击。16分钟后，由85架战斗机，77架俯冲轰炸机和54架鱼雷机组成的攻击部队全部腾空。

飞机在飞行甲板上的起降和往返飞行时间是航空母舰作战的关键。18时40分，当第58特混舰队规模庞大的攻击部队逼近日本航空母舰时，日本人只有80架飞机起飞迎敌。"飞鹰"号航空母舰中了2枚鱼雷后沉没，"隼鹰"号、"瑞鹤"号和"千代田"号航空母舰遭到重创，日本飞机和飞行员受到严重损失。欣喜若狂的美国飞行员把这次作战比作"马里亚纳火鸡大捕杀"。日军总共损失将近400架舰载机，100架岸基飞机，还有一些水上飞机和绝大部分飞行员。这次海战，实际上宣告了日本海军航空兵的溃灭。

猎杀"信浓"号航母的潜艇——"射水鱼"号潜艇

⊗ 军备升级：绝密武器"射水鱼"号

"射水鱼"号和"大青花鱼"号都是"加托"级潜艇。这两艘潜艇无疑是美国在二战中最有名的两艘潜艇。

"射水鱼"号出世之时，战争延续到了1944年末，日本与美国的海上军事力量已经有了极大的差距。在经历了5场航母大战以后（珊瑚海海战、中途岛海战、第二次所罗门海战、圣克鲁斯海战和马里亚纳海战），曾经强大的联合舰队的主力航母或沉或重伤，能够作战的已经很少，日本海军已经到了穷途末路的地步。

在日本联合舰队最为鼎盛的1942年，曾经有10余艘航母在海军服役，分别是：大中型航母——"赤城"号、"加贺"号、"苍龙"号、"飞龙"号、"翔鹤"号、"飞鹰"号、"瑞鹤"号、"隼鹰"号；轻型航母——"凤翔"号、"瑞凤"号，还有老式的"龙骧"号。但是到了1944年末，"赤城"号、"加贺"号、"苍龙"号、"飞龙"号在中途岛被击沉。"翔鹤"号和"飞鹰"号在马里亚纳被击沉，"隼鹰"号则在马里亚纳被重创完全失去战斗力，一直处于大修状态。"瑞鹤"号和"瑞凤"号在莱特湾被击沉，连早期充当训练舰的"龙骧"号也披挂上阵在瓜岛被击沉。只有"凤翔"号在1943年由于整体改造失败，导致该舰失去远洋航行能力，在战争最后三年该舰一直充当日本海军预备训练舰，一直保留到战后。

反观美国一方，凭借着雄厚的工业实力，在1943年末就远远地超越了岛国日本。珍珠港事件以后的美国只剩下三艘第一线的航空母舰，但珍珠港事件后的1944年初，

★ "射水鱼"号潜艇

美军航空母舰的数目便猛增到50艘。海军飞机的数量从1941年的3638架上升到1944年的3万架，而且质量有了大幅度的变化，潜艇的数量也从1941年的11艘增加到1944年的77艘。

"射水鱼"号正是美军新增的潜艇之一，它服役于1944年，服役不久，便在日本佐世保海域意外击沉出海的"信浓"号航空母舰。

◎ 火力强大：拥有10具533毫米鱼雷发射管

★ "射水鱼"号潜艇性能参数 ★

水上排水量： 1526吨	**武器装备：** 1门4英寸甲板炮
水下排水量： 2414吨	1门40毫米炮
水上最大航速： 20.25节	2挺50毫米口径机枪
水下最大航速： 8.75节	10具533毫米鱼雷发射管
动力： 柴/电推进，双轴	（艇艏6具/艇艉4具）
5400马力（水上）	24枚鱼雷
2740马力（水下）	**编制：** 66人（6名军官）

"射水鱼"号和"大青花鱼"号有一点很相似，它们都是二战后期美国开发的高速试验艇，水上的动力达到5400马力，水下也达到了惊人的2740马力。最大航速方面也有良好的表现，水面最大航速20.25节，水下为8.75节。

那"射水鱼"为什么只用四枚鱼雷就干掉了"信浓"号呢？除了"信浓"号内部原因外，"射水鱼"强大的鱼雷系统也起到了至关重要的作用。"射水鱼"号破天荒地用了10具533毫米鱼雷发射管，可谓是火力强大到无与伦比。

◎ 实至名归："射水鱼"号射沉最大航母

第二次世界大战期间的1944年11月27日，美国"射水鱼"号潜艇接到密令到日本的东京海域巡逻。

"射水鱼"号平静无事地开始了第一天的巡逻。向东航行约50海里，用潜望镜窥视东京湾的入口，见到远处隐约有富士山的影子。在17时18分"射水鱼"号上升。20时30分，舱面值勤人员已见到东京湾进口附近的兰滩波岛，在030度处发现敌人目标：一个"移动的岛"。那个矮长的隆起物体正以20海里的时速驶向西南方。艇长下令全速前进。

原来日本"信浓"号航母在驱逐舰"浜风"号、"雪风"号和"矶风"号护卫下驶出大海时，近乎圆满的皎月正悬挂在天空中，对于这艘要在极度秘密中开始作500海里航行的航母来说是最理想的夜晚。此时在"信浓"号驾驶台上站着的是舰长阿部俊雄。他穿着整洁而合身的呢绒制服，神态严肃地挺立着。

"信浓"号和它的护航舰只都没有开亮航行灯光，以确保舱内任何照明都不会被外面看到。"信浓"号从一开始就被严格的安全保密措施所笼罩。为了掩护在东京湾西岸的横须贺海军船坞进行的建舰工程，船坞三面都筑起用波纹马口铁做的高墙，另一面则是一座峭壁。"信浓"号的几千名造船工人都不许离开船坞。

"信浓"号在建造中特别注意装甲。它的船体在吃水线之下装有巨大的防雷水密隔层，以便在鱼雷到达舰身前将其引爆减低破坏。同时，"信浓"号有极完备的防空设备。它所有的钢料总重量达17700吨，总排水量71890吨。"信浓"号是当时世界上最大的航空母舰。

"信浓"号于1944年11月9日正式服役。由于当时日本当局预料东京—横须贺地区会受到规模越来越大的轰炸，所以判定"信浓"号必须立即前往濑户内海吴港附近比较安全的海域，以完成舰上的装备，并配置足够的战斗机和轰炸机。"信浓"号的保密工作做得非常成功。当时美国海军的特别手册中并没有提到它。

现在"信浓"号已经进入公海，舱面值勤官向阿部俊雄舰长报告说："长官，我们侦察到敌方雷达，频率和脉冲率表示它是从一艘美国潜艇发出来的，方位不明。"阿部听后对航海长说："敌人已派了'狼群'来对付'信浓'号了。这艘潜艇一定是个诡计，想引开我们的掩护驱逐舰。"于是，舰上的播音系统宣布发现了敌方潜艇的雷达信号。阿部则从驾驶台上向远处眺望，神色十分镇定。

★ "信浓"号航空母舰

"射水鱼"号中的美军以为那个"移动的岛"是一艘油轮。但由于夜间能见度很好，还是决定进行海面攻击。同时猜想到日本军舰多半已经探测到"射水鱼"号的雷达信号。大约在21时40分，"射水鱼"号才观察到那条船像是一艘航空母舰，艇长立即决定干掉它。

经仔细观察发现，那个庞然大物有3艘驱逐舰为它护航。艇长知道要对一艘受到多艘护航舰保护的战舰进行海面攻击，有可能甚至还未进入发射鱼雷的射程，自己就被大炮轰得不知所踪了。如果要向航空母舰发射鱼雷，唯一的机会是"射水鱼"号必须继续以最快的水面速度航行，沿着与敌舰平行的路线前进，同时希望它会朝自己这边驶来。这时距最初发现那艘航空母舰已有一小时，"射水鱼"号已开始缓缓落后。艇上4副引擎都已开足马力，达到每小时19海里的最高时速。

可是胜利似乎有意要摆脱"射水鱼"号，因与舰群距离越来越远。就在这个时候，那艘领头的驱逐舰正在向自己这边驶来。

"信浓"号驾驶台上，航海长中村和助手田督少尉正忙于在航海图上标出这条船的航线改变。由于"信浓"号舰上锅炉的零件装配不足，12座锅炉只有8座能操作，这就是说它的最高速度必须从27海里降低为20海里。而且船上的1147个密封舱有大部分没有经过测试检查。由于空军队伍都已投入战斗任务，这艘最昂贵的航空母舰将没有空军掩护。为了避免被敌方发现，"信浓"号和护航舰都不用雷达，只使用信号灯互通消息，此外，护航舰能在"信浓"近处守护，以免中敌人之计而被引离岗位。22时45分，瞭望台观察到了"射水鱼"号，误认为自己未被发现而没有开炮。几分钟后，"矶风"号离开了阵形，正在全速追赶"射水鱼"号，双方相距不到4海里。

"射水鱼"号见到来势汹汹的驱逐舰，艇长霎时间想到的是潜入水中。但是，如果"射水鱼"号下潜，那就会因为速度减低而丧失进入攻击航母位置的机会。于是仍旧按照与航母基准航线平行的路线航行。这时，那艘驱逐舰越冲越近，好像决意要把"射水鱼"号撞入海底。就在此时，远方航空母舰的桅杆顶上突然有一道红光闪过海面。后来灯光熄灭，接着又亮了10秒钟。"矶风"号突然掉头走开，母舰在改变航线。它向左转了30度，现在航线180度。距离正在拉远。改用新航线后的航空母舰速度实在太快。将近23时30分，航空母舰转瞬间已去得很远，完全消失在黑暗之中。即使用望远镜也难以看到。

阿部舰长站在瞭望台上，盯住离开了岗位的"矶风"号，担心受美国人引诱而离队，使"信浓"号失去保护。于是命令航海长发信号给"矶风"号，要它立即回到适当岗位。"矶风"号舵手收到命令后立即"急左转"驶回它的"信浓"号前方的航线上。航母依照180度航线，以20海里的时速航行，把最多只能达19海里时速的潜艇抛离。然而，天有不测风云，大约23时20分，"信浓"号主轴上有个轴承热度过高，已经到了危险程度。经各种紧急补救全不见效，航母不得不降低航速。

就在"射水鱼"号彻底失望之时，雷达显示目标又改变了航向，几乎是对着正西方航行。现在只要这艘巨舰回到它的基准航线上，"射水鱼"号就会处于有利位置而解决掉它。时针走到了24时，航空母舰减慢了速度，与"射水鱼"号相距只约8海里。

29日2时15分，"信浓"号几乎正对着西方鼓浪前进。2时42分，探测到"射水鱼"号另一次无线电发射。从信号的强度判断，它的距离很近——10～20海里之间。为避免受到攻击，"信浓"号再向左转210度。阿部舰长心想，再过不久就会天亮，到时他的瞭望哨就会处于优势。而且"信浓"号那时将驶近通往濑户内海的海峡，从而可得到岸炮的保护。

2时50分，"射水鱼"号见航母仍没有改变航线。将近2时56分，突然间，航母开始掉头转向"射水鱼"号，而且直朝着驶来。"射水鱼"号向西迅速航行大约5分钟，以取得与目标的预期航线的一侧相距很近的位置。为使6个鱼雷获得尽可能大的靶子，同时想驶到离它900米至1800米的范围之内，到达一个理想的发射位置。3时04分，距离是11000米。"射水鱼"号立即下潜。一切都进行得井然有序。从警报声响起到下潜到海水淹过潜望镜只花了一分钟。现在，航空母舰正以每分钟约550米的速度驶来。"射水鱼"号开管进水，鱼雷深度定为3米，静等航母进入射程就发起攻击。突然之间，航母右舷护航的驱逐舰意想不到地改变了航线，向着"射水鱼"号驶来。"射水鱼"号立即下沉到19米深度，比那艘驱逐舰的龙骨深3米。那驱逐舰带着滚滚浪涛来到了"射水鱼"号上面，推进桨的转动声近得令人心寒，它像火车头似的在头顶上隆隆而过，水波的震荡使整艘潜艇颤动摇晃。不久，驱逐舰推进桨的声音消失了。

"射水鱼"号立刻上升并升起潜望镜，将十字线对准航空母舰的船身，按下了发射钮。"射水鱼"号就像被鲸猛撞了一下似的向后反弹，第1枚鱼雷在一团水泡中冲了出去，等了8秒钟，然后发射了第2枚，随后是第3和第4枚，第5枚鱼雷发射出去的时候，艇长从潜望镜见到目标的尾部爆出一团火球，又迅速将第6枚发射出去。这时，"射水鱼"

★驰骋在战场中的"射水鱼"号潜艇

号潜艇官兵第一次听到了击中目标的声音，并感觉到了那300千克鱼雷炸药所造成的震波。不久，他们又听到更多鱼雷击中目标的声响。随后"射水鱼"号下潜到120米处等待日本军舰进攻。从声呐中听得很清楚上面有两艘驱逐舰。远处传来低沉的爆炸声，震波简直对潜艇全无影响，在15分钟之内一共数到了14枚深水炸弹。令人难以相信的是没有一枚是接近"射水鱼"号的。

然而另一边，"信浓"号却遭到了重创。

第1枚鱼雷在3时17分击破"信浓"号船身右舷。在接着的30秒钟内，3枚鱼雷先后撞进了"信浓"号的船身，向着船艄窜去。随着舱壁被一一击破，船舱都已进水，数百名官兵正组成水桶队进行排水，可是水位还是不断上升，海水不断涌入破裂的船身，使它越来越倾侧。5时左右，舰身倾侧达18度时，舰上的淡水蒸发器停止了操作。大约在7时，引擎由于没有蒸汽而停顿了。9时，"信浓"号已经丧失全部动力。

10时18分，阿部舰长准许水兵和低级军官离舰。"信浓"号的一部分船员抓住木料在冰冷的海水中漂浮，缓慢地离开那艘正在沉没的母舰。他们听到一阵巨大咝咝声，接着又听到一阵持续很长的号叫声，那是海水注入舰上仍然暖热的烟囱所造成的。"信浓"号的红色船身这时几乎已变成直立，船艄指向天空。接着，在它发出一阵哀怨的吼声之后，直冲向太平洋海底。阿部舰长与安田少尉两个人也同"信浓"号一起沉到海底。这艘遇难的航空母舰下沉时所产生的吸力，把他们和那些困在舰里的几百名士兵，一起带进了死亡的深渊。

14时整，驱逐舰指挥官下令向海军统帅部发出电报："信浓"号2515名官兵中，1435人失踪，1080人生还。天皇御像已安全登上"浜风"号。全部机密文件均锁在舰上保险箱内，沉入4000米的深海中。

"信浓"号，这艘当时世界上最大的航空母舰，在其处女航行进行了17小时后被一艘潜艇击沉。它的沉没再次重创了日本海军，为美军日后的胜利增加了砝码，同时也成就了击沉它的潜艇——"射水鱼"号的威名。

希特勒最后的秘密武器 ——U-XXI型潜艇

🚫 U-XXI出世：二战中最尖端的潜艇

二战后期，由于盟军掌握了大西洋上空的制空权，德军潜艇被盟军飞机击沉的数量急剧上升。于是德军研究了一种可以在水下长时间潜航，而且水下速度高于水面速度的新型潜艇，官方编号U-XXI型。它是二战中最先进的潜艇之一，为战后的潜艇建造提供了技术基础。

1940年初德国海军开始研究以过氧化氢为动力源的瓦尔特涡轮发动机推进的水中高速潜艇，并制造了4艘XVIIA型和3艘XVIIB型实验艇，试验时水中速度高达25节，但由于瓦尔特涡轮发动机技术不过关，就没有投入使用。但两种潜艇的有关技术很快应用在两种新型的柴油动力的水中高速艇上，最后演变成U-XXI型潜艇。

U-XXI型是大战末期最新锐的一型，使用了很多当时来说极为尖端的科技，包括流线型指挥塔艇体、高效率的柴—电动力主机、双重耐压艇壳、二艇壳、修诺肯呼吸管及主/被动声呐等。

U-XXI型比原先的几种U型潜艇拥有更好的设施，甚至连食物的冷藏系统及士兵洗澡的设施也要比原先的几种U型潜艇好得多。它使用了最新的液压系统，使它上鱼雷的速度要快很多。更可怕的一点是它可以极为安静地在海底以5节的速度航行，里面的电力可供U-XXI型潜艇行驶2至3日，这可要比一般潜艇多很多倍。

◎ 近代先驱：二战中最优秀的潜艇

★ U-XXI型潜艇性能参数 ★

水上排水量: 1620吨	**水下续航力:** 56 海里/4节
水下排水量: 1820吨	**设计下潜深度:** 500 米
艇长: 76.7 米	**鱼雷发射管数量:** 6具（艇艏4具/艇艉2具）
水面最高航速: 15.6 节	**鱼雷总数:** 24枚
水下最高航速: 16.8 节	**产量:** 119 艘
水上续航力: 15500 海里/10节	**编制:** 57 人

U-XXI型潜艇在当时仍属先进的潜艇。它具备在那个时代显得极为惊人的水下航速，其精良的装备使得该艇可以无须接近海面即可发现并攻击目标。此外，它的鱼雷水压装填系统可在12分钟内装填6枚鱼雷！而在一艘典型的VIIC型潜艇上，需要10到20分钟才能装填一枚鱼雷。该型潜艇的另一个新颖之处在于它的建造方式，整个艇体分为9段，在不同的工厂建造，然后在3个船坞内进行最后的合并总装，这样一来极大地缩短了建造周期。

U-XXI型可以说是二次大战最优秀的潜艇。U-XXI型运用了流线型的设计，是近代潜艇的先驱。战后苏联潜艇设计受德国影响其深。

🚫 研制太晚：二战中未能发挥作用

　　U–XXI型潜艇在1943年至1945年之间制造，总共建造了119艘。生产出来的119艘潜艇中，有113艘投入了使用。但是U–XXI型潜艇的出现太晚了，它无法改变历史。其中只有两艘成功地在二次大战末期开始执行巡逻任务，其他大部分U–XXI型潜艇都未能发挥作用，在战后都被盟军接收了。

　　该型艇首艇于1944年5月12日下水，6月27日正式服役。两艘U–XXI型潜艇曾被派往加勒比海执行任务：U–2511号与U–3001号艇。其中U–2511号曾于1945年5月4日成功接近英

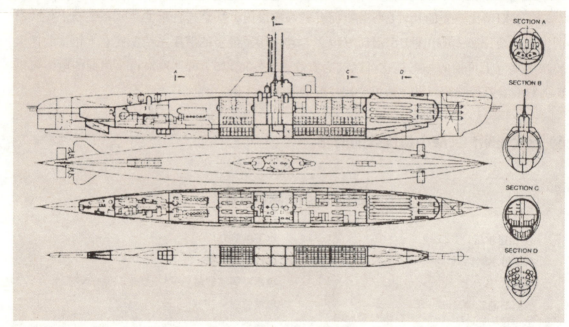

★U–XXI型潜艇结构图

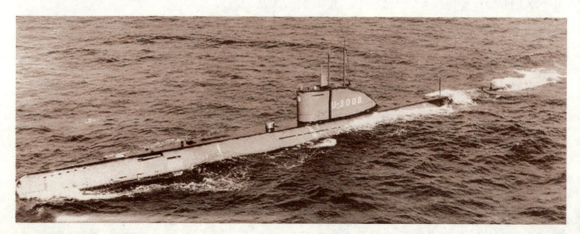

★U–XXI型潜艇U–3008

国皇家海军诺福克号驱逐舰至500米处，而后者丝毫没能觉察。但因为数小时前该艇刚刚接到德国投降的消息，故而未作攻击。战争结束后，这两艘U-XXI型潜艇得以返回母港。

德国潜艇的通商破坏战是盟军大西洋运输线的严重威胁，如果开战初期德国能投注较多资源在新式远洋U艇的建造上，盟军的补给及对欧陆的反攻也许不会那么顺利，战局也许会改观也未可知。

战事回响

◉ 二战U艇经典战术——"狼群战术"

俗话说得好："猛虎不敌群狼。"嗜血成性的狼群令自然界里所有大型食肉动物不寒而栗，在它们的轮番围攻下，即使百兽之王也难以幸免于难。第二次世界大战时纳粹德国的海军将领邓尼兹之所以被称为"狼头"，就是因为他首创了海战的"狼群战术"，使纳粹德国海军在二战初期猖狂一时。"狼群战术"与古德里安的"闪电战"并称为纳粹德国军队的海陆两大"法宝"。

所谓"狼群战术"，可以简单理解为用几艘潜艇组成小分队，像狼群一样围攻敌方军舰和运输船舶。德国海军运用"狼群战术"时，会集中几艘潜艇力量，攻击一个海上目标，用几艘潜艇的攻击力来摧毁重型舰船。

"狼群战术"运用到具体行动中一般要派出数艘潜艇在海上进行游猎，当发现目标后，进行水下跟踪。一艘"头狼"艇来指挥"群狼"的统一行动。"狼群"一般都在夜间攻击，狼群中各艘潜艇从对方护卫舰队的间隙或侧翼隐蔽地穿过去，躲过其火力打击屏障，向目标靠近。白天，各艇在四面八方占领有利攻击阵位，隐蔽在水下，夜间突然升出水面，同时向目标发射鱼雷。由于多艘潜艇同时对同一目标发动攻击，这样，提高了命中率，同时可以出现有几枚鱼雷命中同一目标的情况。这样，"狼群战术"可以取得较大战斗效果，"狼群战术"因此而得名。二战期间，德国海军用"狼群战术"组织成群潜艇袭击盟国的海上舰船，破坏盟国的海上运输线，使盟军受到重大损失。

邓尼兹"狼群战术"猎杀的第一个目标是"雅典娜"号客轮。1938年9月，英国"雅典娜"号客轮悠闲地行驶在大西洋上。船上的旅客正沉浸在平静而安逸的旅行中。突然，他们听到了几声巨响，并感到了强烈震荡。一刹那间，客轮上浓烟滚滚。海水涌进了船舱。几分钟后，"雅典娜"号客轮开始下沉并最终葬身海底。此后几年，盟国的大型运输船队屡有同样遭遇，而罪魁祸首正是德国海军的"狼群战术"。

俗话说"失败是成功之母"，这句话用来形容"狼群战术"的诞生真是再贴切不过

★德国海军司令邓尼兹

★二战时期正在执行海上任务的德军U型潜艇

了。首创"狼群战术"的德国海军司令邓尼兹在第一次世界大战时为德国 U-68号潜艇的艇长。他经历了德国海军"无限制潜艇战"的失败，切身体会到 "用潜艇在白天公开与大型舰队作战"的战法已经落伍了，应当尝试在夜间发动突然袭击。到第一次世界大战接近尾声时，邓尼兹终于得到了一次试验新战术的机会。他指挥 U-68号潜艇在夜间突然穿过英海军的护卫警戒圈，凶猛地接近商船，用鱼雷将其击沉。当英军护卫舰队闻声赶来救援时，邓尼兹已指挥 U-68号潜艇迅速下潜，可潜艇偏偏出了故障。最后他只好弃艇逃生。不过，这次没有完全成功的行动却成了"狼群战术"的萌芽。

在二战爆发前的时间里，邓尼兹潜心研究一战经验，进一步从理论上完善了自己独创的"狼群战术"。二战伊始，邓尼兹便率领德国海军以"狼群战术"称霸大西洋，致使盟军商船遭受巨大损失，后勤补给线遭到严重破坏。邓尼兹也因为"狼群战术"的成功而成为希特勒最得力的干将之一。他的职务一路攀升，先后升为潜艇司令、海军司令，最后还被指定为元首的接班人。

然而，邓尼兹同样被眼前的胜利禁锢了头脑，醉心于自己的战术而忽视了再创新，导致德国海军的战术在多年的海战中如出一辙。而盟军则专门组织力量来研究对付"狼群战术"的有效战法，派出规模庞大的反潜飞机和潜艇，灵活采用 "狙击"、"围歼"、"诱杀"等手段来肢解"狼群"，尤其是运用最新型的雷达来搜索德国潜艇。而邓尼兹无视盟军侦察预警能力的提高，依然在大西洋上集结庞大的潜艇群，打算彻底切

★二战时期德军停靠在岸边的U型潜艇

断盟军在大西洋上的运输线。1943年5月，邓尼兹赖以成名的"狼群"终于遭到毁灭性打击——他的王牌潜艇在一个月内被击沉30多艘。"狼群战术"宣告失败。

二战以后，军事家们重新研究了"狼群战术"，认为从纯军事的角度来看，它仍是未来潜艇"以小吃大"的战术之一，但其攻击的隐蔽性需要进一步提高，"狼群"的规模也应当缩小。现代海战理论也仍然把潜艇视为对付航母等庞然大物的"撒手锏"。而现代潜艇作战的一些先进理论，如深海封锁、机动攻击、联合攻击等都还或多或少地受到了"狼群战术"思想的影响。

德国虽然是一战的战败国，但它的潜艇作战成就远远超过其他国家，对潜艇的威力认识最深，对潜艇的作战理论也研究最透，所以在二战的大西洋战场上，德国潜艇占据了主导地位，其凶恶的U艇和著名的"狼群"都在潜艇历史上留下了浓墨重彩的一笔。

作为战争史上的重要一笔，邓尼兹的"狼群战术"给我们带来了如下启示：再好的战术如果不创新，终将摆脱不了失败的命运。

比"泰坦尼克"号更惨烈的大海难

提起历史上最大的海难，不少人会想到"泰坦尼克"号。1912年4月15日，这艘当时世界上最大的豪华客轮因撞上冰山而沉没，1500余人遇难。其实，1945年1月30日，德国运输船"威廉·古斯特洛夫"号被苏联潜艇击沉，9343名乘员遇难，这才是人类历史上最惨烈的一次大海难。

　　1936年2月6日，希特勒的挚友、德国纳粹党驻瑞士分部主席威廉·古斯特洛夫被犹太青年刺杀身亡。希特勒亲自为他主持了有3.5万人参加的隆重葬礼，并提议将1937年下水的一艘长208米、宽23米，排水量2.4万吨的当时世界上最大的游轮命名为"威廉·古斯特洛夫"号。

　　"古斯特洛夫"号的船身原为白色，内部装饰豪华，设施齐全，有大型餐厅、电影院、游泳池、舞厅，甚至还有一个分娩室。最初，这艘游轮被纳粹党控制的工会组织——德国劳工阵线用于组织工人休假旅游。二战爆发后，它被军方征用为医疗船，后来又改做训练船，船身也被涂成有保护作用的灰色，长期停靠在东普鲁士的哥德哈芬港（今波兰格但斯克港）。

　　1945年，苏联红军西进的铁流迫使大批德国伤兵和难民进入哥德哈芬地区，德国政府面临的问题是尽快将包括该地区在内的东部200多万名德国人安全地撤退到西部地区。不久，"古斯特洛夫"号接到准备起航的命令，开始让逃难者登船。

　　起初，船员们还让每一个登船者在乘客登记册上写下姓名、年龄和住址等详细的个人情况，然而，厚厚几大本登记册被写满后，他们再也找不到用来登记的纸张了。于是，随后登船的数千人就省略了这道手续，其中不少人也因此成为战争中的下落不明者。最新研究结果显示，从当时的登记情况看，这艘核定载客量只有1865人的轮船上有173名船员、918名海军官兵、373名海军女医护人员、162名伤兵、4424名难民，共计6050人登记在册，再加上拥挤在甲板上和分散在船上各处的没有登记的4000多名难民，这艘巨轮竟然搭载了10582人。

　　63岁的弗里德里克·彼德森船长已经多年没有指挥过航行了，这次他临危受命指挥"古斯特洛夫"号，心中很没底。他深知，随着德国"海狼"潜艇部队的溃败，波罗的

★建造中的"古斯特洛夫"号轮船

★ "古斯特洛夫"号上的乘客

海已危机四伏，苏联人的潜艇、军舰和水雷随时都有可能出现。最终，上级同意了他的请求，给他派了两名海军军官做航行助手，另有一名海军上尉负责撤退行动中的人员管理。

1945年1月29日深夜，彼德森船长收到了来自德军波罗的海潜艇舰队司令部的一封电报，通知他在波罗的海中部和西部海域活动的3艘苏联潜艇已处于他们的严密监视之下，在上述海域并未发现其他敌舰。这封电报总算给这位心神不定的船长吃了颗定心丸。

1月30日中午12时20分，4只拖船将"古斯特洛夫"号缓缓拖离哥德哈芬港。按规定，这样一艘只装备了几门防空炮的巨型人员疏散船，至少要有包括反潜舰在内的3艘军舰护航，但为它护航的却只有"洛"号鱼雷艇和一艘老掉牙的鱼雷救生艇（离港不久因故障返航），完全没有反潜能力。

此时，在"古斯特洛夫"号的分娩室里，已经有4个婴儿呱呱坠地，第5个产妇也已经被推入分娩室，她的孩子将在30日午夜之前降生。

18时左右，彼德森船长接到一封电报，提醒他一个德国海军的小型扫雷艇舰队正朝着"古斯特洛夫"号驶来，要他注意规避。由于当时这片海域依然处于德国海军的控制之下，彼德森船长不假思索地下达了打开船侧灯光，避免与来船碰撞的命令。

正是"古斯特洛夫"号上的灯光引来了杀手——苏联波罗的海舰队的C-13号潜艇。由亚历山大·马利涅斯科少校指挥的这艘潜艇，执行的是单艇潜入德军控制海域，伺机攻击敌舰的任务。

1月30日晚，C-13号潜艇保持在潜望镜深度，以低速航行至波兰附近海域，艇上的值

★ "古斯特洛夫"号上的主餐厅

★即将出航的"古斯特洛夫"号运输船

班军官向马利涅斯科少校报告：前方发现闪着灯光的移动目标。由于当时海上的能见度极差，马利涅斯科根据经验判断这艘航速不高的"大家伙"应该是一艘德国的重型巡洋舰或大型运兵船。同时，他也发现了护卫在侧的"洛"号鱼雷艇。

19时30分左右，"古斯特洛夫"号关闭了它的船舷灯。然而，一切都已经太晚了，它已被C-13号潜艇牢牢地"咬"住了。C-13号潜艇加速驶入"古斯特洛夫"号左舷与海岸线之间海域，由于有"古斯特洛夫"号相隔，加之海岸线一侧漆黑一团，"洛"号鱼雷艇并未发现苏军潜艇。

21时左右，C-13号潜艇开始加速超过"古斯特洛夫"号，马利涅斯科命令潜艇掉头，与缓缓驶来的"古斯特洛夫"号形成90度夹角，这是最理想的攻击阵位。接着，马利涅斯科命令艇员准备发射4枚鱼雷。这4枚鱼雷的弹体上被艇员们分别写上了"为了祖国母亲""为了斯大林""为了苏联人民"和"为了列宁格勒"。

当"古斯特洛夫"号缓缓驶入C-13号潜艇的直线最佳射角后，马利涅斯科一声令下，鱼雷以两秒钟的间隔，一枚接一枚地冲出发射管，奔向900米外的敌船。第一枚击中了船舵吃水线的正下方；第二枚钻入船内的游泳池爆炸，睡在那里的许多海军女医护人员当即丧生；第三枚则将位于船中部的轮机舱击得粉碎。只有"为了斯大林"那枚鱼雷被死死地卡在发射管中。

伴着剧烈的爆炸声，"古斯特洛夫"号开始倾斜，船上的人尖叫着四处奔逃。船员们迅速放下了唯一的一艘救生艇，并发出求救信号。持枪官兵则把妇女和儿童送上

★事故前的"古斯特洛夫"号运输船

★被苏军潜艇击沉的"威廉·古斯特洛夫"号

救生艇，一些企图强行登上救生艇的男人被无情地推下大海，有的老人和孩子则被人们踩在脚下。50分钟后，"古斯特洛夫"号完全没入冰冷刺骨的海水中。海面上到处都是漂浮的人头。"洛"号鱼雷艇迅速投入到救援中来，但它的船舱实在太小了，只捞救了472人。随后驶来的"希佩尔"号巡洋舰在搭救564人后匆忙离开，因为它知道苏联潜艇很可能还在附近。

事后统计，在这场灾难中，只有1239人脱险，9343人葬身海底。凑巧的是，这一天是威廉·古斯特洛夫50周岁的诞辰，也是希特勒上台12周年纪念日。

"古斯特洛夫"号海难事件，无疑给了纳粹德国一记重拳。为了不使国内民众陷入恐慌，所有幸存者被告知严禁向外界透露有关这次事件的任何消息。德国的报纸、广播等对此也只字未提。而苏联C-13号返航之后，潜艇获得苏联海军的最高奖章——红旗勋章，全体艇员获得集体奖章。艇长马利涅斯科被授予"苏联英雄"的称号。

二战结束后，出于种种原因，"古斯特洛夫"号被击沉事件一直没有被人公开提起。2002年，随着德国诺贝尔文学奖获得者格拉斯以该事件为背景的小说《蟹行》广为流传，这次大海难才浮出水面。

一些德国人认为，由于死难者中绝大多数是妇女和儿童，所以苏联人在当时犯下了滥杀无辜的"罪行"。但包括部分苏联学者在内的大多数人则指出，希特勒在1944年11月11日已宣布波罗的海为战区，并命令德国战舰可以对海面上的任何敌国目标开火，因此苏联红军就理所当然地也可以对海上任何德国船只发起攻击。另外，从严格意义上讲，"古斯特洛夫"号并非一艘难民船,它作为德军的训练船,上面装备有防空炮,还载有千余名军人,应该算是一艘军舰。

如今,"古斯特洛夫"号沉没事件的主要当事人已相继离开人世,但由幸存者自发组织的"古斯特洛夫团体"在痛悼亡灵、缅怀亲友的同时,也在深刻反省着战争带给人类的创伤。

德国U艇覆灭记

德国U型潜艇几乎就是二战中德国海军的代名词。其型号均用德文Untersee-boot(潜艇)的首字母U后加数字而得名。

两次世界大战中德国U艇击毁大量敌舰,成为战争的显著特点。1914年~1918年德国海军用体积小(1000吨以下)、数量少(发动战争时不到30艘)、速度慢(水面12节、水下不到10节)而且本身不甚坚固易受攻击的U艇,在四年中击沉协约国舰船数百万吨,成绩尤为惊人。

1917年4月,U艇的活动活跃到顶点,在一个月内,U艇击沉了430艘协约国和中立国的船只。之后,协约国及中立国及时调整了战术,改进了反潜技术,为商船派遣护航舰队,广泛使用水雷,到了1917年下半年,U艇的攻击效能被逐渐削弱。

第二次世界大战中德国开始有57艘U艇,采用新式的柴油电力推进系统,提高了水下航速,柴油机通气管又使其无须全部浮出水面就可以为蓄电池充电;还采取了新的战术,U艇组成被称为"狼群"的小队,到夜间浮出水面,集群向护航舰队发起攻击。

1906年初,德国人建造了以柴油机为动力的U型潜艇。1914年9月5日,德国U21号潜艇用一枚鱼雷击沉英国军舰"开路者"号。到1915年末,德国潜艇击沉600余艘协约国商船;到1916年和1917年,被击沉的商船总数已分别达1100艘和2600艘。第一次世界大战中,德国潜艇击沉的商船总数达5906艘,总吨位超过1320万吨。据统计,整个第一次世界大战中用潜艇击沉的各种战斗舰艇共达192艘。U型潜艇以其卓越的水下机动性和作战能力在海上出尽了风头。

★正在激情演说的德国海军司令卡尔·冯·邓尼兹

二战爆发前，德国已经将17艘潜艇部署在大西洋上。开战之后，这些潜艇立即投入了战斗，先后击沉了英国海军的"勇敢"号航空母舰和"皇家橡树"号战列舰。随着战事的发展，德国潜艇全面投入战斗。截至1939年底，在短短数月之中，德国潜艇已经击沉盟国和中立国船只114艘，总吨位达42万吨。到1940年11月之后，德国潜艇需要整修，其战果开始急剧下降，也正是从这年9月开始，德国潜艇进入了"狼群"作战。

到1941年，德国用潜艇击沉盟军舰船的总数已达1150艘；到1942年上升到1600艘。1943年以后，盟军在舰艇、飞机上加装了反潜雷达，使舰船沉没数量降低了65%，到1944年只有200艘舰船被击沉。第二次世界大战中，德国共建造潜艇1188艘，这些潜艇击沉了3500艘舰船，造成45000人死亡。

初次运用"狼群"战术的德国潜艇有成功，也有失败。在3月12日进行的攻击盟军HX112护航运输队的作战中，德国损失了两名"王牌艇长"，再加上3月8日在冰岛附近损失的著名艇长普里恩，德国潜艇部队损失惨重。邓尼兹不得不把他的"狼群"从大西洋北部全面西撤200海里。

1941年12月珍珠港事件后，德国对美国宣战。这时德国潜艇数量也有了很大增长，邓尼兹的"狼群"终于有了大显身手的好机会。12月15日至25日，5艘U艇从基地出发，横渡大西洋，开始了远征美国的行动。次年1月15日之后，又有5艘大型U艇加入了这个行列。战果相当不错，从3月中旬到4月末，U123艇击沉11艘舰船，U124艇击沉9艘，U160艇、U203艇、U552艇各击沉5艘。

★德国U型潜艇

★德国U型潜艇上的船员们

★装备了"利"式探照灯（机腹处）的盟军反潜飞机

　　1940年到1942年的三年间是德国潜艇的辉煌时期，1943年3月，德国潜艇曾创造了20天内击沉敌舰75万吨的最高纪录。以年度而论，1942年则是德国潜艇的"黄金年代"，每艘潜艇的日击沉量常在100～200吨之间，最高时可达1000吨。在这年年初的四个月之内，德国潜艇共击沉美国船只500余艘，总吨位300万吨，有些船只的击沉地点距纽约仅15千米，有的甚至在沿岸人们的注视下爆炸沉没。

　　德国潜艇咄咄逼人的攻势使盟军遭受了重大损失，其中尤以英国受害最深。为了保住至关重要的海上交通线，英国人绞尽脑汁，研制出声呐、雷达、探照灯等多种反潜装备，这些装备成为英国人对付德国"狼群"的"王牌克星"。

　　早在一战时，英国人就利用水听器来搜索潜艇，但这种原始的设备所起的作用十分有限。战后，英国海军投入大量精力来发展声呐。到1935年，皇家海军舰队中半数以上的驱逐舰都装备了声呐。二战爆发后，声呐投入了实战，在实战中发现了一些令人不能满意的地方。1939年，英国在标准的声呐装置上加装了一个距离显示器，它可以指示发射深水炸弹的最佳时机。随着战争的进行，英国继续对声呐进行改进，使其性能有了明显提高，为最终打败"狼群"发挥了应有作用。

　　雷达是英国人的另一张王牌。英国人在与德国的U型艇的较量中，找到了雷达限制U型艇的办法，而雷达便成为了U型艇的掘墓者。1936年，英国成立了雷达研制小组。1937年，一部波长为1.5厘米的雷达安装在"安桑"式飞机上，并于9月3日进行了首次试验，结果"安桑"飞机在8千米外收到了"罗德尼"号战列舰等舰艇的清晰信号。1941年，英国研制出ASVⅢ型雷达，它使用10厘米波长的磁控管，可以在64.4千米的距离上发现护航运输队，在19.3千米的距离上发现处于水面状态的潜艇。其后，3厘米波长的ASVⅤ型和ASVⅩ型相继问世。但是，这些雷达都无法发现潜艇的通气管。

　　磁控管的出现使雷达性能获得了突破，英国以此技术研制成功10厘米波长的高清晰度271型雷达。在1941年3月进行的试验中，271型雷达在4570米的距离上发现水面状态的潜艇；在2560米的距离上发现了潜艇指挥塔；在1189米距离上发现了伸出水面2.4米的潜望镜。1942年，一艘英国军舰用271型雷达发现了在6400米距离上航行的德国U252潜艇，并将其击沉。随着更先进的272型、273型雷达的出现，英国在反潜作战方面掌握了一定的主动权。

　　英国人的第三张王牌是探照灯。由于当时雷达的最小探测距离恰恰稍大于夜间目视发现潜艇的距离，所以潜艇夜间水面航行时，几乎总能避开空中攻击，这个问题一直困扰着英国岸基航空兵。这时，一名叫汉弗莱·戴维德·利的军官提出了使用探照灯搜潜的设想。在克服了一系列困难后，探照灯装在了"惠灵顿"式轰炸机上，这种探照灯被称为"利"式探照灯。

　　1942年夏天，英国皇家空军开始装备这种探照灯，最终"利"式探照灯还是得到大量应用，而且派生出很多改进型。后来又研制出一种吊舱型的"利"式探照灯，供"解放者"式和"卡塔林纳"式飞机使用，海军航空兵一些"剑鱼"式飞机后来也使用了这种探照灯。

　　这些探照灯在英军反潜作战中发挥了较大的效用。

　　与此同时，英国人还致力于改进和开发直接攻击潜艇用的各种武器和弹药。经过科学家的不断努力，深水炸弹的效能有了明显提高，还有一些新的反潜弹药问世。

　　随着声呐、雷达、探照灯等多种新式反潜装备投入使用，英国的反潜实力有了质的提高。

在英国不断发展的反潜能力面前，德国潜艇的发展没有及时跟进，也拿不出有效的应对办法，以至于活动越来越困难，并且损失惨重。1943年5月23日，邓尼兹下令将全部潜艇从北大西洋撤出，德国潜艇战最终以失败告终。

第四章

4 龙王争霸

冷战时代的潜艇

⊙ 引言 "常核" 并举的冷战时代

随着二战结束，美苏冷战时代来临，在这一阶段，美苏两个引领世界潜艇潮流的大国之间展开了一场潜艇争霸的竞赛。

苏联在第二次世界大战之后从德国获得了大量的潜艇建造技术，在20世纪50年代后期的几年间建造了300多艘潜艇，一跃成为世界上拥有潜艇数量最多的海军强国。战后苏联潜艇的发展经历了四个阶段：

第一阶段是斯大林时期。当时正值第二次世界大战刚刚结束，苏联人从德国潜艇成功地影响着海战胜负的经验得出潜艇仍将是海战的主要作战力量的结论，故在德国潜艇资料的基础上设计建造了W级潜艇、Z级潜艇和F级潜艇。不过这些潜艇的总体性能并未能高出第二次世界大战末期潜艇的建造水平。此外，这一段时间内苏联还建造了R级中海潜艇和Q级小型近海潜艇等种类各异的中小型潜艇。

到了第二阶段赫鲁晓夫时期，苏联海军的观点是"去除老式大型战舰，建造小型导弹快艇和潜艇，以防止西方海军的两栖进攻"。于是苏联除了建造新型战舰外，还对W级潜艇进行了现代化改装，将早先的鱼雷武器换成新型的导弹武器。接着苏联开始了全新的导弹常规潜艇的建造，"沙道克"潜艇、J级柴/电潜艇是这一时期的产物。不过这批潜艇仅仅是将鱼雷武器部分换装成"沙道克"导弹。几乎与此同时，苏联对潜艇发射的导弹作了更新。在1958年开始建造的C级潜艇上，就装上了射程为300～350海里的"萨克"导弹。

★苏联"基洛"级（"K"级）常规潜艇

20世纪60年代初期开始，苏联潜艇的发展进入了第三阶段。这一阶段苏联主要是建造了一批核动力潜艇。但在建造核动力潜艇的同时，苏联人认为柴/电联合动力常规潜艇可完成核潜艇部分不能完成的任务，所以在远洋潜艇W级和R级之后进一步改装和发展了一种T级SS潜艇。T级SS潜艇的首艇于1972年开始服役。

20世纪80年代，苏联潜艇的发展进入了第四阶段。这一阶段苏联在大力发展核动力潜艇的同时，仍然建造了部分常规潜艇。比如1983年初下水的K级首艇，其采用了"大青花鱼"号潜艇的外形，指挥台的围壳呈流线型，排水量为3000吨左右，艇长67米，以柴/电联合装置双轴推进，其武器装备以反潜鱼雷为主。该艇很重视救生，在艇艏和艇艉都设有救生舱口。直径最大的中央壳段在指挥台围壳下面，设三层甲板，下层布置蓄电池，上层为指挥室，中层为艇员的居住室。

苏联的常规潜艇是在德国潜艇技术的基础上，不断吸收其他国家潜艇建造和设计经验，克服自己的弱点发展起来的。苏联常规潜艇的一个突出特点就是艇型多。这些艇型都是不断改进设计的结果。同时苏联潜艇在抗沉性方面优于西方几个主要海军国家的潜艇。当然目前在役的已被改称为俄罗斯潜艇的苏联潜艇尽管航速较高，噪音较以前有所降低，但是与西方国家的潜艇相比，噪音大仍是其必须尽快克服的一个缺点。不过，1987年以来，苏联从日本东芝机械公司引进了可以用于加工潜艇桨叶的大型数控机床，使得其潜艇的噪音消除技术一下子追上了美国，从而使其潜艇的隐蔽性大大提高。

美国在冷战期间共建造了19艘常规潜艇，其中包括有飞航导弹潜艇、反潜潜艇、雷达哨潜艇、多用途攻击潜艇和各类试验潜艇。美国发展潜艇比较重视质量，采用多试少建的方针，不断从试验中提高战术、技术性能。美国发展潜艇的主要着眼点是在核潜艇上，常规潜艇从60年代初之后就没有再建造了。

★美国"俄亥俄"级弹道导弹核潜艇

20世纪50年代末至60年代初，美国建造的第一代核潜艇包括：4艘排水量较小的"鲹鱼"级攻击型核潜艇（俄罗斯称为鱼雷核潜艇），3艘非量产的"海神"级雷达预警核潜艇，1艘反潜核潜艇——SSN597"白鱼"号，1艘巡航导弹核潜艇——SSGN687"大比目鱼"号。

20世纪60年代初，美国大规模建造了第二代核潜艇，从而开始了美国潜艇制造业的新阶段。美国第二代核潜艇的典型代表是"长尾鲨"级攻击型核潜艇，从1960年到1965年，美国共建造了11艘（也有资料说是13艘）。从战术、技术性能这一角度来说，"长尾鲨"级艇是真正的多用途攻击型核潜艇。在"长尾鲨"之后，美国建造了3艘"三叶尾鱼"级核潜艇，之后是37艘"鲟鱼"级攻击型核潜艇，至1975年全部建成服役。所有这些潜艇的核动力装置都采用S5W型压水堆，功率为15000马力。另外还建造了两艘用于试验改进型动力装置的试验艇。

美国同时也是世界上建造数量最多的一级核潜艇是"洛杉矶"级第三代攻击型核潜艇。1976年～1995年共建成62艘，至今仍是美国海军水下作战力量的中坚。其动力装置采用S6G型反应堆，热功率为130兆瓦。该级艇在批量建造过程中得到了不断改进，特别是安静性、声呐和武器等性能日益完善。从SSN719"普罗维登斯"号开始，后续各艇都装备了12座垂直发射装置，可发射"战斧"式巡航导弹。而从SSN751"圣胡安"号开始，都装备了AN/BSY-1（V）新型一体化作战指挥自动化系统和艇艏水平舵，安静性明显提高。因此，"圣胡安"号以后的"洛杉矶"级艇也叫改进型"洛杉矶"。

在发展攻击型核潜艇的同时，美国还大规模研制建造了弹道导弹核潜艇。从20世纪50年代后期到90年代中期，共建成4个级别共59艘弹道导弹核潜艇。首批5艘"华盛顿"级艇于1960年～1961年服役，其艇体是在"鲹鱼"级核潜艇的基础上设计的，可以携带16枚"北极星A-1"潜射弹道导弹。1961年～1963年，建成5艘"伊桑·艾伦"级艇，装备"北极星A-2"弹道导弹。1963年～1967年，美海军先后装备了31艘"拉斐特"级弹道导弹核潜艇，该级艇装备"北极星A-2"或"北极星A-3"导弹。后来，所有装备"北极星A-1"或"北极星A-2"导弹的潜艇都换装了"北极星A-3"导弹，而"拉斐特"级艇装备"海神C-3"导弹，后来12艘"拉斐特"级艇换装"三叉戟Ⅰ"导弹。以上三种型号的弹道导弹核潜艇的动力装置都使用与攻击型核潜艇相同的S5W型反应堆。

为取代老化的弹道导弹核潜艇，美国于1981年～1997年建造了18艘"俄亥俄"级弹道导弹核潜艇。该级艇为单壳体结构，水下排水量18750吨，主要武器为24枚"三叉戟"导弹。动力装备采用S8G型核反应堆，热功率为220兆瓦，低速航行时电力推进，因此是美国安静性最好的第三代核潜艇。

除了这两个潜艇大国之外，冷战时期，另一些国家如英国、法国、瑞典等也都在不失时机地发展自己的潜艇，与美苏不同，这些国家十分重视发展常规潜艇。此外，各国近年来还研制了救生小潜艇、猎雷潜艇和供各种试验用的试验潜艇，如捞雷深潜器等等。尽管核潜艇已成为潜艇家族的主角，但常规潜艇在未来海战中仍是不可忽视的一支重要力量。特别是局部战争中，常规潜艇仍将具有不可替代的作用。

冷战时苏联唯一的飞航导弹柴电潜艇
——651型J级

🚫 冷战竞赛：651型J级出世

冷战初期，苏联从德国获得大量潜艇的秘密资料，加上当时弹道导弹的巨大威慑力，所以，苏联在20世纪50年代初，就开始研制弹道导弹潜艇，同时也开始了飞航式导弹潜艇的研制工作。

功夫不负有心人，苏军的这种有意识的实验见到了成效，到1960年年末苏军已有6艘644型导弹潜艇服役，1960年至1962年间又有6艘665型飞航式导弹潜艇服役。644型和665型都是在W级上加装2枚和4枚Π-5型飞航式导弹改装而成的，而J级651型则是新设计的一型常规动力飞航式导弹潜艇。

★651型J级潜艇

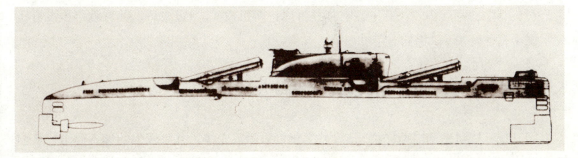

★651型J级潜艇侧视图

★651型J级潜艇正在进行导弹补给作业，该级潜艇装备有4枚Π-6型飞航式导弹。

651型潜艇的北约分级为J级，这种潜艇由苏联海军在20世纪50年代末研制成功，用于对美国领土进行核打击。该艇装备4枚有核弹头的巡航导弹，并有10个鱼雷发射口。但是，尚不具备水下垂直发射导弹的能力。根据美国冷战时期情报部门提供的信息，J级潜艇可在水面4节/小时航速时发射导弹。651型潜艇可以发射苏联在冷战时期研制的数种型号的巡航导弹，其中包括用于打击美国航空母舰的P-500型"玄武岩"（北约分级"SS-N-12沙箱"）超音速反舰导弹。

J级潜艇是由苏联"红宝石"中央海军设计局（当时的第18中央设计局）设计，在列宁格勒（现圣彼得堡）的波罗的海造船厂和高尔基市（现下诺沃哥洛德市）的红色索尔莫沃造船厂建造完成的，总设计师是A.C.卡萨齐耶尔。

从1962年至1968年，建成并部署了16艘。其中K-156、K-85两艇在波罗的海造船厂建造，其余的14艘由红色索尔莫沃造船厂建造。9艘先在北方舰队，后转入波罗的海舰队服役，3艘在黑海舰队、4艘在太平洋舰队服役。有一艘卖给一家芬兰公司，几经周折后，又被美国普罗维登斯的一家博物馆买走，于2002年8月开始对外展出。另有一艘卖给一家德国公司，其余的都已销毁（有一艘在拖往拆船厂时沉没）。J级之后，苏联就再也没有研制常规动力飞航式导弹潜艇。

◎ 极具威胁：具有对美国本土核打击的能力

同其他苏联研制的潜艇一样，651型潜艇也采用双壳体，并有较强的储备浮力。从前到后共有八个舱段：前鱼雷舱，生活舱/电池间，导弹控制室/电池，航行控制室，生活舱

★ 651型J级潜艇性能参数 ★

水上排水量：3174吨

水下排水量：3750吨

艇长：85.9米

艇宽：9.7米

吃水：6.29米

水上航速：16.8节

水下最大航速：18节

工作下潜深度：240米

极限下潜深度：300米

自持力：90天

柴油机：2台柴油机，2×4000马力

主电机：2台主电机，2×3000马力

1台柴油机

1台直流发电机

武器装备：4具导弹发射筒

导弹4枚

艇部6具533毫米鱼雷发射管

艉部4具400毫米鱼雷发射管，都有再装填装置

编制：78人

/电池，柴油机/发电机，电机室，后鱼雷室。艇身用特殊的可吸声波钢板制造。该艇采用银锌电池，提高了水下续航时间和极速，最大水下航程可达810海里（以2.74节/小时航行）。另外，该艇艇身用低磁奥氏体钢制造。

J级潜艇还在艇上安装了6具533毫米艇鱼雷发射管和4具400毫米艉鱼雷发射管，用于发射18枚53型和4枚40型鱼雷。为了潜艇航行及导弹、鱼雷发射需要，该型潜艇配置了导航系统、水面搜索雷达、声呐、火控系统、敌我识别系统、电子对抗等电子设备，有些艇还安装了为SS-N-12导弹提供卫星目标信息的雷达天线。

◎ 颇受争议的J级：水上发射飞航式导弹的潜艇

J级是一型颇受争议的潜艇。J级不像W级、Z级、G级那样进行过多次改装，试验海军的新型武器和装备；也不像R级那样出口过好几个国家；更没有像F级那样有过远征加勒比海的"壮举"。J级实际上也没有对美海军水面舰艇、航空母舰等构成威胁，因为J级的作战任务是主要用Π-6型飞航式导弹打击在远洋海上交通线上活动的敌舰艇和船只，但是从水上发射飞航式导弹就无法发挥潜艇特有的优点——隐蔽性，这相当于把潜艇当导弹舰使用。

那么为什么要把水上发射的飞航式导弹装备在主要用于水下作战的潜艇上呢？

如果将水上发射导弹作为从水下发射的一种"过渡"，这是可以理解，甚至是必要的。因为导弹没有装备过潜艇，即便是水下发射，也可以从导弹在艇上的安装、调试，储存、保养，操作、使用中得到对潜艇设计和导弹设计都有益的经验。一方面可以培训艇员，也为研制水下发射的导弹提供经验数据。

★651型J级是苏联唯一的一级常规动力飞航式导弹潜艇

问题是，为什么在已经研制成功水上发射的E-1级、E-2级核潜艇后，又来研制同样是水上发射的常规动力的J级呢？可能的解释是：增加苏联飞航式导弹潜艇的数量。

不过，难道苏联海军没有考虑到水上发射飞航式导弹是难以对抗美水面舰艇和航空母舰编队的吗？苏联海军中有很多军事专家和技术专家，是不会不知道这点的。

苏联解体后，陆续出版了一些著作，披露了苏联时代一些"保密"的、不为人知的情况。例如设计Π-5和Π-6型导弹的第52实验设计局的B.H.切洛麦伊就曾被一本著作说成是"苏联时期最'政客'的设计师"。当时苏联一些专家的反对意见未得到重视是因为"把这些飞航式导弹推广到潜艇上使用的积极鼓吹者是苏共中央委员会第一书记H.C.赫鲁晓夫的儿子C.H.赫鲁晓夫，正是他帮助了B.H.切洛麦伊。在第52实验设计局，C.H.赫鲁晓夫起到了将Π-5和Π-6型飞航式导弹广泛引用到潜艇的作用。这种对潜艇来说完全不适合的飞航式导弹，在苏联的潜艇中却得到了广泛推广"。结果就是675型E-2级和651型J级都装备了水上发射的Π-6型导弹。

由此看来，这种水上发射的飞航式导弹的潜艇是政治因素作用下的畸形产物，而并非作战的需要，这种身份注定了它很快将被淘汰的命运。果然，J级之后，苏联就再也没有研制常规动力飞航式导弹潜艇。J级潜艇成为苏联海军历史上一个够出彩的唯一。

法国飞鱼
——"阿戈斯塔"级

🚫 飞鱼问世：中小国家青睐有加

自第二次世界大战至20世纪60年代末期，法国总共发展了两个级别的12艘常规动力潜艇，其中"一角鲸"（Narval）级3艘，"女神"（Daphne）级9艘。"一角鲸"级是20世纪50年代研制的潜艇，性能相对落后。而"女神"级是20世纪60年代建成服役的小型潜艇，排水量仅有860吨。吨位小、低航速、低续航力使得"女神"级不适应在北海和北大西洋等海域的作战需求。况且，自"女神"级潜艇服役以来，世界潜艇技术已有突飞猛进的发展，水滴形艇体的发明，自动寻的线导鱼雷的问世，集成电路数字式火控系统的应用，以及推进电机超载大功率的运行方式等等，使常规潜艇的机动性、生存力和作战能力得到很大提高。鉴于上述种种情况，法国海军决定于20世纪70年代初研制一级新型常规潜艇，即"阿戈斯塔"（Agosta）级潜艇。

"阿戈斯塔"级潜艇的首艇"阿戈斯塔"号于1972年开工建造，于1977年7月建成并服役。该级艇共建造了4艘，于1978年在法国海军中全部服役。"阿戈斯塔"级的主要使

★正在受检阅的"阿戈斯塔"级90B型潜艇

★技术先进的"阿戈斯塔"级90B型潜艇

命是在大洋执行巡逻与侦察任务，既可反潜又可反舰。

"阿戈斯塔"级的问世引起不少中小国家的关注，特别是法国为自己的海军装备该级新型潜艇，更促使外销变为现实，至今共售出（含在建）9艘。西班牙于1975年和1977年分两批订购了4艘，命名为"西北风"级。这4艘潜艇全部由西班牙巴赞公司建造，由法国提供技术和部分设备。南非也在1975年订购了两艘，由法国建造，但由于1977年联合国对南非实行军火禁运，这两艘潜艇被转卖给巴基斯坦，命名为"哈什马特"（Hashmat）级。法国为了促进"阿戈斯塔"级的外销，于20世纪80年代和90年代先后推出该级艇的技术改进型，即"阿戈斯塔80"型和"阿戈斯塔90B"型。

⊘ 性能良好、战斗力惊人

★ "阿戈斯塔"级潜艇性能参数 ★

标准排水量: 1230吨

水上排水量: 1510吨

水下排水量: 1760吨

艇长: 67.6米

艇宽: 6.8米

吃水: 5.4米

水上航速: 12节

水下航速: 20节

水上续航力: 8500海里/9节

水下续航力: 350海里/3.5节

下潜深度: 320米

自持力: 45天

动力装置: 柴/电推进

2台柴油机,3600马力

2台发电机

1台电机(4600马力)

1台巡航电机(31马力)

武器装备: SM39"飞鱼"反舰导弹鱼雷

4具533毫米艏鱼雷发射管

鱼雷与导弹混合装载,共20枚

可用36枚水雷代替鱼雷

对抗措施: 装有ARUR、ARUD电子侦察和预

警系统。

火控系统: DLA 2A武器控制系统

雷达: 汤姆逊无线电公司的DRUA 33搜索雷

达,I波段

声呐: 汤姆逊·辛特拉公司的DSUV 22声

呐,被动搜索,中频

DUUA 2D声呐,主动搜索与攻击,频

率8kHz

DUUA 1D声呐,主动搜索

DUUX 2声呐,被动测距

DSUV 62A被动拖曳阵,低频

★ "阿戈斯塔"级90B型潜艇

★舰体光顺流畅的"阿戈斯塔"级90B型潜艇

　　"阿戈斯塔"级潜艇呈鲸形轴对称流线体艇形。该级艇仍然沿用了法国老式潜艇的双壳体结构。该级艇由2个耐压水密隔壁将耐压艇体分隔成3个耐压舱段。该级艇中的舱室按用途可分成5个部分：即鱼雷舱、指挥舱、生活舱、柴油机舱及推进电机舱。

　　"阿戈斯塔"级潜艇与法国以往的老式潜艇一样，整个艇体光顺流畅，无锚穴和水平舵切口，舷外与上层建筑甲板上几乎无突出附体，系缆桩和导缆钳等突出装置均缩进壳体内。这种优良的艇体外形不仅能保证该级艇的水下高速性能与操纵性能，而且还能降低艇的流动噪声。

　　"阿戈斯塔"级艇的优良的水下性能除了表现在航速高（20节以上）外，还在于它具有很大的水下续航力，水下混合航态时，可达10000海里。这主要取决于有庞大的蓄电池组，比法国的老式潜艇多一倍，总共2组320块，单位时间放电量大。一组蓄电池供一台经济电机单独运行时，该级艇能以1.5节低速安静地巡逻航行。因为这台电机耗电量很小，所以该级艇能长时间水下航行。

　　"阿戈斯塔"级鱼雷武器可装载8种。其中F17P型鱼雷是法国新近研制成功的世界上最先进的新型鱼雷之一。该型鱼雷不仅噪声小，推进效率高，自导距离大，而且极限射程远，命中概率高，浅水搜索跟踪性能好，对机动目标攻击效果佳。发射管的发射方式分气动冲击式和自航式，后者仅在应急时使用。发射装置能在潜艇的任意下潜深度上发射鱼雷。发射管可一管多用，既能发射各型鱼雷，又能发射飞航式导弹，还能布放水雷。

"阿戈斯塔"级配备的依莱顿型综合声呐系统性能先进，探测能力强，深受各国海军欢迎，已有6个国家订购了30多套。该系统的先进性能主要在于其具有全量观测、音频收听和频谱分析、目标跟踪以及主/被动测距等多种功能。可同时跟踪4～12个目标，被动站作用距离10～40海里；主动站作用距离8～10海里，测距误差±3%。

为了减震降噪，柴油发电机组安装在整体弹性基座上，并用吸声材料与壳体绝缘。为了增强该级艇的隐蔽性，艇上加装了"痕迹"型水下甚低频拖曳天线，天线长300米，可在水下100米深度上施放和回收，并能在300米水深处接收信号，这样大大减少了艇的暴露率。该级艇除鱼雷装载与攻击实行集中控制外，还设有主推进控制中心和航海操纵控制中心，自动化程度达到很高水平。

法国还计划在"阿戈斯塔"90B级上加装自给式水下能源块AIP系统。自给式水下能源块AIP系统的陆基原型已于1998年投入使用。自给式水下能源模块是法国造船局与众多工业伙伴共同合作的成果。它以闭式"兰金"循环发动机为基础，通过在其主回路内燃烧乙醇和氧气（分开存放）的混合气体以产生热能，并借助"兰金"循环使热能转换为电能。这将大大提高该级潜艇的性能。

★具备多种探测功能的"阿戈斯塔"级90B型潜艇

⊘ 出口外销：巴基斯坦获得自主生产技术

1994年，巴基斯坦和法国签署了一份协议：法国向巴方出售三艘"阿戈斯塔"90B潜艇。但是出售方式有所不同：

第一艘潜艇在法国制造，巴基斯坦直接购买；第二艘在法国制造，由巴基斯坦技术人员组装；第三艘潜艇由巴基斯坦的技术人员在卡拉奇的海军船坞制造，来自法国DCN的技术人员提供帮助。

2003年12月12日，巴基斯坦自主建造的第一艘"阿戈斯塔"（Agosta）90B潜艇在卡拉奇的海军造船厂举行建成下水仪式，巴基斯坦总统穆沙拉夫参加了庆祝仪式。

这艘潜艇就是法国向巴基斯坦出售的第三艘潜艇。这艘被命名为"萨阿德（Saad）"的"阿戈斯塔"90B潜艇是一艘柴油动力的常规潜艇，五年前在法国DCN公司帮助下开始建造。其间，由于2002年5月8日发生在卡拉奇的炸弹爆炸事件造成11名法国技术人员死亡，导致法国的技术援助小组撤离，以及美国发动的推翻阿富汗塔利班政权的战争，建造工作一度被拖延，但最终还是顺利完成了。

这艘由巴基斯坦自主建造的"阿戈斯塔"90B潜艇装配有现代化的指挥控制系统，并且能发射反舰导弹和鱼雷，具有反潜、打击水面舰只和情报收集的能力。巴基斯坦海军称"阿戈斯塔"（Agosta）90B潜艇的建成是巴走向国防自主化的重要里程碑。

★ "阿戈斯塔"级90B型潜艇内部控制系统

冷战常规潜艇之王
——俄罗斯"基洛"级

◎ 名门之秀：红宝石设计局的杰作

提起大名鼎鼎的"基洛"级柴/电常规潜艇，想必所有舰艇迷都知道。在冷战中，这种"基洛"级潜艇曾给美国海军造成巨大的威胁。其实，"基洛"级潜艇的设计者更是大名鼎鼎，它就是——红宝石设计局。

1974年，苏联海军和苏造船工业部签署了研制新型常规潜艇的协议，型号编号877型。协议对这一级潜艇提出了在动力、武器装备和降噪方面一系列新的要求。接受该级潜艇设计任务的红宝石设计局在研究了战术、技术要求后，将新艇的研究设计重点放在以下几个方面：降低辐射噪声，提高使用可靠性，提高生存力，具有优越的航海能力，采用模块化建造技术，改善居住性。

新设计的潜艇自1979年开始在位于远东阿穆尔河（即黑龙江）畔的共青城船厂建造，俄方代号为"877工程"，其间屡经改进，如877M型加装线导鱼雷，877EKM型改进火控

★将要执行任务的"基洛"级潜艇

系统等。红宝石设计局在1993年推出了号称"终结者·基洛"的636型潜艇，是由俄罗斯鲁宾中央设计局研制，由877型改进而来，按西方分类属于"基洛"级。由于红宝石设计局有多年常规潜艇的设计经验，877型艇的研制目标均得以实现。

◎ 技术先进：浑身都是最先进的技术装备

★ "基洛"级877M型柴/电常规潜艇性能参数 ★

水上排水量：2350吨	**水下续航力：**400海里/3节
水下排水量：3076吨	**最大下潜深度：**300米
艇长：73.8米	**工作下潜深度：**250米
艇宽：9.9米	**自持力：**45昼夜
吃水：16.6米	**动力：**柴油/电力推进，5900马力
水上最大航速：10节	单轴六叶低噪声桨
水下最大航速：20节	**武器装备：**6具533毫米鱼雷发射管
水上续航力：6000海里/7节	18枚鱼雷

★检修过程中的"基洛"级潜艇

★低阻水滴形的"基洛"级潜艇

　　潜艇的机动性一般包括水上、水下最大航速，最大潜深和续航力，自持力等几个指标。一般认为，航速高、续航力远、自给时间长、潜深大，则机动性就好。为提高潜艇的机动能力，"基洛"级潜艇的动力装置为2台柴/电机组、1台推进电机，两组蓄电池，每组120块，可以提供最大航速20节或最大续航距离400海里的电能。"基洛"级潜艇采用了苏联当时最先进的技术装备，在柴/电机组、推进电机、水声设备以及武器装备系统等方面都足以和西方潜艇媲美。潜艇由克斯曼斯克船厂建造，国内型称"法霞夫扬卡"级。出口型编号877EKM，即"基洛"级。

　　"基洛"级柴/电潜艇外形为低阻水滴形，艇体分为六个耐压舱，储备浮力为30%，任一舱破损都仍能保持不沉性。水下排水量超过3000吨，如此大的排水量在世界各国的常规潜艇中是比较罕见的。这也使"基洛"级能够拥有大的武器载量、良好的居住性以及优良的远航能力。

　　"基洛"级的动力装置包括两台柴/电机组，一台推进电机和一台经济巡航电机。柴/电机组可在水面及通气管状态下工作。推进系统为单轴六叶低噪声桨，是俄罗斯常规潜艇家族中唯一一型采用这种驱动方式的。

　　潜艇的眼睛是水声设备——声呐。"基洛"级配备了MTK-400艇壳声呐，具有全方位被动工作方式和航向角130度扇面主动测距方式。为降低艇体对水声系统的干扰，设计时特别注意了艇艏线型的优化，艏部无开孔，艏水平舵后移，使艇艏涡流噪声大大减小，并且将艇体噪声源后移，这些措施有效地提高了声呐的探测距离。

"基洛"级的最大特点是极其优异的安静性。现代反潜技术的发展，已使潜艇的生存受到极大的威胁，为对付各种来自空中、水面、水下的威胁，潜艇只有利用自身的特点——隐蔽性。除了能长时间潜航，还要求尽可能低的航行噪声，减少被敌方声呐发现的可能性。"基洛"级的设计目标就是将安静性置于快速性之上的。作为提高安静性的代价，其17.5节的潜航速度甚至低于某些老式的常规潜艇。

⊘ "安静的杀手"："大洋黑洞"

潜艇的隐蔽性是由潜艇自身的安静程度决定的，安静程度主要取决于潜艇噪声的大小。海战潜艇的噪声低不仅能保持行动的隐蔽，避免被敌方声呐发现，且可增大自己声呐的探测距离，做到先敌发现，保持作战的主动权。

★ "基洛"级潜艇

"基洛"级潜艇被称为"当今世界上最安静的潜艇"。尤其是636型采用光滑水滴形艇体，外表短粗，是经过精密计算的最佳降噪形态。其推进器改用七叶大侧斜桨，转速降到250转/分；柴油发动机被安置在软垫上运转；并且对全艇所有产生噪音的设备实行封闭管理；潜艇外壳还嵌满了塑胶消音瓦，不但能吸收本艇噪音，还可以衰减对方主动声呐的声波反射。按照国际公认的算式，潜艇水下噪音每减小6分贝就可使敌潜艇被动声呐的探测距离缩小一半，一旦潜艇自身噪音降到90分贝，那么海洋背景噪音就可以完全掩盖潜艇行踪。在1996年印度海军所作的对比试验中，老式的877型潜艇和德国的209级1500型潜艇同场竞技，结果前者先敌20海里揪住209潜艇的"尾巴"。由此可以推知更先进的636型潜艇的安静性在德国的209级之上。由于636型潜艇静音效果极为出色（自身产生的噪声仅为118分贝），一些国外分析人士曾称这位"安静的杀手"为"大洋黑洞"。

作为安静的杀手，"基洛"级潜艇真正的威力来自于它的武器装备。

该型潜艇的艇艏安装6具533毫米鱼雷发射管，艇内共配备18枚鱼雷，并有快速装雷系统。6具发射管可在15秒内完成射击，两分钟后再装填完毕，以实施第二轮打击。特别令人称绝的是，"基洛"级还可配备"俱乐部"反舰导弹。该导弹系统包括3M54E1超音速反舰巡航导弹，可以从水面舰的垂直发射系统或者潜艇的鱼雷发射管中发射，射程达到300千米，巡航马赫数为0.6～0.8，拥有一个400千克重的弹头，从而大大提高了其远程打击能力。除此之外，"基洛"级还携带24枚AN-1沉底水雷。令人惊异的是它还装有SA-N-8型对空导弹，防空艇上还配备了现代化的电子、水声装备，是苏联乃至俄罗斯常规潜艇的得意之作。

"基洛"级的火控系统采用MBY-110M模拟式作战情报指挥系统，能够同时跟踪和攻击两个目标，从探测转入攻击的准备时间为一分钟。从火控系统的反应时间、计算能力、跟踪能力来看，"基洛"级采用模拟式作战情报指挥系统，导致火控系统反应时间慢，接战目标少，但从艇载武器装备看，"基洛"级的武器搭配比较全面，鱼雷、水雷、反舰导弹、防空导弹样样不缺，而且"俱乐部"潜射导弹射程远，具有非常明显的优势。

"基洛"级潜艇凭借其较高的性价比成为了国际武器市场的抢手货，目前已经有近30余艘落户波兰、罗马尼亚、印度和阿尔及利亚等16个国家。

东瀛海底魔鬼
——"春潮"级潜艇

⊘ "春潮"涨起：日本海上自卫专用

"春潮"级潜艇是日本于20世纪80年代末建造的一级常规攻击潜艇。

1976年10月19日，日本政府曾经召开过一次内阁及国防会议，制定了"日本防卫计划大纲"，按大纲要求，日本海上自卫队将常年维持一支由16艘潜艇组成的潜艇舰队。

日本政府建造潜艇的特点是以前一级的改进型作为新一级潜艇的设计方案，减少了研制周期，每一级的建造数量都较多，另外将建造任务交给两家船厂完成，每家船厂都建有独立的生产线，负责对自己建造的潜艇进行详细设计，从而加快了建造速度，能够在短期内有更多的潜艇服役。

考虑到10艘"夕潮"级潜艇于20世纪80年代全部服役，为达到潜艇建造计划的延续性，从1984年底开始，海上自卫队设计部门就已开始考虑改进型"夕潮"级潜艇所需的装备，并于1985年初开始详细设计工作，到1986年初已完成大部分设计工作。

1986年3月，日本内阁批准建造第一艘改进型"夕潮"级潜艇，即现在的"春潮"级潜艇的首艇"春潮"（Harushio）号，订单于同年5月下达。该艇于1987年4月21日在三菱重工神户造船所铺放龙骨，1989年7月26日下水，1990年11月30日服役。第2艘"夏潮"（Natsushio）号于1988年4月8日开工，1990年3月20日下水，1991年3月20日服役。第3艘"早潮"（Hayashio）号于1988年12月9日开工，1991年1月17日下水，1992年3月25日服役。其余4艘已分别于1990年~1992年开工，1992年~1995年下水，1993年~1997年服役。除最后一艘受1995年1月17日神户大地震影响而推迟服役外，基本上是以每年一艘的速度建造。

1997年，7艘"春潮"级潜艇已全部服役，装配给海上自卫队使用。其主要使命是反潜和攻击大型水面舰艇，具体地说，主要用于战时的海峡封锁、破交作战及和平时期海上交通线的保护。

"春潮"级的艇体比法国的"红宝石"级核子动力攻击潜艇还大一些。设计上延续前型的"涡潮"级、"夕潮"级一脉传承的基本构型，包括双壳水滴形舰体、十字形尾翼、单轴、前水平翼位于帆罩上等。但在艇体长度上增长1米，直径略增，排水量增大，其他在人员适居性、艇体材料、潜航续航力、静音能力、水下侦测等方面都有许多改进。所以，"春潮"级基本上是"夕潮级"的改良型。

★ "春潮"级潜艇

"春潮"级的第七艘与其他6艘有所不同，排水量增加了50吨，且在自动化水平和其他方面都有提高和改进，使艇员人数由75人减为71人。20世纪末，随着改进型"春潮"级潜艇的服役，日本海上自卫队潜艇舰队的战斗力有了较大提高。

2009年3月27日，首艘"春潮"级潜艇"春潮号"正式除役。之后，日本自卫队准备每一年除役一艘。

◎ 技术一流：反潜能力突出

★ "春潮"级潜艇性能参数 ★

水上排水量： 2450吨	2台东芝电动机
水下排水量： 3000吨	**武器装备：** 鱼叉潜射反舰导弹
艇长： 81.7米	6具533毫米鱼雷发射装置
艇宽： 8.9米	**电子系统：** ZLR-7电子支持系统
吃水： 7.4米	**雷达：** ZPS-6平面搜索雷达
水上航速： 12节	**声呐：** ZQQ-5B舰艏主/被动数组声呐、ZQR-1
水下航速： 20节	拖曳数组声呐
最大下潜深度： 300米	**编制：** SS583～588：75人（其中军官10人）
动力装置： 2台川崎 12V25S柴油机	SS589：71人（其中军官10人）
2台川崎交流发电机	

　　"春潮"级潜艇是日本海上自卫队20世纪90年代服役的一级新型常规动力攻击型潜艇，该级潜艇是一级综合性能较好的多用途攻击型常规潜艇，具有航速高、噪声低、续航力大、武器装备强、自动化程度高和居住性好等多项优点，是日本海上自卫队的主力潜艇。该级潜艇具有如下特点：

　　1. 广泛采用隐身新技术。艇体表面敷设了一层高性能的消声瓦，既能吸收主动声呐的探测声波、抑制艇体振动，还能改善艇体表面流体动力性能，提高了其隐身性能，降低了被敌方声呐探测到的可能性；对艇体内的重大噪声源——动力装置使用了减震筏座，大幅度地降低了噪声；另外，该级艇的推进器采用的是七叶大侧斜低转速螺旋桨，桨叶由减震合金材料制成，在一定程度上降低了螺旋桨的工作噪声。

　　2. 武器装备先进。"春潮"级潜艇装备了自行研制的89型鱼雷和美国麦道公司生产的潜射"鱼叉"反舰导弹，攻击能力强。据报道，89型鱼雷与美国海军目前使用的MK48型鱼雷基本相同，既能反舰，又能反潜，综合性能较好。

　　3. 艇体采用高强度钢，下潜深度加大。"春潮"级潜艇的耐压艇体的主要部分都采用NS110超高强度钢材，使最大潜深达350米（另有估计可达450米）。下潜深度加大对于提高潜艇的隐蔽性和生命力有着十分重要的意义，有利于隐蔽自己和打击敌人。目前，日本仍在继续对NS110钢材的性能进行研究，以期使未来潜艇的下潜深度进一步加大。

★出水游龙般的"春潮"级潜艇

4. 探测设备先进。该级潜艇上装备的ZQR-1潜用拖曳线列阵声呐性能优异。据报道，这种声呐探测距离可达数百千米，大大提高了潜艇的远程搜索和攻击能力。

5. 双壳结构，水滴形设计，阻力小，噪音低。该级潜艇采用双壳体结构，艇型为水滴形。外形光顺，除指挥台围壳外没有任何凸出的壳罩；为减小噪音，艇壳表面敷有消声材料。

🚫 性能比拼："春潮"级对阵"基洛"级

2006年11月21日，日本防卫厅对外宣布：海上自卫队"春潮"级潜艇在油津港附近海域参加演习时与一艘货轮相撞。引人注意的是，这艘编号为SS589的"春潮"级潜艇，正与美国海军第7舰队"小鹰"号航母战斗群进行"潜艇猎杀航母"的联合演习，而"春潮"级潜艇扮演的角色正是美军航母在东亚地区最大的假想敌之———俄制"基洛"级潜艇。

"春潮"级潜艇是日本最先进的常规潜艇，美国人称之为"日本的'基洛'级"。由此可见，"春潮"级潜艇的先进性以及其在美国人心中的地位。

看到这里，读者朋友们可能会不由得质疑——日本的"春潮"级究竟有几分神通，会让美国人另眼相看，并将其与大名鼎鼎的俄罗斯"基洛"级潜艇相提并论？

★俄罗斯"基洛级"潜艇

下面就让我们把"春潮"和"基洛"一起对比一下，让它们在虚拟沙场一决高下。我们也可以透过这场性能比拼，顺便了解一下神秘的日本海上自卫队水下战队的真实实力。但是由于"基洛"级潜艇改型众多，无法逐一对比，我们选择的是最新型的636M型"基洛"级潜艇与"春潮"级潜艇进行对比。本节中的"基洛"级潜艇若无特殊说明，均指636M型。

第一，就潜艇最基本的航海能力与水下航行能力而言，"春潮"级略显优势。

"基洛"级潜艇是俄罗斯最强大的常规潜艇，它的水上排水量为2300吨，水下排水量3040吨，采用2台1500千瓦的柴油主机、一台5500马力的主推进电机和240块高能蓄电池，最大航速分别为水面10节和水下19节，极限下潜深度300米，工作下潜深度240米。

"春潮"级的水上和水下排水量分别为2450吨和3000吨，艇上装备了2台川崎12V25S柴油机、2台由柴油机带动的发电机、1台7200马力推进电动机及480个新型高容量液冷蓄电池，最大潜航速度20节，工作下潜深度也达到了300米。

作为世界上第一种采用水滴艇形的"大青花鱼"号潜艇的"直系子孙"，"春潮"级沿用了战后日本常规潜艇传统的水滴艇形和双壳体的结构设计，航海能力特别是水下性能相当优良。

★ "春潮"级潜艇

而作为俄罗斯常规潜艇的巅峰之作，"基洛"级同时创下了俄罗斯常规潜艇发展史上的"三个第一"——第一个采用水滴形艇型、第一个采用大直径低转速单桨、第一个采用单轴电力推动方式。这一系列改进让"基洛"级的水下航行能力和早期的R级、F级相比有了明显提高，但和集日本常规潜艇技术之大成的"春潮"级相比仍显逊色。

第二，从操控系统方面来看，"春潮"级比"基洛"级更为成熟。

电子设备性能落后是俄式武器的痼疾，让人欣慰的是，636M型艇在这一点上已有长足进步，作为"基洛"家族的终极改进型，636M在电子设备上最大的改进就是采用新型的OMNIBOMNIBUS-E作战指挥系统和LAMA-EKM自动化信息控制系统，取代了877型艇上原有的MBY-110M模拟作战指挥系统。其中，OMNIBOMNIBUS-E作战指挥系统主要用于武器控制。而LAMA-EKM自动化信息控制系统，则在俄制常规潜艇上第一次实现了对导航、声呐、雷达、潜航深度测量、机械控制、电力等子系统的信息综合管理，该系统同时也拥有武器控制功能，其配备的综合信息显示系统可利用OMNIBOMNIBUS-E作战指挥系统来处理50个目标，跟踪其中的10个，一次可使1～4枚鱼雷或导弹攻击其中1～2个目标，攻击准备时间小于3秒钟。

战后，日本发展的各型常规潜艇都以电子设备精良著称。由于与美国的关系和自身发达的电子工业，令海上自卫队可以第一时间装备来自美国的各种先进水声设备。这一点也被"春潮"级继承下来。"春潮"级的艇艏位置就配备了一套ZQQ-5B声呐系统，包含艇艏主/被动数组声呐以及艇艉的ZQR-1型潜用被动拖曳数组声呐，对目标的最大探测距离超过100海里，除了没有艇艏的大型球形主动声呐外，其声呐系统的综合指标已和美国海军现役的"洛杉矶"级攻击核潜艇相当。火控方面，"春潮"级采用ZYQ-2型，可同时跟踪10个目标并攻击其中的3个目标。全面升级后的"基洛"级火控系统，其各项主要指标已达到或接近"春潮"级水平，但636M型艇上采用的大多是第一次装艇使用的新型设备，其可靠性与以成熟设备为主的"春潮"级相比，仍有一定差距，尤其是缺少了对潜艇远距离交战至关重要的拖曳声呐，这在相当程度上限制了"基洛"级的反潜能力。

第三，从武器装备方面来看，"基洛"级有绝对优势。

"基洛"级装备了6具533毫米口径的鱼雷发射管，除可使用包括最新的尾流制导鱼雷在内的各种俄制533毫米重型鱼雷外，636M型在武器系统上的最大亮点就是装备了俄最新型的"俱乐部"系列导弹。

"俱乐部"系列导弹，包括3M-54E超音速反舰导弹、3M-14E对地攻击巡航导弹和91RE1型反潜导弹。其中，3M-54E导弹的最大飞行速度达到了惊人的2.9马赫，采用"惯性导航＋主动雷达寻的"的复合制导方式，最大射程300千米，其携带的400千克战斗部足以让1艘5000吨级的驱逐舰当场瘫痪。而3M-14E导弹则与著名的"战斧"导弹类似，可在飞行150千米后击中"一间办公室"。这两型导弹的服役，使636M成为了第一种具备远距离反舰和对地精确打击能力的俄制潜艇，而最大射程高达50千米的91RE1型反潜导弹的服役，则让636M拥有了强大的远程反潜能力。

与"基洛"级琳琅满目的武器列表相比，"春潮"级的武器系统单调得多。"春潮"级也装备了6具533毫米鱼雷发射管，总共可携带20枚鱼雷或导弹。目前，"春潮"级上配备的只有日本自制的89式鱼雷和美制"捕鲸叉"潜射反舰导弹两种。其中，"捕鲸叉"导弹采用鱼雷发射管发射，最大射程为130千米，最大飞行速度0.9马赫。89式鱼雷则是一种线导加主/被动声自导鱼雷，航速55节，其作战距离为38千米，战斗部重267千克，技术性能和美国核潜艇上的标准装备MK-48重型鱼雷大体相当。

第四，从潜艇的静音性能方面来看，两者不相上下。

"基洛"级潜艇自问世以来，便以其出色的静音性赢得了"大洋黑洞"的美名。最新636M型艇上，除保留了在877型艇上就已采用的减震浮筏和消声瓦等技术外，还将艇上的推进器由原有的六叶桨改用七叶大侧斜桨，转速降低到250转/分，使潜艇的噪音进一步降低。

关于"春潮"级的静音水平，资料匮乏，为此很难作出精确评价。但从目前已有的数据看，"春潮"级上同样使用了减震浮筏和七叶大侧斜桨等技术，艇壳上敷设了日本自行研制的消声瓦，使该型潜艇成为了更加沉默的水下忍者。美日海上演习时，连反潜能力强大的美国海军都对此型潜艇头痛万分，并作出了"静音水平不逊于基洛877型"的评判。

第五，从人员的舒适性方面来看，"春潮"级要比"基洛"级舒适得多。和具体技术指标相比，潜员工作和居住环境的优劣常被人忽视，但实际上，由于需要长期在水下作战，潜员的生活和作战环境与水面舰艇相比都要恶劣许多，因此也就对潜艇的人机工程设计人员提出了更高要求。

"春潮"级上的每个艇员都有一张独立的床铺和个人储物柜，艇长室的面积也比同级别潜艇要大。艇上还有配置齐全的厨房和专门的艇员餐厅，餐厅内装设了彩电等娱乐设备，这些措施极大地改善了生活条件，也有利于战斗力的保持。

与之相比，"基洛"级在人机工程性上就落后许多，尽管636M型艇57人的编制少于"春潮"级上的75人。但因为采用了超常规的降噪措施，增添了许多专用设备，压缩了人员的生活空间，从目前公布的图片资料看，"基洛"级狭小的厨房和拥挤的艇员舱，比"春潮"级的工作和生活环境的确要稍逊一筹。

第六，从潜艇的改进潜力上来看，"基洛"级与"春潮"级双方可谓是难分高低。常规潜艇的使用寿命可达30年，因此服役期的升级改进潜力也是评估潜艇战斗力的一个重要指标。

　　"基洛"级在设计时所采用的模块化设计思路，就为将来添置新设备安排了预留空间，未来可升级的项目包括加装AIP系统和新型拖曳声呐系统等，届时潜航时间可增至2周以上，水声探测能力也会相应提高。

　　与所有日本潜艇一样，"春潮"级自下水之日起，改进工作就一直在进行中。其中最大的一次改进是在2000年12月，改装对象正是此次发生事故的"朝潮"号，这次的改装是将艇身后段切开，插入一段拥有4台由瑞典授权日本生产的"斯特林"MK发动机以及相关装备的船段，经此改装后，"朝潮"号全长增至87米，满载排水量增至2900吨，最大潜航时间由120小时增至2周。几年的实际使用，使海上自卫队获得了大量使用"斯特林"发动机的第一手经验，也证明"春潮"级具有升级为AIP潜艇的潜力。

★泊岸待航的"春潮"级潜艇

通过以上对比，人们对于"基洛"级和"春潮"级的优劣会有个初步评判：在航海能力、改进潜力和静音性能上双方大体相当，操控系统和人员舒适性上"春潮"优势明显，而在武器系统的总体水平上，"基洛"又把"春潮"远远抛在了后面。仅就技术指标而言，双方可谓是难分伯仲，至少可以说，"春潮"级与"基洛"级这两者有可比性。

不过，决定一种武器优劣的标准不仅仅是具体的性能数据，而要看该型武器是否能完成它所承担的具体作战任务。作为各自国家水下力量的绝对主力，"基洛"级和"春潮"级承担的主要作战任务也基本相同：第一，完成对敌方海上运输线的封锁作战；第二，有效保证己方海上运输线的安全。

对于岛国日本而言，遭到海上封锁后所面临的后果绝对是灾难性的，这一点早已是人所共知，但容易让人忽略的一点是——今日之亚洲，严重依赖海运的国家不仅仅只是日本一个！在对手发起对日本的海上封锁作战的同时，日本同样可以使用自己精锐的潜艇部队，对其海上生命线进行水下反击！到目前为此，包括美国海军在内，世界上还没有哪个国家拥有和日本一样强大的反潜能力，这就决定了日本潜艇在实际作战时，所面临的对手的水平也许还比不上它在训练时所面对的假想敌！这也决定了在未来可能爆发的"基洛"和"春潮"的对抗中，很难出现"基洛"主攻"春潮"防守这样一边倒的作战模式。

与"春潮"相比，"基洛"级最大的劣势是落后的电子设备，特别是因缺乏拖曳声呐而导致的水声探测能力的不足。一旦"春潮"反客为主，它大可利用艇上的声呐和数据链等手段，获得敌方商船队的详细信息，随后隐蔽机动到船队的航线附近，利用自己的声呐优势实现"先敌发现、先敌打击"。

如果双方角色互换，由"基洛"级回到攻击方的位置上，局面也不会有明显改观。今天的日本海上自卫队已被公认为世界上远洋反潜能力最为强大的海上力量，在未来的对抗中，"基洛"级在应对"春潮"级水下挑战的同时，还必将面对敌方反潜机和水面舰艇的联合绞杀。

日本海上自卫队是日本自卫队的海上部分，成立于1954年7月1日。根据太平洋战争的经验，海上自卫队以非常重视反潜与扫雷闻名，训练也集中在这两项，这两项是日本海上自卫队的长处。

通过上述日本的"春潮"级与俄罗斯的"基洛"级相对比不难发现，二战后由于受到美国的扶持，日本海上自卫队发展至今已经具有一定实力，至少在技术上并不落后，在经济实力上更是有保障。另外日本捏造所谓"中国威胁论"的同时，却在暗暗地扩充装备，升级武器，试图打造21世纪亚洲第一海军。时至今日，已经成规模，并具有相当的实力。日本自卫队的作为，值得引起包括中国在内的多个亚洲国家的警惕。

第一艘核潜艇横空出世
——"鹦鹉螺"号核潜艇

◎ "鹦鹉螺"出世：核动力潜艇问世

"鹦鹉螺"号核潜艇（USSNautilusSSN-571）是世界上第一艘核动力驱动的潜艇。

"鹦鹉螺"号问世的意义在于，它首开应用核动力之先河，潜艇由此进入了又一个新纪元。最先考虑将原子能用作潜艇动力的，是美国海军研究实验室机电处主任、著名物理学家罗斯·冈恩。如果说冈恩等人是核潜艇构想的提出者，那么将这一设想最终变为现实的，就是"核潜艇之父"——海曼·乔治·里科弗。

1946年，美国海军部决定成立原子能研究机构，并挑选一名上校军官来主持这项工作。早就对原子动力情有独钟的里科弗主动提出了申请，并以其深厚的舰艇工程知识和娴熟的动手能力获得了批准，从此他便与核动力结下了不解之缘。经过反复研究，里科弗提出美国海军核动力计划的第一步应该放在潜艇上。因为核动力的最大优势首先体现在潜艇上，只有"航程无限"的核能与"隐蔽出击"的潜艇相结合，才能导致战略作用极为重大的威慑性武器的出现。最终，里科弗的计划被采纳。

1948年5月1日，美国原子能委员会和美国海军联合宣布了建造核潜艇的决定；1949年，里科弗被任命为国防部研究发展委员会动力发展部海军处负责人，并兼任原子能委员会、海军船舶局两个核动力部门的主管和核潜艇工程总工程师，从此里科弗的名字便与核潜艇连在了一起。1952年6月14日，世界上第一艘核动力潜艇"鹦鹉螺"号在美国格罗顿举行铺设龙骨的仪式。1953年3月30日美国当地时间11时17分，陆上模拟堆热中子反应堆达到了临界状态。6月25日，核动力装置达到了满功率，并完成了持续4天4夜的满功率运转试验，这标志着这艘核潜艇已经具备了以不间断的全速横渡大西洋的能力。

"鹦鹉螺"号核潜艇1954年下水正式服役，1957年1月17日开始试航。1958年，首次成功地在冰层下穿越北极，直至1980年退役。

★ "核潜艇之父"——海曼·乔治·里科弗

⊘ 核能动力："鹦鹉螺"号非比寻常

★ "鹦鹉螺"号核潜艇性能参数 ★

水上排水量： 3533吨

水下排水量： 4092吨

艇长： 98.7米

艇宽： 8.4米

吃水： 6.6米

水上航速： 22节

水下航速： 23.3节

下潜深度： 213米

动力： S2W型压水型核反应堆1座
蒸汽轮机2台，双轴

功率： 15000马力

武器装备： 553毫米鱼雷发射管6具
鱼雷22枚

编制： 105人

　　从总体上看，"鹦鹉螺"号核潜艇采用的是常规动力潜艇的外形。这种外形的基本特征是艏柱为圆弧形，干舷较低，上甲板呈平直形状。该艇的艏水平舵为可收放结构，不使用时则可折叠收起。在艏水平舵的后面，有一个锚穴，锚就收藏在那里。指挥台围壳位于该艇中间偏靠艇艏的位置上。"鹦鹉螺"号核潜艇的艉部基本上采用了常规动力潜艇的艉部结构形式，艉舵位于螺旋桨的后面，但是艉垂直舵却分成上下两块，与艉水平舵呈十字形布置，有两根推进轴、两个螺旋桨。

★ "鹦鹉螺"号核潜艇

★ "鹦鹉螺"号核潜艇内的控制室 ★ "鹦鹉螺"号核潜艇内的潜望镜

　　"鹦鹉螺"号核潜艇的耐压艇体内总共分为6个舱室，其布置顺序从艏至艉依次是鱼雷舱、居住舱、作战指挥舱、反应堆舱、主机舱和艉舱。

　　鱼雷舱装备有6具533毫米鱼雷发射管，装载着一定数量的鱼雷。居住舱和作战指挥舱均分为三层，居住舱的上层是供10名军官居住的军官舱室和军官会议室。其中，军官会议室的面积比美国海军舰队型潜艇上军官会议室的面积大3倍。中层是烹调室和士兵餐室，一次能够提供46名艇员在此同时进餐，还可布置成为一个小型电影放映厅，可容纳50名观众。另外，餐室里还设有冰激凌机、饮料机、磁带录音机和电视机等。指挥舱的上层是潜望镜室和攻击指挥室。攻击指挥室的后部是无线电通讯室。指挥舱的中层是操纵指挥室，核潜艇上所有舵的操纵都集中在这里。该艇的各种舵采用舵轮和操纵杆方式。操纵指挥室的后部是士兵艇员居住舱。作战指挥舱和居住舱的最下面一层是各种液舱、蓄电池舱、泵室以及舱库等。

　　反应堆舱里布置了一台S2W型压水反应堆、热交换器、各种泵以及反应堆用水舱等。反应堆舱的顶部利用铅屏蔽进行了密封，并在其顶部形成了一条屏蔽走廊，成为艇上人员的安全通道。主机舱内布置有两台齿轮传动汽轮机和各种辅机：动力装置的控制台也布置在主机舱内。核潜艇上的两台齿轮传动汽轮机，在反应堆产生的饱和蒸汽的驱动下，可以产生13400轴马力的动力，从而使得"鹦鹉螺"号核潜艇的水面最高航速为20节，水下最高航速为23节。

　　位于核潜艇最后部的艉舱是士兵居住舱。艇上的艇员人数编制为93名，但是在一般的情况下艇员人数往往要超过编制人数。因为"鹦鹉螺"号核潜艇担负着重要的试验任务，因此经常有接受培训的人员、负有特殊使命的人员以及参加试验的人员随艇航行。因此，艇上的大部分都使用二层或者三层的床铺。每一个铺位的三个壁面采用的都是轻金属围壁，形成一个基本独立的个人支配空间，床铺上装有个人使用的照明灯具。每一个艇员都有一个存放个人用品的专用柜。

★ "鹦鹉螺"号核潜艇内的仪器　　　　★ "鹦鹉螺"号核潜艇下水仪式

"鹦鹉螺"号核潜艇上没有设置艉鱼雷舱，这一点与美国海军的舰队型潜艇的舱室布置有所区别，而且还增添了一些舰队型潜艇上不曾配备的设施，例如自动洗衣机、干燥机、图书室以及放射性剂量检测室等。此外，"鹦鹉螺"号核潜艇上的大功率空调系统可以使艇内的舱室温度保持在20～22摄氏度范围内，相对湿度保持在50％左右。

核潜艇上总共携带有24枚鱼雷，其中6枚装备在HK-54型水压式鱼雷发射管中，18枚备用。同时，艇上装备的声呐是AN/BQR-2B型艏部声呐。美国海军在1958年对"鹦鹉螺"号核潜艇进行改装之后，又在该艇的前甲板右舷增设了AN/BQR-3A型声呐，以便增强该艇的水下探测能力。

◎ 长距离远航：穿越冰层抵达北极名噪一时

1954年1月21日，人类第一艘核动力潜艇"鹦鹉螺"号在上万名观众的欢呼声中下水。经过努力，"鹦鹉螺"号在这年年底全部竣工。从理论上讲，它可以以最大航速在水下连续航行50天、航程3万海里而无须添加任何燃料。艇上还装备了自导鱼雷。

1955年1月17日，"鹦鹉螺"号进行了首次试航，人类历史上第一艘核潜艇正式开始

★ "鹦鹉螺"号核潜艇内的用餐室

★ 航行中的"鹦鹉螺"号

遨游大洋。它的首任艇长为威尔金森海军中校。5月份，"鹦鹉螺"号又进行了90多个小时的水下远航试验，航程为1381海里，是当时常规动力潜艇水下最大航程的9倍。它还以20节的平均时速，完成了从佛罗里达基韦斯特到新伦敦之间1397海里的航行。

从1954年1月21日下水到1957年4月第一次更换燃料棒时为止，"鹦鹉螺"号总航程达62526海里，仅消耗了几千克铀。而常规潜艇要是以同样速度航行同样的距离，将会消耗大约8000吨燃油。"鹦鹉螺"号还以首次水下航行抵达北极点而闻名于世。

"鹦鹉螺"号所展现的核潜艇的巨大魅力还不仅于此。据美国披露，自其服役后，美国用它多次进行了潜—舰对抗以及反潜演习。1955年7~8月份，在"鹦鹉螺"号首次进行的作战演习中，它轻而易举地战胜了包括一艘反潜航母在内的反潜编队，在这次对抗演习中，"鹦鹉螺"号共"击沉"了7艘"敌舰"。随后在北约所组织的名为"反击"的演习中，受到"鹦鹉螺"号攻击的水面舰艇数量达到16艘，其中包括航母2艘、重巡洋舰1艘以及驱逐舰9艘，其余的4艘为油轮与货轮。

据美国统计，"鹦鹉螺"号在历次演习中共遭受了5000余次攻击。据保守估计，若是常规动力潜艇，它将被击沉300次，而"鹦鹉螺"号仅为3次，"鹦鹉螺"号展示了核潜艇确实具有无坚不摧的作战能力。

"鹦鹉螺"号的问世具有不可估量的巨大价值，它的政治与军事意义是深远的。但由于该艇主要供试验之用，因此没有建造后继艇。该艇于1980年退役，在其诞生地格罗顿作为纪念艇被永久保存。

自从"鹦鹉螺"号问世后，各海军大国纷纷发展核潜艇。其中，历史上传统的潜艇强国德国和日本因为是战败国而无缘跻身其中。而中国经过自身的艰苦努力也成功拥有了核潜艇。迄今，世界上共有5个核潜艇国家，即美国、俄罗斯、英国、法国和中国，而其中以美国和俄罗斯两国核潜艇的发展最有代表性，无论是建造级别、建造数量还是发展水平都是其他三个国家无法企及的。

第一种弹道导弹核潜艇
——"乔治·华盛顿"级潜艇

⊘ 冷战思维:"华盛顿"号出世

    1957年10月4日,苏联从它在里海北岸的火箭发射基地向太空成功地发射了人类历史上的第一颗人造卫星,这次成功的发射向全世界表明了这样一个事实——包括美国在内的所有西方国家,都已笼罩在苏联带有核弹头的弹道导弹的攻击范围之内,这使美国军政各方感到十分震惊。10月4日晚上,白宫和五角大楼彻夜灯火通明。

    美国的政界和军界领导人在焦虑地讨论着美国的防御能力问题。艾森豪威尔总统在紧急召开的记者招待会上发表讲话时故意轻描淡写地说,苏联发射的这颗人造卫星没有什么实际上的军事意义。然而,美国的大多数军事领导人却不同意艾森豪威尔总统的这种说法,他们十分清醒地认识到,苏联已经拥有或即将拥有功率足够大的火箭发动机以及相当精确的导弹飞行制导系统,从而使美国几乎所有城市和军事设施都将有可能遭到苏联热核武器的打击。

    面对苏联的这种压力,美国政府和军事部门开始加紧着手建立美国的战略打击力

★ "乔治·华盛顿"级弹道导弹核潜艇的首艇——"乔治·华盛顿"号

量。美国海军特种计划局重新审查了当时正在进行中的"北极星"计划，建议把原计划在1963年服役的第一艘携带"北极星"弹道导弹的战略核潜艇的服役日期提前到1960年11月底。这就是说，美国海军应该在24个月的时间里建成可以携带"北极星"弹道导弹的核潜艇。不过，"北极星"弹道导弹的射程必须从原来预定的2800千米减少到2200千米。

美国海军期望着在24个月内能够拥有弹道导弹核潜艇，但是，这种愿望能否实现，海军内外的许多专家都持怀疑态度。因为，当时美国海军最新式的"鲣鱼"级攻击型核潜艇的首艇"鲣鱼"号，从铺设龙骨到建成总共花费了29个月的时间。建造一艘攻击核潜艇尚且需要如此多的时间，那么计划在24个月内建造美国海军从未拥有过的、在技术方面更为复杂的弹道导弹核潜艇，存在的困难是可想而知的。为此，美国海军就尽快建成"北极星"弹道导弹核潜艇的问题向电船分公司进行了咨询。

在经过各方面论证之后，电船分公司提出了一个巧妙的解决办法，即利用"鲣鱼"级攻击型核潜艇的设计、艇体和设备，把当时正在船台上建造的"鲣鱼"级攻击型核潜艇的第二艘"铀鱼"号（也称"蝎子"号）的艇体舯部，即在指挥舱与反应堆舱之间切开，嵌加上一段弹道导弹舱。于是，一种新型的核潜艇诞生了，这就是美国海军的第一艘弹道导弹核潜艇——"乔治·华盛顿"号。

★ "北极星A-1"导弹

战略威慑："乔治·华盛顿"性能一流

★ "乔治·华盛顿"号核潜艇性能参数 ★

水上排水量：5900吨		水上航速：15节	
水下排水量：6880吨		水下航速：24节	
艇长：116.3米		下潜深度：213米	
艇宽：10.1米		自持力：60天	
吃水：8.8米		编制：132人	

　　"乔治·华盛顿"号的反应堆舱里布置有一座由威斯汀豪斯电气公司制造的S5W型压水反应堆。主机是通用电气公司制造的齿轮减速汽轮机，功率为15000轴马力。

　　"乔治·华盛顿"号拥有6具533毫米水压式鱼雷发射管，16个"北极星"弹道

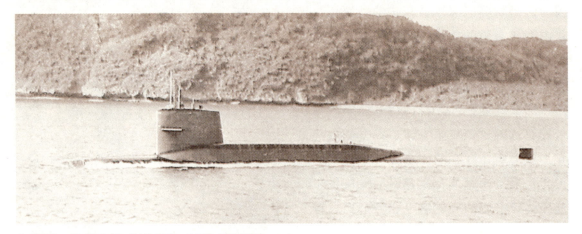

★ "乔治·华盛顿"级"帕特里克·亨利"号核潜艇

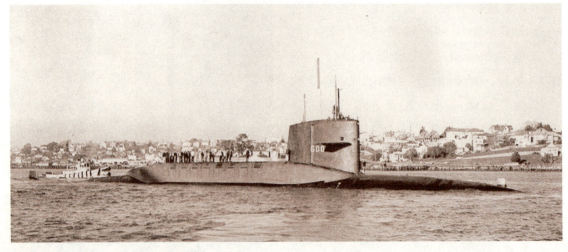

★ "乔治·华盛顿"级"西奥多·罗斯福"号核潜艇

导弹发射筒，分为两排垂直布置，每排8个。

"乔治·华盛顿"号的电子设备很先进，艏部呈半球形，半球形的上部布置着AN/BQS-4型主动声呐基阵，下部布置着AN/BQR-2B型被动声呐基阵。

在"乔治·华盛顿"级的建造过程中，美国海军也在不断地对"北极星"A1弹道导弹进行改进，并使其日臻成熟。从1958年9月到1959年9月，美国海军总共进行了17枚"北极星"A1导弹的飞行试验。1959年9月，美国海军开始"北极星"A1潜射弹道导弹的首次试射。在此后的10个月中，在大西洋导弹靶场共试射了30枚"北极星"A1潜射弹道导弹的样弹。

◎ 战略巡逻：真正意义上的全球威慑潜艇

"乔治·华盛顿"级弹道导弹核潜艇总共建造了5艘，都编入到第14潜艇中队，以苏格兰的霍利湾为基地执行在北大西洋方面的非战时巡逻任务。

"乔治·华盛顿"级的首制艇"乔治·华盛顿"号于1959年12月30日服役。1960年7月20日，该艇在佛罗里达州的卡纳维拉尔角以水下潜航的状态成功地发射了第一枚全功能的"北极星"A1弹道导弹。三个小时之后，又成功地发射了第二枚。从此，美国海军进入了拥有战略核武器系统的行列。

在艇长J.B.奥兹本中校的指挥下，"乔治·华盛顿"号于1960年11月15日携带着16枚"北极星"A1导弹开始在北大西洋执行它的第一次非战时巡逻任务。这次巡逻历时66天10小时，于1961年1月21日返回基地。"乔治·华盛顿"级弹道导弹核潜艇的建成与使用，标志着潜射弹道导弹第一次构成了真正的全球性威慑力量。

"乔治·华盛顿"级的5艘弹道导弹核潜艇目前已经全部退役，其中首制艇"乔治·华盛顿"号于1981年11月20日被改装成攻击型核潜艇，1985年4月30日退出现役。

★ "乔治·华盛顿"级"亚伯拉罕·林肯"号核潜艇

被限制使用的深海怪物
——"阿尔法"级核潜艇

⊘ 怪物出世:"阿尔法"级代号"天琴座"

　　"阿尔法"级又简称A级,海军代号"天琴座",设计编号为705,由"孔雀石"设计局设计,是苏联第三代攻击核潜艇。

　　"阿尔法"级的建成和服役是在1977年至1983年。该级首艇于1960年中期开工,1970年在列宁格勒的苏达米赫船厂完工。与正常计划相比,建造时间很长,很可能这是一条样艇。在1974年该艇被拆毁。此后,于1979年~1983年间在苏达米赫船厂和北德文斯克建造了6艘。

　　对于苏联研制"阿尔法"级的背景,西方有许多解释。其中一种解释是,苏联海军打算把"阿尔法"级核潜艇作为高速的水下"歼击机"来使用,在敌人的水面舰艇编队接近苏联海岸线时,苏联可以利用"阿尔法"级从基地迅速驶向敌编队,实施快速攻击。另外一种解释是,早在1958年,苏联人过于相信了美国媒体的宣传,决心建造高性能的"阿尔法"级,以便与美国的先进核潜艇一争高下。当时,美国"鲣鱼"级攻击型核潜艇正被美国新闻媒体大肆炒作,称其水下最高航速可达45节。特别是美国海军一名潜艇部队的少将于1958年发表的一篇评价美国核潜艇发展趋势的文章起到了推波助澜作用。这位退役潜艇部队司令在文章中说:"由于在潜艇核动力方面的不断发展,核潜艇的航速有望达到50节

★碧海蓝天下的"阿尔法"级核潜艇

甚至更高，并且潜深也将达到1000米……"尽管后来的事实证明"鲣鱼"级远没达到45节的航速，但当时媒体的炒作很可能成为苏联研制"阿尔法"级的因素之一。

苏联海军"阿尔法"级（705型）攻击型核潜艇至今仍是各国潜艇专家议论的对象，在方方面面的研究中，许多专家对于该级艇的成败得出了不同的褒贬结论。有些潜艇专家认为，"阿尔法"级由于造价高昂，应列入典型失败设计之列。另一些潜艇专家则认为，"阿尔法"级是性能极为优越的核潜艇典型设计。无论评价如何，"阿尔法"级不但引起了西方的震惊，而且对美苏核潜艇的发展起到了双重推动作用。

🚫 自动化的"阿尔法"级噪音最大

★ "阿尔法"级核潜艇性能参数 ★

水上排水量：2700吨	**水上航速：**20节
水下排水量：3600吨	**动力装置：**2座液态金属铅铋合金反应堆，170兆瓦
艇长：81.5米	台涡轮发电机；50000马力（37兆瓦）
水线长：75米	单轴，1个5叶螺旋桨，2个辅助螺旋桨
艇宽：9.5米	**武器装备：**6具533毫米鱼雷管
吃水：7.5米	SS-N-15对潜导弹
水下航速：40节	**编制：**40人

"阿尔法"级采用水滴形设计、双壳体结构，是苏联建造的攻击型核潜艇中排水量最小的，共分为鱼雷舱、机电舱、中央指挥控制舱、反应堆舱、主机舱和艉舱共6个舱室，

★设计巧妙的"阿尔法"级核潜艇

★设备优良的"阿尔法"级核潜艇

艇员编制45人（均为军官），自持力60昼夜。艇上安装了6具533毫米鱼雷发射管，可携载发射20枚53型两用鱼雷或24枚水雷。

"阿尔法"级潜艇与快速性相关的艇长的减少，表明在流体动力学设计和层流技术方面取得了相当大的进展。艇体采用钛合金，使下潜深度达到700米，这也使得磁性大为减弱。但是，该级艇的声速分布较高，这是25年来的设计的现实反映。所有这些潜艇的噪声状况都没有太大的变化，也可能现在在海上的"西尔雷"级作了未来的设计，具体将体现在后继级上。

艇员数的减少反映了较高水准的自动化。航海系统包括惯性导航系统、卫星导航、"罗兰"和"奥米伽"。高水准的航速与噪声密切相关，低速时要安静得多。

◎ 苏联核潜艇建造史上的"六个第一"

"阿尔法"级采用了众多的新技术，创造了苏联核潜艇建造史上的"六个第一"，它一问世就引起了国际社会的广泛关注，被称为是"超越时代的核潜艇"。

其采用的新技术包括：

首次采用了新型战斗情报指挥系统，具有高度自动化水平。由于技术复杂，艇员一律为军官，而且潜艇也像飞机一样由地勤人员负责维修；

首次采用了155兆瓦的OK-550/BM-40A（671B型改为1部VM-4O）液态金属（铅-铋合金）大功率反应堆，以新型的液态钠冷却反应堆，功率密度为普通反应堆的4倍，因而具有极高的航速。

首次采用了400赫兹、380伏的动力电源系统，从而大大地降低了电气设备的尺寸重量；

首次安装了气动液压式鱼雷发射装置，该装置能在潜望深度至极限深度下发射533毫米鱼雷及相同口径的武器；

首次设置了漂浮救生舱，可在应急情况下保证全体艇员的逃生；

首次采用了三维流线型的轿车式指挥室围壳、全部可收发式升降装置、折叠式的艏升降舵，因此潜艇的机动性和操纵性都很好。

当然，"阿尔法"级最令世人惊艳之处还在于其集大潜深和高航速于一身，其最大潜深达914米，仅次于"麦克"级；水下航速42节，世界第一。

需要指出的是，"阿尔法"级的最大航速实际上要略逊于P级巡航导弹核潜艇（最高航速达44.7节），但后者只是一种试验型潜艇。有报道称，美国海军1979年春首次发现"阿尔法"级核潜艇能潜入900米的深海时竟不知所措——当时的各型鱼雷甚至都达不到这一潜深，根本无法对其实施攻击。

不过，"阿尔法"级采用了大量当时还不是很成熟的技术，其性能并不是很稳定，"阿尔法"级最为人诟病之处在于其在低速巡航时与苏联其他型号攻击型核潜艇的噪声相差不大，而在全速航行时辐射噪声惊人。

据美国海军称，设在百慕大的监听站竟然都能够收听到位于挪威海的"阿尔法"级核潜艇的螺旋桨噪声。这一说法虽有些夸张，但也从一个侧面说明"阿尔法"级的噪声的确是相当大。同时，"阿尔法"级排水量较小，艇载的武器装备数量也相当有限，攻击能力不是很强。

★具有极高航速的"阿尔法"级核潜艇

　　因此有人说，"阿尔法"级是一个苏联海军单纯追求"高航速"、"大潜深"而牺牲了其他性能的"怪胎"。另外，"阿尔法"级的可维护性也不好，可靠性不高。

　　该级首艇K-377号在1971年12月投入试验性运行，但在1972年就发生了严重事故，被海军从序列中除名，1974年报废被拆毁。1979年～1983年间批量生产的6艘也故障频发，成批生产的首艇在1988年被拆毁，其余5艘也在20世纪90年代全部退出现役被拆解。

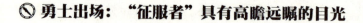

无敌勇士
——"征服者"号核潜艇

⊘ 勇士出场："征服者"具有高瞻远瞩的目光

　　"勇士"级潜艇是英国在第二次世界大战后发展的核动力攻击型潜艇，1962年～1971年共服役5艘。这5艘艇都有段不平凡的历史，称得上是大英帝国的"勇士"。

　　其中"勇士"号1967年从新加坡潜航返回英国，完成1.2万海里航程，创下了英国海军潜艇水下连续航行25天的纪录；"丘吉尔"号在1979年～1980年成功地进行过潜射"鱼叉"导弹的发射试验，为该级潜艇改装美制"鱼叉"导弹铺平了道路。最声名显赫的是"征服者"号。

★ "勇士"级核潜艇

★装备优良的"征服者"号核潜艇

第二次世界大战结束以后,世界就进入了冷战格局。1955年,美国第一艘装有核反应堆的"鹦鹉螺"号潜艇下水,而且试航成功。保守的英国人终于坐不住了,他们组织大批科学研究人员研制新一代核潜艇。"征服者"号核潜艇就是在这样的背景下被研制出来的。

1967年12月5日,"征服者"号核潜艇开工建造,1969年8月28日下水,1970年11月9日服役。

"征服者"号核潜艇装有先进的雷达和声呐等电子设备,携带25枚"虎鱼"鱼雷,它的主要任务是在水中暗地里保护特混舰队的水面舰只。

"征服者"号核潜艇服役之后,便在英阿马岛海战中立下了汗马功劳,成为潜艇史上首次击沉敌军舰的核潜艇。

⊘ 性能一流:"虎鱼"式鱼雷百发百中

与欧美的核潜艇相比,"征服者"号核潜艇的性能并没有优势,它最大的特点在于武器装备,艇艏装有6具鱼雷发射管,可发射线导鱼雷,也可发射反舰导弹,载弹量26枚。可发射总数多达32枚的"鱼叉"导弹和"虎鱼"MK24-2型鱼雷。

最有威胁的就是这个"虎鱼"式线导鱼雷。"虎鱼"式线导鱼雷是英国研究制造的一

★ "征服者"号核潜艇性能参数 ★

水上排水量： 4400吨	**下潜深度：** 300米
水下排水量： 4900吨	**动力装置：** 1座压水堆
艇长： 86.9米	2台蒸汽轮机
艇宽： 10.1米	**探测设备：** 1003型搜索雷达、2001、2007型声呐
吃水： 8.4米	**武器装备：** 艇艏6具533毫米鱼雷发射装置及若干枚鱼雷
水上航速： 20节	**编制：** 103人（13名军官，90名士兵）
水下航速： 30节	

种新式鱼雷，长6.46米，直径533毫米，重量是1550千克，航行速度是33节，可航行32000米，作战中能够百发百中。

🚫 马岛大战："征服者"号征服"贝尔格拉诺将军"

核潜艇问世后便受到各大国海军的重视与青睐，成为军事上举足轻重的威慑力量。不过，核潜艇到目前为止还很少参加战斗。核潜艇首次战例发生在马岛海战期间，这是英国和阿根廷争夺马岛所引起的一场第二次世界大战以来最大规模的海战。

马岛海战中，英国"征服者"号核潜艇用鱼雷在15分钟内击沉了阿根廷海军的"贝尔格拉诺将军"号巡洋舰，成为世界海军作战史上核动力潜艇击沉敌方水面战舰的战例的首创者。

★"贝尔格拉诺将军"号巡洋舰

★声名显赫的"征服者"号核潜艇

马岛，是马尔维纳斯群岛的简称。该群岛位于南大西洋，靠近南美大陆，是由两个比较大的岛屿和200多个礁石岛组成的。1592年，法国和英国都曾经占领过马岛。1816年7月9日，阿根廷独立，宣布马岛是它的第24省。1829年，英国告诉阿根廷说，马岛是英国人发现的，应该归英国。接着，英国派军队占领了马岛。这样，两国开始为马岛的归属问题一直争吵不休。1982年，阿根廷觉得指望英国自动交出马岛比登天还难。在这年3月18日，一些阿根廷人去岛上拆除一家鲸加工厂的旧机器，英国军队不让他们上岸。于是，阿根廷政府决心用武力来结束英国对马岛的统治。

1982年4月2日，阿根廷军队登上马岛，插上了阿根廷的国旗。英国听到这个消息，立刻派了一个特遣舰队，穿越大西洋，开到马岛，对马岛进行全面的海上封锁。英国海军的这个特遣舰队都是用各种先进的导弹装备起来的现代化军舰，其中包括"无敌"号和"竞技神"号航空母舰，还有4艘核潜艇。这些核潜艇里有一艘叫"征服者"号，排水量有4900吨，全长有86.9米，宽有10.1米，水下的航行速度是30节。"征服者"号核潜艇上装着6具鱼雷发射管，可以携带26枚鱼雷。

4月19日，英国海军的核潜艇最先来到了马岛海域，作好了战斗准备。

面对气势汹汹的英国人，阿根廷人毫不示弱。4月29日，阿根廷宣布：阿根廷人不是好欺负的，只要英国舰船胆敢闯进马岛周围200海里的海域，阿根廷就对它进行坚决打击，绝不手软。同时，阿根廷海军的"贝尔格拉诺将军"号巡洋舰开始在马岛周围200海里海域进行巡逻。

"贝尔格拉诺将军"号是阿根廷海军的一艘导弹巡洋舰，阿根廷海军也只有这么一艘巡洋舰。它的排水量是13645吨，全长是185.4米，宽是21米，最高的航行速度有32.5节，装着两座"海猫"式导弹发射架。不过，"贝尔格拉诺将军"号巡洋舰早在1939年的时候就开始使用了，它的主机特别陈旧，发动起来的声音"轰隆轰隆"特别大，很远的地方就能听见。所以，英国海军的"征服者"号核潜艇非常容易地就发现了它，跟踪了上去。

5月1日，"征服者"号核潜艇艇长理查德·拉恩把跟踪"贝尔格拉诺将军"号巡洋舰的情况报告给了英国舰队司令伍德沃德海军少将。伍德沃德仔细一想，觉得现在要是把"贝尔格拉诺将军"号打沉了，就可以吓唬住阿根廷海军。于是，他赶紧打电报请英国政府同意击沉这艘巡洋舰。英国首相撒切尔夫人立刻签署了攻击"贝尔格拉诺将军"号巡洋舰的命令。

5月2日下午3点多钟，理查德·拉恩命令"征服者"号核潜艇开足马力，朝着"贝尔格拉诺将军"号猛扑了过去。

此时，"贝尔格拉诺将军"号巡洋舰正在马岛200海里之外的一个地方调转船头，准备朝阿根廷本土的方向往回航行。

下午4点，夜幕开始降临，寒风呼呼地刮着。阿根廷官兵心想：现在，我们正在朝着跟英国海军相反的方向行驶，离着他们越来越远了，不会发生什么情况。这么一来，阿根廷官兵放松了警惕，有的在战斗岗位上说笑，有的干脆到住舱里休息去了，好像天下太平了。

突然，"贝尔格拉诺将军"号巡洋舰的左主机舱下传来一阵猛烈的震动和巨大的爆炸声。顿时，主机不转了，警报失灵了，战舰上到处燃起了熊熊烈火，冒起了滚滚浓烟，阿根廷官兵们全都懵住了，不知道到底发生了什么事情。

★正在下沉的"贝尔格拉诺将军"号巡洋舰

原来，理查德·拉恩见"贝尔格拉诺将军"号要驶回阿根廷大陆，便加快了追击速度。当"征服者"号核潜艇追到离"贝尔格拉诺将军"号巡洋舰只有30千米的时候，理查德·拉恩立刻下令："发射鱼雷！"一枚"虎鱼"式线导鱼雷蹿出"征服者"号核潜艇，直扑"贝尔格拉诺将军"号巡洋舰。

第一枚"虎鱼"式鱼雷非常准确地打中了"贝尔格拉诺将军"号，整个战舰立刻一片混乱。舰长邦佐还算清醒，赶紧叫官兵们投入战斗，抢救战舰。可是，工夫不大，"征服者"号发射了第二枚"虎鱼"式鱼雷，又准确地打中了"贝尔格拉诺将军"号。这下，"贝尔格拉诺将军"号舰体立刻涌进了汹涌的海水，逐渐倾斜下沉了。舰长邦佐一看，实在不行了，只好长叹一声，命令官兵们离开战舰。40分钟以后，"贝尔格拉诺将军"号导弹巡洋舰沉入了海底。马岛由此又落到了英国人手里。

"征服者"号核潜艇是世界海战史上第一艘直接参加战斗和击沉敌舰的核潜艇，充分显示出了核潜艇在现代海战中的巨大作用。马岛海战结束以后，各个国家看到了核潜艇的威力，更加重视发展核潜艇了。

冷战至尊 ——"拉斐特"级核潜艇

◎ 三代核艇："拉斐特"下水

自从装载了"北极星"A1潜射弹道导弹的"乔治·华盛顿"级核潜艇于1959年服役后，美海军一边加快射程更大的"北极星"序列各型导弹研制进度，一边加速携载平台的建造步伐。

第二代弹道导弹核潜艇——"伊桑·艾伦"级以超常速度投入连续建造，其第5艘尚未建成服役时，"拉斐特"级弹道导弹核潜艇的建造计划又提到了建造日程表上。"北极星"弹道导弹与装载它们的核潜艇处于齐头并进、平行发展的状态。

1960年9月，美国防部决定在"北极星"A2的基础上继续研制射程为4600千米的"北极星"A3潜射弹道导弹，与此同时"拉斐特"级的设计工作也基本进入尾声。

1961年1月17日美国海军第三代弹道导弹核潜艇"拉斐特"级首艇正式开工，其后短短6年，美国打造了它冷战时期最庞大的海军核威慑家族——31艘"拉斐特"级弹道导弹核潜艇。

"拉斐特"级是美国海军继"乔治·华盛顿"级和"伊桑·艾伦"级之后的第三代核

★ "拉斐特"级核潜艇（SSBN-632）

动力弹道导弹潜艇。与前两代相比，该级潜艇装备了射程更远的弹道导弹，改进了导弹发射指挥系统，使潜艇在海上能自己选择目标进行攻击，改善了艇员居住条件，改进了电子设备，使其小型化和自动化程度更高。

美国海军又于1961年1月在美国通用动力公司电船分公司船厂开工建造"拉斐特"级核动力弹道导弹核潜艇。到1965年3月，该级艇共建造31艘，此后便未再建新艇。

🚫 火力威猛：世界最大规模的核潜艇家族

★ "拉斐特"级核潜艇性能参数 ★

水上排水量：7250吨	最大潜深度：300米
水下排水量：8250吨	动力装置：1座SSWⅡ型压水堆、2台蒸汽轮机
艇长：129.5米	总功率：2万轴马力
艇宽：10.1米	反应堆一次装料使用时间：6年
吃水：9.6米	编制：140人
航速：25～30节	

"拉斐特"级外形与"伊桑·艾伦"级相似，但更长一些，全艇呈现十分光顺的流线型——拉长的水滴形，艇艏圆钝，艇体长大。

指挥台围壳靠近艇艏的位置，并装有围壳舵，内部布置了潜望镜、雷达、无线电天线以及通气管装置等。

上部建筑从艇部开始，在指挥台围壳后的艇体上形成"北极星"弹道导弹发射筒的导流罩，然后一直延伸到艇体艉部。为了降低水下航行阻力及在水下航行时的流体噪声，各种升降装置在指挥台围壳顶部的开孔均装设了可开闭式挡板。艇艉有呈十字形的垂直舵和水平舵，上垂直舵比下垂直舵要大，艉垂直稳定翼比较高，这也是为了加强在北极地区的活动能力。

艇体内部基本保持了"伊桑·艾伦"级的划分，共7个舱室，依次是艏鱼雷舱、指挥舱、导弹舱、第一辅机舱、反应堆舱、第二辅机舱及主机舱。导弹舱和第一辅机舱间仍然没有耐压隔壁。艏鱼雷舱和第二辅机舱处采用双壳体结构，主压载水舱布置在艏鱼雷舱和第二辅机舱处的舷侧内外壳体之间。

艏鱼雷舱内布置有4具533毫米鱼雷发射管，可发射包括MK48在内的各型线导鱼雷。艏鱼雷舱的后部上层是艇员居住舱室区，该舱上部开有一个逃生用舱口，因此该舱还兼做艏部应急逃生舱。该舱鱼雷装载甲板下是各种液舱。指挥舱内分为4层，上层为导航中心、全艇操纵中心及作战指挥中心等，第二层布置着艇员餐厅、军官会议室和导航控制中心等，第三层布置着士兵舱室、储藏室和盥洗室等，最下层是蓄电池舱。导弹舱内布置着16

★ "拉斐特"级核潜艇首艇"拉斐特"号（SSBN-616）

枚垂直状态的弹道导弹发射筒，该舱也分为4层，每层甲板相应高度上的导弹发射筒侧壁处均有检测孔以便艇员对潜射弹道导弹定期检查及对相关数据的采集，或随时更换故障部件。"拉斐特"级前8艘装备的是"北极星"A2，"北极星"A2最大射程2800千米，导弹滞空飞行时间16分24秒，携带一枚爆炸当量80万吨的热核弹头，圆概率误差927米。从第9艘起的23艘装备的是"北极星"A3，"北极星"A3最大射程4600千米，可携带3个爆炸当量为20万吨的集束式热核弹头，圆概率误差927米。

第一辅机舱内主要布置了用于全艇范围的空调装置，此外还有一个重28吨的陀螺减摇稳定器，作用是航行时消除艇体的摇摆，使弹道导弹发射时有一个稳定的发射平台。这使得拉斐特级可在任何海况和气象条件下一接到命令即可进行弹道导弹的发射任务。

反应堆舱内布置一座S5W-II型反应堆。反应堆下部包覆有屏蔽的反应堆压力容器，上部是屏蔽走廊。反应堆功率为20000马力。该级艇装备了3种推进装置，第一种是主推进装置，它是二级减速齿轮汽轮机组，通过减速齿轮带动直径约4.27米的7叶螺旋桨。利用主推进装置可进行水下高速航行，最高航速可达25节。第二种推进装置是一台辅助推进电机，它驱动一个可以旋转360°的小型螺旋桨。在不使用时这个小螺旋桨收在艇内，主要在主机发生故障或进出港口、停靠码头以及低速航行时使用，低速航行时最高航速4节。第三种推进装置是应急推进装置，这是一台舷侧电机，带动主轴并驱动螺旋桨。

★ "拉斐特"级核潜艇内部的操控室

该级艇最初8艘装备"北极星"A2型导弹,后23艘装备"北极星"A3型导弹。A3型导弹长9.66米,最大直径1.37米,重14.3吨,射程2500海里。为了使该级艇具有更大的威慑力,美国海军从1967年开始,逐渐为该级艇换装"海神"导弹。首批改装艇于1970年完成水下发射试验,其余艇于1978年全部换装完毕。"海神"导弹的射程与"北极星"A3型导弹相同,也是2500海里,但"海神"导弹装有10~14个分导式弹头,威慑力要比"北极星"导弹大得多。

由于装备导弹的形式、艇体外形和主推进装置等有所不同,因此该级艇又可分为SSBN-616型、SSBN-617型、SSBN-619型、SSBN-620型、SSBN-622型、SSBN-640型和SSBN-655型等几类。先造的SSBN-616型、SSBN-617型艇上采用两级减速汽轮机推进装置。这种主机在高速运转时会发出较大的噪音,破坏了潜艇的隐蔽性和自身的探测能力,也严重地影响了艇员的身心健康,降低了战斗力。所以,自1963年的SSBN-640型以后,各潜艇安装了比较安静的主机,对减速装置、汽轮机座等也采取了大量的降噪措施。

◎ 群艇备战:"海神"导弹可同时攻击14个目标

"拉斐特"级核潜艇下水后,所装备的弹道导弹以及导弹发射指挥装置等都有所不同。该级艇前8艘装备的是16枚射程2700千米的"北极星A-2"导弹,后23艘装备的是射程为4500千米的"北极星A-3"导弹。

后来由于反弹道导弹武器的出现,美国海军决定将"拉斐特"级潜艇全部改为装备"海神C-3"多弹头分导重返大气层弹道导弹。这种导弹的综合破坏力约为"北极星A-3"的2倍,射程增至4 600~5 600千米,且有14个4万吨TNT当量的分导弹头,增强了导弹穿越敌方陆基导弹防御区的能力,并能同时攻击多个目标。这次改装工程历时8年,耗资33亿美元。1978年~1982年,美国海军又将该级艇的12艘改装为"三叉戟Ⅰ型"弹道导弹。该导弹射程进一步增至7 400千米,且有8个10万吨TNT当量的分导弹头。

"拉斐特"级潜艇除装备16枚弹道导弹外,还携载12枚鱼雷用于自卫,它们由位于艇艏的4具533毫米鱼雷发射管发射。鱼雷可以是老式的MK37或MK45型线导反潜鱼雷,也可以是新式的MK48型线导反潜鱼雷。

"拉斐特"级装备了对水中目标进行定位并为鱼雷发射指挥提供水中目标坐标数据的AN/BQS-4B主动声呐和对水中目标进行探测警戒的AN/BQR-2被动声呐。此外还装备了用于警戒和搜索跟踪的AN/BQR-7被动声呐、采用数字式多波束操纵技术并能同时跟踪5个目标的BQR-21被动探测声呐、用于警戒和探测水面舰艇的BQR-19声呐、BQR-15拖曳声呐及可为水声对抗提供参数的WLR-8声呐等水声装置。

　　导航系统主要是2套MK2型惯性导航系统，一台包括接收天线、无线电接收机和数字式数据处理机的AN/BRN-3B型卫星导航接收装置。一套包括"奥米伽"远程导航装置以及"雷迪斯特"高精度近程导航装置，此外还有WSC-3型卫星通信系统等。

　　美国海军自1961年至1967年间建造了31艘拉斐特级弹道导弹核潜艇，连续建造31艘相同型号的弹道导弹核潜艇，在世界各国海军中也只有苏联的34艘Y级和43艘D级能与之媲美。

　　31艘"拉斐特"级、5艘"乔治·华盛顿"级和5艘"伊桑·艾伦"级核潜艇使美国海军在1967年时拥有41艘弹道导弹核潜艇，携带656枚核弹头。这41艘战略核潜艇被分别部署在4个战略核潜艇中队。其中第14潜艇中队部署12艘，第15潜艇中队部署7艘，第16潜艇中队部署11艘，第18潜艇中队部署9艘。从1967年开始，41艘携带"北极星"弹道导弹的核潜艇在世界各大海域开始了不间断的作战巡逻活动，形成了当时世界上规模最大的水下核威慑力量。

　　"拉斐特"级核动力弹道导弹潜艇自20世纪60年代后期以来，一直是美国战略核潜艇部队的主力。目前，"拉斐特"级所有潜艇已全部退出现役。

★ "拉斐特"级核潜艇（SSBN-619）

当代"潜艇之王"
——"俄亥俄"级弹道导弹核潜艇

🚫 王者出世：潜艇中的巨无霸

　　"俄亥俄"级核潜艇是当今世界上威力最大的核潜艇，它是美国第四代弹道导弹核潜艇，被誉为"当代潜艇之王"。由于艇上装备"三叉戟"弹道导弹，故又称"三叉戟"导弹核潜艇。

　　美国研制"三叉戟"核潜艇始于20世纪60年代。由于苏联海军的崛起，反潜兵力的增强，直接威胁到当时在役的"海神"导弹核潜艇的生存。而且，据美国分析，这种威胁到80年代将会更加严重。主要原因是"海神"导弹射程只有4600千米，必须到靠近欧亚大陆海域才能攻击苏联，这当然不如在美国海域附近进行攻击安全，为此需要发展水下远程弹道导弹。

★航行中的"俄亥俄"级核潜艇

　　1967年，美海军成立了"海军战略进攻和防御系统办公室"，负责制订战略力量的发展与研究计划。该计划的目标是为"海神"导弹增加第三级火箭，射程增至8300～9300千米，装备它的核潜艇可在美国海域附近打击世界上任何战略目标，从而形成水下远程导弹系统计划（ULMS），并于1971年9月14日获得批准。1972年初，ULMS-I型导弹命名为"三叉戟"-I型（C4）导弹，ULMS计划随之称为"三叉戟"计划。

　　"三叉戟"计划的成功使得"三叉戟"导弹的射程较以往大幅度增加，可在本国海域攻击世界上任何目标，这意味着"俄亥俄"级潜艇只需部署在美国，即对敌人目标具有极大的威胁性。战争初期可隐蔽在海洋深处，战争后期可以后发制人，进行第二次核打击或核报复攻击。因此，可成为决定战争胜负的重要兵力。最初8艘"俄亥俄"级潜艇皆部署于缅因州的班哥外海，其余则部署于佐治亚州的金斯湾。这意味着"俄亥俄"级主要任务区域仅须在美国拥有控制权的海域即可，因而占了很大的优势。

　　"俄亥俄"级潜艇的任务行程表是先以一组乘员执行为期70天的巡逻任务，之后有25天进行整修保养，整修完毕再由另一批乘员登艇执行任务。每九年进行一次为期一年的大整修，同时进行核能燃料棒的更换，每艘船的保险率高达60%。

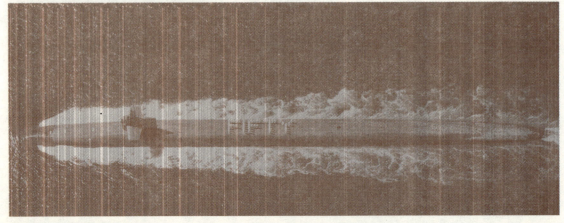

★"俄亥俄"级核潜艇

　　"俄亥俄"级核潜艇的全部活动，一定会受到反潜兵力的严密监视。因此，它的生命力至关重要。一般潜艇的生命力主要取决于抗沉性，而该级潜艇的生命力则由其隐身性、先敌发现目标的能力和自卫攻击能力来保证。由于导弹射程远，艇的战斗巡逻海域辽阔广大，可以靠近本国海域活动，或在避开敌方反潜兵力的区域活动，因此十分安全。

　　"俄亥俄"级弹道导弹核潜艇是美国"三位一体"战略核兵力的中坚力量，其主要使命是用"三叉戟"导弹袭击敌方的大城市、政治经济中心、兵力集结地、港口、飞机场、人口稠密区及大片国土等软目标；也可以袭击敌方的陆地导弹发射井等重要战略硬目标。一艘"俄亥俄"级核潜艇上携带的24枚导弹，336个分弹头可以在半小时内摧毁对方200～300个大中型城市或重要的战略目标。

　　该级艇共建造了18艘（SSBN726-743），首艇"俄亥俄"号1981年11月服役，最后一艘艇"路易斯安那"号于1997年9月服役，目前全部在役。

◎ 当代第一：各项数据堪称完美

★ "俄亥俄"级核潜艇性能参数 ★

水上排水量： 16600吨		BQS-13球形阵
水下排水量： 18750吨		BQS-15主／被动近程探测高频声呐
艇长： 170.7米		TB23细缆型拖曳线列阵
艇宽： 12.8米		BQR-19主动高频导航声呐
吃水： 11.1米		**导航：** 2套导航系统和静电陀螺监控器；
水上航速： 20节		AN／WRN-5卫星导航接收机
水下航速： 25节		AN／BRN-5"劳兰"C接收机
续航力： 1000000海里		**雷达：** BPS-15AI／J波段对海搜索、导航
下潜深度： 400米		火控雷达
动力装置： 1台S8G自然循环压水堆装置		**通信：** AN／WIC综合通信系统
2台蒸汽轮机		WSC-3卫星通信系统
齿轮减速装置		**火控系统：** MK98-0型导弹火控系统
单轴，1个7叶螺旋桨		MK118-0型鱼雷火控系统
导弹发射筒： 24具		**作战数据系统：** CCSMK2-3型作战数据系统
弹道导弹： 24枚"三叉戟"-I型、II型导弹		UYK43／44计算机
鱼雷发射管： 艏部4具533毫米		**电子支援措施：** WLR-8（V）5侦察措施
鱼雷： MK48鱼雷		WLR-10雷达告警措施
鱼雷装载量： 12枚		**编制：** 155人（军官15名）
声呐： AN／BQQ-6被动搜索综合声呐系统		

★ "俄亥俄"级核潜艇上的导弹发射筒

　　"俄亥俄"级弹道导弹核潜艇被誉为"当代潜艇之王"。就整体性能而言，它是当今世界上最先进的战略核潜艇。

　　该级艇外形近似于水滴形，长宽比为7.45。艇体大部分是单壳体结构，占艇体总长的60％。耐压艇体分为四大舱：指挥舱、导弹舱、反应堆舱和主辅机舱。其中导弹舱位于舯部指挥台围壳后面，有24个导弹发射筒。由于每个分舱都很大，因而不沉性已显得不重要，其生命力主要取决于隐蔽性和先敌发现目标的能力。

　　该级艇采用了最先进的隐身措施，主要是声隐身，采取一系列措施降低噪声。如采用S8G自然循环压水堆，在中低速航行时可以不使用主循环泵，在机舱内采用浮筏减震，在艇体外表面装设消声瓦，因此辐射噪声很低。此外，采取了消除红外特性、消磁，以及减少废物排放等隐身措施。艇的下潜深度400米，在海洋垂直深度上增大了活动范围，隐蔽性好。

　　"俄亥俄"级装备了高性能的观通设备，使艇能在高海情和高噪声环境的海域活动，使敌方反潜探测复杂化，不易被敌发现。为了提高先敌发现目标的能力，该级艇装备了AN/BQQ-6综合声呐系统，包括8部声呐，并采用先进计算机自动进行低频线状功率频谱检测和目标识别与分类。采用拖曳线列阵声呐，以被动方式探测敌方攻击型核潜艇，提高远程预警能力，能够尽早规避或机动。

　　"俄亥俄"级装备了先进的惯导系统和静电陀螺监控器，大大延长了惯导外部重调间隔时间，减少潜艇上浮次数，确保潜艇安全航行。由于惯导系统精度的提高，为"三叉戟"核潜艇准确发射导弹提供了保证。由于装备了导航星全球定位系统接收机，可对惯导系统的位置和速度输出进行校正，保证该艇有效地完成作战使命。

★ "俄亥俄"级核潜艇水下作业

　　该级艇各大系统和设备安全可靠性好，有效利用率高。平时，艇在海上巡逻70天后，维修保养25天。S8G反应堆堆芯寿命15年，在艇的全寿期内只需更换一次核燃料，艇的在航率高达65%～70%，续航力达100万海里以上。

　　为了提高艇的自持力，美国海军十分重视改善居住性，增强艇员耐久巡航能力。每艇配备两套艇员，轮流休整与培训，有利于提高艇的战斗力和提高艇员的素质。

　　装备C4导弹的"俄亥俄"级配属太平洋舰队，以华盛顿州的班戈为基地；装备D5导弹的"俄亥俄"级配属大西洋舰队，以佐治亚州的国王湾为基地。"俄亥俄"级在海上巡逻70天后便要返回基地进行必要的补给和检修，25天之后再回到海上。这种安排，使潜艇的出海时间占全服役期的66%。

🚫 改装的王者：火力相当于一个单航母战斗群

　　2008年～2009年，美国海军已经完成四艘"俄亥俄"级弹道导弹战略核潜艇的改装工作。其中"俄亥俄"号已经于2009年开赴太平洋，作为巡航导弹核潜艇开始在太平洋海域

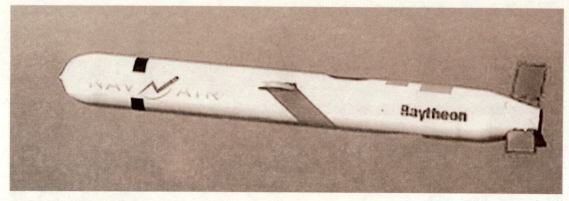

★ "俄亥俄"级核潜艇装备的"战斧"巡航导弹

执行首次部署任务。完成改装之后，每艘核潜艇可以搭载154枚"战斧"巡航导弹。

美国海军共建造了18艘"俄亥俄"级弹道导弹战略核潜艇。该级核潜艇艇身巨大、造价昂贵、打击能力惊人。其中前8艘"俄亥俄"级核潜艇携带"三叉戟Ⅰ"型潜射弹道导弹，后10艘装备"三叉戟Ⅱ"型导弹，后来配备"三叉戟Ⅰ"型导弹的潜艇也已全部换装成"三叉戟Ⅱ"型导弹。每艘"俄亥俄"级核潜艇拥有24个垂直导弹发射管，可发射24枚"三叉戟Ⅱ"型导弹。该型导弹的最大射程在12 000千米以上，命中精度90米，每枚导弹最多可携载12颗核弹头，后来根据美俄间的协议，改为限载8颗，当量约为15万吨TNT，其威力足以摧毁一座大城市。

根据美俄达成的削减进攻性战略武器条约，从2002年起，美国战略导弹潜艇的数量将被限制在14艘。由于美国海军并不准备让其中的4艘"俄亥俄"级核潜艇退出现役，因此决定对它们进行巡航导弹攻击和特种作战能力改装，将它们改装成特种作战的平台。四艘实施巡航导弹攻击和特种作战能力改装的"俄亥俄"级核潜艇分别是："俄亥俄"号、"密执安"号、"佛罗里达"号以及"佐治亚"号。完成改装之后，这四艘核潜艇仍将拥有至少20年的服役寿命。

这四艘弹道导弹战略核潜艇，均被改装成装备"战斧"常规巡航导弹的核动力巡航导弹攻击潜艇（SSGN）。SSGN改装计划使这四艘核潜艇具备了使用"战斧"巡航导弹的常规打击能力以及特种部队作战（SOF）能力。四艘核潜艇的改装工程共花费近40亿美元。根据改装计划，潜艇上原有的24个"三叉戟"导弹发射管将被拆下，代之以22套"多发导弹发射组合"，每套组合可以容纳7枚"战斧"巡航导弹。这样，每艘核潜艇经过改装之后，均能够携带154枚"战斧"巡航导弹。另外两个"三叉戟"导弹发射管则被替换成一个被称为"高级'海豹'突击队员输送系统（ASDS）"的袖珍潜艇以及一个配备有"海豹"突击队员运载工具的船坞掩体。每艘改装后的核潜艇共可装载66名"海豹"突击队员或者特种作战人员，而袖珍潜艇可以一次运送9名海军陆战队"海豹小队"的突击队员，执行侦察、渗透、偷袭、解救人质等行动。

美国单航母战斗群通常包括1艘航空母舰，2～3艘巡洋舰、3～4艘驱逐舰、1～2艘攻击核潜艇、1艘快速补给舰，整个舰队携带90～100枚战斧巡航导弹，在开战后的第一波攻击时通常发射半数导弹进行攻击，以7枚导弹攻击一个诸如电厂、指挥中心这样的目标。以此计算，整个航母群在第一波攻击中可摧毁5～9个目标。

改装后的"俄亥俄"级巡航导弹和潜艇可携带154枚战斧巡航导弹，在同等情况下可摧毁大约10个目标，其攻击力已经超越了美军的单航母战斗群。而且核潜艇行动隐蔽，可以在战前就潜入发射阵位，从而对敌军发起突然攻击，这样就能给敌军造成更大的损失。

改装之后的四艘核动力巡航导弹核潜艇可以在任何气候条件下，以每天1200千米的速度驶往全球任何热点区域，除了搭载154枚"战斧"巡航导弹以及66名"海豹"突击队员之外，还可以携带多种电子传感器以及其他情报搜集装备。

据悉，"俄亥俄"号巡航导弹核潜艇未来将部署在华盛顿州海军基地，该潜艇将配备两组艇员，每组159人（不含"海豹"突击队员），艇员每3～4个月轮换一次。未来这四艘巡航导弹核潜艇将主要用于执行情报搜集任务。

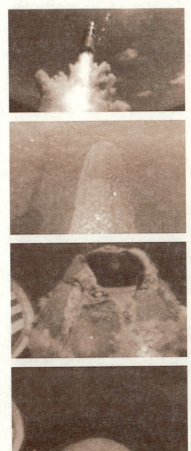

★ "三叉戟"-Ⅰ型导弹水下发射

红海巨兽
——"台风"级弹道导弹核潜艇

⊘ "台风"起兮云飞扬

说起"台风"级弹道导弹核潜艇，想必是无人不知，无人不晓。它是苏联最大的弹道导弹潜艇，也是目前为止世界上人类建造的最大的潜艇。"台风"级弹道导弹核潜艇由制造了"基洛"级常规潜艇的红宝石设计局设计完成。

"台风"级的总设计师曾说过这样的话："你和我都生活在一个不完美的世界，而且还将要继续生活在这个世界中。"当时美国生产了"俄亥俄"级核动力战略潜艇，为达到超越"俄亥俄"级核潜艇的目的，苏联必须研制出更强的潜艇。这也就是"台风"级研制的原因。所以，"台风"级是典型的冷战产物，目的就是为了达到"相互保证毁灭原则"。

与它的对手，美国"俄亥俄"级相比，体积近乎于是"俄亥俄"级的两倍。装备20个导弹发射管装载SS-N-20弹道导弹。其射程达到8 300千米，可以让"台风"级打击到与它同处一个半球的任何一个目标。"台风"级核潜艇是目前世界最大体积和吨位的潜艇纪录保持者。

★俄罗斯"红宝石"海洋机械中央设计局，总部位于圣彼得堡。

★ "台风"级核潜艇

"台风"级第一艘在1977年开始动工，1980年9月下水，于1982年开始服役，居然比其前级"德尔塔Ⅳ"级还要早服役（"德尔塔Ⅳ"级于1985年开始服役）。

"台风"级建造计划已在1989年全部完成，共六艘同级舰。当时苏联曾准备大量建造"台风"级，就因为经济问题放弃了原设想。现在俄罗斯海军也由于经费等问题，使得其中三艘退役，而其余三艘也只能保证一艘在临战状态。面对美国多艘"俄亥俄"级核潜艇，俄罗斯海军现在已经没有能够对等的武器了，但俄罗斯并没有放弃弹道导弹潜艇的研发。

◎ 世界最大：没有龟背的海龙王

从外观上看，"台风"大得无与伦比，它共有19个舱室，从横剖面看，呈"品"字形布设，并且在主耐压艇体、耐压中央舱段和鱼雷舱使用钛合金材料，其余部分都用消磁高强度钢材。这确保了即使是北极的2～3米厚度的冰也能被轻易破开。

★ "台风"级弹道导弹核潜艇性能参数 ★

水上排水量: 23200吨	**引擎:** 2座OK-650型压水反应堆 总功率380兆瓦
水下排水量: 48000吨	齿轮传动式汽轮主机组2×50000马力
艇长: 172.8米	4台自主式透平发电机4×3200千瓦
艇宽: 23.3米	双轴双桨
吃水: 11米	**武器装备:** SS-N-20弹道导弹20枚
水上航速: 12节	533毫米鱼雷发射管2具
水下航速: 25节	650毫米鱼雷发射管4具
续航力: 尚未公开	SS-N-15反潜导弹
自持力: 120天	SS-N-16导弹
最大下潜深度: 400米	65-73/65-76型鱼雷
引擎类别: 核动力推进	**编制:** 160人

　　"台风"级的主武器是P-39(北约代号:SS-N-20)弹道导弹,在自卫武器上,装备了533毫米鱼雷管和650毫米鱼雷管。可发射常规鱼雷、"瀑布"高速鱼雷、"风暴"空泡鱼雷,由533毫米鱼雷发射管发射。同时还装备了"日灸"(SS-N-22)掠海反舰导弹、SS-N-16反舰导弹,可由650毫米鱼雷发射管发射。且俄方还为"台风"级和以后的"北风之神"级研制并装备了潜射防空导弹,可由鱼雷管发射。总体说,"台风"级足以对抗一般的攻击型潜艇和水面反潜舰只。

★ "台风"级核潜艇的指挥台围壳的前方共有20个弹道导弹发射筒,图中为其中的4个。

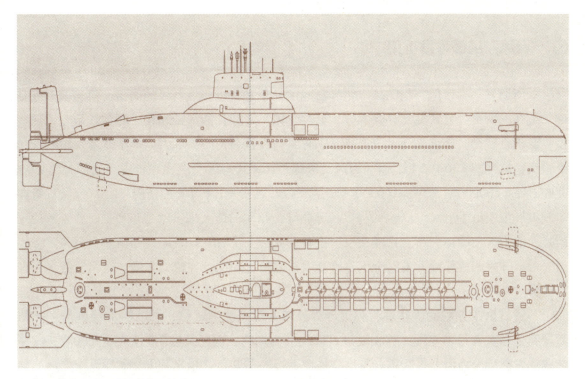

★ "台风"级弹道导弹核潜艇两视图

　　P-39（SS-N-20）导弹是专供"台风"级核潜艇使用的弹道导弹。它采用固体燃料，三级推进式潜射洲际弹道导弹。首批P-39导弹于1983年交付海军，也就是说TK-208服役前期和TK-202试航期中，潜艇的弹道导弹是缺装的。

　　弹道导弹发射筒布置在指挥台围壳的前方，这样减轻了发射导弹时与轮机一起产生的震动程度，从而提高安静程度和发射间隔。耐压艇体部分则用"德尔塔IV"级的消声瓦，非耐压部分使用一种特制的橡胶水声消音瓦，从而让这个庞然大物在水下遁形。"台风"级的工噪是苏俄弹道导弹潜艇中最低的，稍逊于只有它体积一半的"俄亥俄"级。

　　"台风"级可以同时齐射两发P-39（SS-N-20）导弹，这是世界上其他任何级别的弹道导弹潜艇都无法做到的。该级与其他苏俄弹道导弹潜艇最特殊的设计是使用非典型双壳体，即非全艇使用双壳体结构。在导弹发射筒部分采用了单壳体，也就是将导弹发射筒夹在双壳耐压艇体之间。这样避免了出现"龟背"（指导弹发射筒高高隆起于甲板，"台风"级是所有苏俄弹道导弹潜艇中唯一没有"龟背"的级别）产生的航行时噪音和阻力较大，以及由于在双壳体上开导弹发射孔而在开孔处周围用高强度耐压材料加强强度而带来的更大的建造费用。"台风"级不像大多数西方人所想象的苏联武器一般都不注重士兵舒适度，"台风"级为水兵提供了一个每人平均约3平方米的"休息空间"，"台风"级是少数在设计时就考虑到空调设备的苏俄潜艇，据说艇上还有游泳池和健身房。

⊘ "台风"虽强难得重用

众所周知，"台风"级的排水量和艇宽度几乎是"俄亥俄"级的两倍，但美国"俄亥俄"级却能携带"三叉戟"导弹24枚，而"台风"级却只能携带20枚。导弹数量上"俄亥俄"级仍占优势。但实际上由于三叉戟Ⅱ导弹每发携带8个弹头，P-39导弹每发却能带10个弹头。这样24×8=192个，而"台风"级却是20×10=200个。而在核爆当量都大约是0.1兆吨TNT（100000吨，1兆=1000000吨，在西方，1兆 = 100万）的情况下，"台风"级在单舰破坏力上处于上风。而P-39与以往苏联导弹相比的最大进步就是与"三叉戟"都使用的是三级推进，固体燃料。这样在发射准备和射程上没有任何差距，而由于"台风"级连射时可以齐射两枚导弹，发射全部导弹耗费时间短，因此，在武力方面"台风"级无疑占有优势。

不过，由于苏联的固体燃料弹道导弹技术并没有美国成熟，所以P-39导弹与三叉戟型导弹还存在着很多差距。首先发射重量P-39为90吨，而三叉戟Ⅱ型仅为不到60吨，这样造成了发射后坐力增大等问题。其次在精度上，P-39装备"星光"天文制导系统之后的圆概率误差为500~600米，而三叉戟Ⅱ型仅为380~420米。虽然P-39的维护费用和制造费用

★美国"俄亥俄"级核潜艇

★停泊于港湾的3艘"台风"级核潜艇

不及三叉戟型导弹，但对于资金紧张的苏联（俄罗斯）海军也是一笔不小的费用。

在导航设备上，"台风"级使用了"鲍托尔-941"综合导航系统、"公共马车"型指挥系统、"闪电-MC"型通信系统、"暴风雪"型雷达系统和用于观察艇外状况的"MTK-110"型电视系统。其中"鲍托尔-941"型综合导航系统是专门为"台风"级设计的，这一系列中包括了"德尔塔IV"级中使用的"交响乐"卫星导航系统。

在科拉半岛上，苏联建立了一个超低频无线电站。这座无线电站发射的超低频波能够穿透到水下200～300米，并且信号基本上能够覆盖全球。这个无线电站可用于为潜艇下达命令，而最主要的也是为弹道导弹潜艇下达命令。"台风"级是首先装备超低频接收器的潜艇。此后"德尔塔III"和"德尔塔IV"才加装上接收器。而为了保证战时"台

★"台风"级核潜艇

★ "台风"级核潜艇吊装SS-N-20弹道导弹

风"级核潜艇能够收到信号，苏联准备了至少16个通讯信道，分别是：1个超低频信道、5个超长波信道、5个短波信道、5个卫星通信信道。苏联的5个长波台分别在俄罗斯境内的下新城、克拉斯诺达尔斯克和哈巴罗夫斯克；还有在白俄罗斯1座，乌兹别克斯坦1座。尽管超长波电台能够将信号传播很远，但在南半球、大西洋西部（美国的东海岸海区）和太平洋东部（美国的西海岸地区）的信号可能会接收不到。一旦战时超长波台被摧毁，苏联还可以用空中值班的通信飞机提供长波信道。

　　"台风"级由于艇身过大，造成其肯定比"德尔塔IV"级或美国"俄亥俄"级要更容易被发现。而且"台风"级的维护费用也要比"俄亥俄"级高，这也注定了经济不如美国的苏联是不可能大量生产并维护这种潜艇。

　　2004年，媒体报道称俄罗斯将彻底拆除6艘中的3艘"台风"级核潜艇（重新起用TK-208，拆除1艘现役艇和2艘退役艇），仅保留用于战备的一艘"台风"级，并修复一艘"台风"级（TK-208，"台风"级的首艇）用作弹道导弹的发射试验平台。TK-208号于1981年开始服役，在1983年就被列为预备役，但到1990年"大修"时，因为经济问题而将原计划1年的大修拖延了近11年。直到2000年，俄罗斯海军获得相关经费才得以在2001年中旬完成大修并改装用于试射新式弹道导弹（布拉瓦型导弹，用于"北风之神"级装备的新型弹道导弹）。而TK-17和TK-20虽然参与了2004年俄罗斯海军的"安全2004"演习，但都未发射导弹。P-39型（SS-N-20）导弹已经停产，"台风"级于2010年全部退役。

战事回响

◎ 冷战潜艇战：美"全核潜艇"VS俄"核常并重"

潜艇以其神秘的攻击力，被誉为"海上杀手"。美、俄两国作为当今世界头号海军强国，均投入大量人力、物力以保持在该领域的优势。

环视当今大洋，美国主要发展核潜艇，俄罗斯主要发展常规潜艇，为什么两个军事大国会出现这种泾渭分明、分道扬镳的情况呢？海军潜艇学院楼晓平副教授认为：美俄潜艇的发展与其海军战略有着非常密切的关系。

美国海军在核潜艇问世不久就毅然放弃常规潜艇，原因在于核潜艇与常规潜艇相比，前者在技术和战术层面上的优势不言而喻。比如，核潜艇的水下续航时间和距离几乎不受动力方面的限制；水下排水量可以成倍增加，为潜艇提供更大的战术空间。

二战后，美国不仅推行全球军事战略，还对军事力量进行前沿部署，为此，美国海军集中力量建设大洋海军，把战略进攻线从本土沿海推进到深海大洋。基于这样的战略需要，排水量小、航速低、续航力差的常规潜艇显然不能满足其战略要求。

在美国核潜艇首艇下水不久，苏联海军就奋起直追，建造了一系列性能优良的核潜艇。冷战时期，装备上百枚核弹头的苏联弹道导弹核潜艇一直是美国的心腹之患，对此，常规潜艇根本奈何不了。为此，美国采取"以核制核"的对策，转而大力发展核潜艇。

而苏联海军始终采取了"核常并重"的潜艇发展之路，其常规潜艇的发展级别和建造数量均居世界前列。

现今的俄罗斯更是大力发展常规潜艇，这主要基于俄罗斯濒临北冰洋、太平洋、波罗的海等13个海域，海岸线漫长，海军不仅需要有强大的远洋作战能力，而且近海防御也十分重要，特别是本国近海反潜，需要有投资相对低廉的大量常规动力潜艇。此外，俄罗斯认为常规潜艇在执行海区封锁、破交及远海作战，例如反航母方面仍然是一种有效的海军装备。因而俄罗斯一直坚持发展高性能常规潜艇，并且拥有全世界最先进的常规潜艇技术。

除装备本国海军外，俄罗斯大量发展常规潜艇的另一个动因是军品贸易。长期以来俄罗斯向第三世界国家销售了大批F级、K级、W级等常规潜艇，总量超过80艘，是世界上少数常规潜艇出口国之一。由此观之，武器装备究竟向何处发展，关键要看面临何种军事形势以及其采取何种军事战略。

◎ 美苏潜艇相撞事件解密

冷战时期，美国为了监视苏联，曾派潜艇长期潜伏苏联东大门外的太平洋。当年参与潜伏的艇员杜恩曾在美国《卡萨格兰德峡谷报》披露，1970年，美军秘密潜伏的核潜艇突然与苏联核潜艇意外相撞……

二战结束后，美国为了监视苏联，下令海军派出潜艇长期潜伏在苏联东大门外。一旦需要，美军潜艇随时可以向苏联发动突然袭击。经过仔细侦察，美军发现苏联在其东部勘察加半岛的彼得罗巴甫洛夫斯克设立了大型海军基地，经常有潜艇出没。美国海军太平洋舰队认为，如果苏联对美国有重大军事行动，彼得罗巴甫洛夫斯克必出现异常。因此，太平洋舰队应派潜艇在彼得罗巴甫洛夫斯克沿海不远处潜伏监视。杜恩透露说，起初，美国海军潜伏的是常规潜艇。20世纪50年代中期，美国海军研制成功世界第一艘核潜艇。太平洋舰队开始派核潜艇在苏联东大门外进行长年累月的秘密活动。

杜恩是在20世纪50年代中期进入海军服役的。1958年，21岁的他开始进行秘密潜伏任务培训。杜恩回忆说，特训十分辛苦。由于潜艇长期潜伏在敌人眼皮底下，艇员各方面，包括对身体和心理几大方面的素质要求很高，在训练期间，必须通过心理测试、压力测试和从大约30米深的潜水塔"吹泡"上浮求生等高难度科目。潜伏潜艇随时可能出现意外。如果潜艇下潜太深，巨大的海水压力很可能使潜艇发生爆炸。

★ "回声"-2型核潜艇

★ "虾虎鱼"号潜艇

杜恩执行跟踪任务的第一艘潜艇是常规动力的快速攻击型"虾虎鱼"号。该艇执行任务期间，每名艇员不仅要熟练掌握自己的工作流程，还要熟悉其他艇员的工作，只有这样，才能成为一名合格艇员。艇员们知道，一旦潜艇出事，反应时间很可能只有几秒。那时，"全能"艇员甚至可以拯救整个潜艇。为此，杜恩花了半年多时间，才初步了解其他艇员的工作特性。

他回忆说，"虾虎鱼"潜艇在彼得罗巴甫洛夫斯克沿海跟踪苏军潜艇时，曾使用地图和"罗兰"导航系统。其中，"罗兰"导航系统可以根据沿岸3个以上苏军低频无线电发射机发射信号的间隔，把苏军水下潜艇的具体位置精确测到16～26千米范围内。

杜恩透露说，美苏虽然处于冷战阶段，然而，每当美军潜艇跟踪苏军潜艇，大家心里并不把苏军潜艇艇员看做是敌人，而是看做不得不执行任务的"兄弟艇员"。

杜恩在参加西北太平洋秘密行动中，还曾乘坐另外两艘常规潜艇和两艘核动力攻击型潜艇。其中，1969年12月，他调到新部署太平洋舰队的核潜艇"隆头鱼"号执行秘密监视任务。

杜恩回忆说，该艇可在大约300米深的水下以25节的速度行驶，每次水下执行任务可达数月。他是"隆头鱼"核潜艇的导航员，使用极为先进的卫星跟踪系统探测和监视苏军潜艇在西北太平洋的秘密活动。然而，该艇长期潜伏水下，淡水十分缺乏，不得不从海

★ "隆头鱼"号核潜艇

水中提取淡水，甚至用海水制造氧气。该艇内部到处是作战系统，显得十分拥挤。"隆头鱼"核潜艇床铺不够，有时一名艇员值班观察，另一名艇员就在其床铺休息。

1970年6月23日，"隆头鱼"刚在苏联东大门外水下执行秘密任务两周，就在彼得罗巴甫洛夫斯克西部大约22千米海域水下发现苏军"回声-2"级新型巡航导弹核潜艇。苏军第一艘"回声-2"级核潜艇于1962年开始建造，水下排水量为6000吨，可在20分钟内发射8枚巡航导弹打击美军航母作战群。当时，那艘新建的"回声-2"级核潜艇正在水下试航，做着前后行驶、急转弯和下潜等动作。"隆头鱼"紧跟其后，监视其一举一动。

"隆头鱼"整整跟踪了一天，终于出事了。6月24日下午2时许，"隆头鱼"声呐兵突然发现"回声-2"核潜艇失踪。那时，杜恩刚完成观察任务，躺在床上休息。突然，外面传来剧烈的金属撞击声，他被一股神秘力量扔到了床铺的角落里，杜恩立即跑到控制室。报告很快出来：苏军核潜艇撞上了"隆头鱼"瞭望塔，撞裂了"隆头鱼"顶部舱盖，海水涌进了瞭望塔通道。艇长知道，如果"隆头鱼"继续待在那儿就有可能沉没，也可能被迫浮出海面。他急忙下令"隆头鱼"下潜到水下大约300米深的地方掉头南撤。

"隆头鱼"行驶数天后，终于抵达太平洋舰队总部——夏威夷珍珠港。"隆头鱼"虽然晚上9时许抵达，但直到次日凌晨1时才被允许上浮水面。原来，太平洋舰队不想让人发现这艘核潜艇受到损害，不想暴露其绝密行动。"隆头鱼"上浮水面时，艇员们发现了苏军核潜艇螺旋桨撞入瞭望塔的碎片。

美军太平洋舰队特地派出两艘驱逐舰护在"隆头鱼"两旁，以免引起苏军间谍卫星等侦察系统的注意。同时，"隆头鱼"损坏的瞭望塔也包上了防水油布。美国海军情报官对艇员们统一口径说"隆头鱼"撞上了冰山！要求该艇所有艇员对此次相撞事件不得对外透露任何风声。3周后，瞭望塔修好。"隆头鱼"又驶回苏联东大门外，似乎什么也没发生过，继续对苏军潜艇活动进行监视和跟踪。

据"隆头鱼"声呐兵说，根据探测到的声音，苏军核潜艇相撞后很可能下沉解体。杜恩担心苏军核潜艇130名艇员很可能一同葬身海底，恐惧袭上心头。2006年夏，访问俄罗斯的杜恩终于知道，当年的苏军核潜艇受伤后曾下沉，但艇长下令采取紧急措施上浮，避免了悲剧的发生。

第五章

5 神龙归来

当代常规潜艇

引言 常规潜艇新纪元

　　冷战过后，世界各国绷紧的神经开始放松下来，开始了对潜艇更加深入的研究，由于以前常规动力的潜艇大部分都是用柴油做动力，但柴电潜艇的缺点也很明显：一次水下续航时间短，通气管暴露率特别高。针对柴电潜艇的种种弊端，人们发明了不依赖空气动力装置（AIP）的混合型柴电潜艇。

　　AIP系统也称为"不依赖空气推进系统"，它使常规潜艇首次部分具备了如同核潜艇那样的长时间潜航能力，是常规潜艇发展史上的一次"动力革命"。

　　AIP系统根据工作原理不同分为热气机、闭式循环柴油机、燃料电池、闭式循环汽轮机等，其中热气机系统和燃料电池系统已经投入使用。

　　热气机AIP系统又称斯特林系统。1996年，瑞典海军安装热气机AIP系统的"哥特兰"级潜艇首艇服役，开创了潜艇发展史上的新纪元。

　　燃料电池系统是另一种发展较为成熟的AIP系统。该系统的特点是装置中无转动机械部件，因而没有噪音辐射；无机械能和电能辐射，电能转换效率高达70%；能量转换温度低，工作环境较安全。德国是最早研究燃料电池的国家之一，水平处于世界领先地位，1987年采用燃料电池改装了一艘205级潜艇并成功进行了海试。

　　美国海军是世界上率先在研制了核潜艇之后放弃常规潜艇研制的，然而，美国海军

★拥有AIP系统的瑞典"哥特兰"级潜艇

中的一些高级官员,在面临浅水海域行动碰到的挑战时,依然在深深地思考,美国海军究竟要不要发展新型常规动力潜艇。当前,不同种类的AIP技术正在为常规潜艇增添新的活力,为其提供更为广阔的用武之地。2009年,瑞典与美国签订了一份协议,根据这份协议,美国从瑞典租借"哥特兰"级潜艇,租借期为12个月,"哥特兰"级潜艇与美国海军共同进行内容广泛的训练。除此之外,瑞典政府还派遣"哥特兰"级潜艇参加与加拿大海军"维多利亚"级潜艇以及澳大利亚海军"科林斯"级潜艇举行的联合演习。

装备了"斯特林"发动机的"哥特兰"级潜艇,可以在水下状态以5节的速度连续航行两个星期。"斯特林"发动机的优点是其工作时使用的液态氧和传统的柴油燃料,可以几乎不受限制地随时得到补充。日本海上自卫队在经过长期的试验之后,最终选择了"斯特林"发动机,并且计划把"斯特林"发动机装备在"亲潮"级改进型潜艇上。"斯特林"发动机的缺点是其燃烧室内的压力偏低。如果不使用排气压缩机的话,"斯特林"发动机的较低排气压力将会限制潜艇的下潜深度。从总的方面来说,"斯特林"发动机比闭式循环柴油机更加安静,但是效率却低于燃料电池。

法国舰艇建造局研制的闭式循环汽轮机系统(MESMA)已经被巴基斯坦海军选用并装备在"阿戈斯塔"90B级潜艇上。2008年,巴基斯坦海军仅在"阿戈斯塔"90B级的最后一艘"哈姆扎"号的艇体中间嵌入一段长度为9米的AIP独立舱段,而该级的另外两艘艇则计划在将来进行大修期间再加装AIP舱段。装备闭式循环汽轮机系统的潜艇,其水下连续航行能力将比普通常规潜艇提高两倍。由于MESMA AIP系统使用乙醇做燃料,利用液态氧做氧化剂,其废气将产生噪声,形成气泡,增加潜艇的红外特征信号强度,因此,装备闭式循环汽轮机系统的潜艇需要对废气进行相应处理。此外,与"斯特林"发动机、闭式循环柴油机以及燃料电池相比,闭式循环汽轮机系统的效率最低。一些国家对于他们计划购置的潜艇,正在考虑选择何种类型的AIP。到目前为止,最安静且效率最高的AIP系统是德国研制的质子交换膜燃料电池。装备在常规动力潜艇上的质子交换膜燃料电池,既可单独用于推动潜艇前进,亦可与潜艇装备的高性能铅酸蓄电池结合在一起使用来推进潜艇。

德国建造的212A型潜艇上装备的燃料电池系统,可以使该级艇具有超过两个星期的水下航行能力。除此之外,希腊和韩国订购的214型潜艇、葡萄牙订购的209PA型潜艇、德国为以色列建造的两艘"海豚"级改进型潜艇以及希腊正在进行改造换装的4艘209型1200吨级潜艇等,都将装备质子交换膜燃料电池作为其AIP系统。

2008年,俄罗斯的红宝石中央设计局正在积极与德国的霍瓦兹造船厂以及意大利的泛安科纳造船公司接触,寻求合作的可能性,争取开展联合研制活动,以便在常规动力潜艇的出口市场上推出具有更高性能的新型潜艇。意大利与俄罗斯合作开发的S1000型潜艇,是一种既可装备意大利设备,又可装备俄罗斯设备的潜艇。但是,目前在国际市场占有绝对优势的德国霍瓦兹造船厂没有看到与俄罗斯合作可能获得更大效益的前景,因此,霍瓦兹造船厂对于与俄罗斯合作暂时不打算付出更大的努力。另外，2006年初，法国曾经与德国霍瓦兹造船厂接触，打算与其共同开发SMX-22型潜艇，但是霍瓦兹造船厂对此却没有表现出足够的热情。

在过去数年的时间里，世界各国能设计与建造常规潜艇的厂家在逐渐减少。目前，在国际潜艇出口市场上拥有设计与建造常规潜艇能力且占有出口优势的国家屈指可数。另一方面，随着世界形势的发展和变化，潜艇战的许多概念产生了意义深远的变革，因此，常规潜艇的技术需求及其运行能力也相应发生了巨大的变化，以满足时代的需要。当前最重要的是要对新形势下的潜艇运行模式予以定位。潜艇的性能在相当大的程度上取决于潜艇运行的环境，这一点是潜艇有别于其他舰艇的重要标志。目前潜艇运行环境正在从远洋深海转变为近海，常规动力潜艇在浅水海域的活动能力日益受到重视与强化。运行环境发生的变化正在深刻影响着常规潜艇的运行模式，同时也为潜艇创新其运行模式以及迎接其后的挑战创造了条件。反潜战曾经是潜艇的主要作战任务之一。如今，对于常规潜艇来说，虽然反潜任务依然十分重要，但是反潜战的条件却发生了巨大的变化。在浅水海域里，其水深可能小于核潜艇自身的长度，在这样的海水环境中，核潜艇开展各种作战活动无疑具有极大的风险。相反，常规潜艇排水量小，低速航行时的噪声低，与核潜艇相比，常规潜艇在这方面有着难以比拟的优越性，它更加适于在浅水海域开展各种作战活动。

第一艘装备AIP技术的常规潜艇
——瑞典"哥特兰"级

🚫 世界第一：首艘不依赖空气的潜艇

瑞典常规潜艇的发展起源可追溯到20世纪初。1904年建成的"鲨鱼"级潜艇就是见证。在随后的岁月里，瑞典在差不多固定的时间间隔内陆续建造了5级24艘吨位不同、结构各异的潜艇。瑞典海军对柴电潜艇十分偏爱，而对核动力潜艇却从未涉猎。

他们非常注重柴电潜艇技术发展的连续性，采用短周期、小跨度、高水平的方针，循序渐进地推动潜艇技术不断发展进步。每级新潜艇的设计总是以水动力学研究新成果为基础，每型潜艇尽量采用1～2项新技术和新设备，以致一级潜艇建造完工后，下一级潜艇设计通常已取得进展，每型潜艇都有所突破。所以自1960年"斯鸠曼"（A12）级潜艇开始，到"水怪"级（A14）、"西哥特兰"级（A17），以至到20世纪80年代的471级潜艇，都是按惯例进行研制的。上述潜艇在当时所处的时代都属世界一流水平。

★刚刚服役的"哥特兰"级潜艇

　　1983年开始建造，1990年全部建成的4艘"西哥特兰"级（A17）服役后，瑞典海军便开始酝酿研制"哥特兰"级（A19）潜艇，以替代20世纪60年代服役的"斯鸠曼"级。他们要求"哥特兰"级潜艇在A17型潜艇获得的研制经验的基础上更上一层楼。经过20世纪80年代初中期广泛的预先研究和可行性研究，他们选择了一个突破点：增加水下续航力，即在新设计的潜艇上安装一套技术成熟的不依赖于空气的AIP推进装置。

　　"哥特兰"级潜艇于1988年正式开始设计，1990年初，瑞典国防装备局与考库姆公司签订了建造3艘新型潜艇的合同。

　　1996年7月1日是个值得纪念的日子，世界上第一艘安装了不依赖空气推进系统（AIP）的常规潜艇，瑞典海军的"哥特兰"级潜艇服役了。它的服役标志着常规潜艇的发展进入了一个新纪元，引起了世界各国海军的广泛关注。

　　"哥特兰"级潜艇的主要使命是保卫瑞典1700千米海岸线，用来执行反潜和反舰作战任务，又可用来执行布雷、运送蛙人及近岸侦察等一般任务，平时用作训练平台。它是瑞典海军21世纪的骨干力量。

⊘ 拥有AIP系统："哥特兰"级性能卓越

★ "哥特兰"级潜艇性能参数 ★

水上排水量：1494吨	**武器装备：**4具533毫米（21英寸）口径艇艏鱼雷发射管
水下排水量：1599吨	FFV613/62型鱼雷
艇长：60.4米	2具400毫米艇艏鱼雷发射管
艇宽：6.2米	瑞典432/451型鱼雷
吃水：5.6米	12枚47型自航式水雷，由鱼雷发射管发射
水上航速：10节	**声呐：**CSU-90声呐系统
水下航速：20节	**雷达：**"特尔玛·斯甘特"导航雷达系统
动力：2台大功率柴油发动机	**声呐：**STN阿特拉斯电子公司CSU90-2艇壳声呐系统
2台斯特林发动机	**电子装备：**雷卡公司"索恩"曼塔S电子支援系统
	编制：28人

　　"哥特兰"级潜艇的最大特点之一是在柴电动力装置的基础上，加装了一套斯特林AIP系统。该系统作为辅助动力装置使潜艇的潜航时间增加到2~3周，航程达数千海里。这是"哥特兰"级潜艇优于一般常规潜艇的一个重要标志。整个动力推进系统的操纵高度计算机化，大多数监控功能都是自动的。不过，为了确保安全，另备有手动备份与应急方式，一旦需要，随时启用。正是这种独特的闭式循环混合动力系统的加装，才使该级潜艇成为世界潜艇发展史上的一个重要里程碑。

　　斯特林AIP系统既可加装到现役常规潜艇上，又可用在新建造的柴电潜艇上。改装时，无

★浩海晴空下的"哥特兰"级潜艇

须改变原有潜艇的内部设备和装置的位置。因此对现有潜艇的现代化改装十分有利，短期效果显著。这也是斯特林AIP系统较之其他AIP系统最先达到实艇使用的原因之一。

斯特林AIP系统，除了提高潜艇的续航力外，还具有以下优点：热气机运转平稳、振动小、安全可靠、热效率较高（达42%）、排气污染低；与柴油机相比、噪声明显降低，工作噪声降低40分贝，空气噪声降低20分贝；废气是经过冷却后自动排放到舷外的，其红外特征大大降低；平均维修时间间隔长，故障率低、使用寿命长，整机无故障运行时间超过5000小时。

★ "哥特兰"级潜艇

"哥特兰"级潜艇以21世纪的作战需求为目标，装备有世界上先进的作战系统。作战情报与火控系统是由瑞典Nobel Tech公司制造的。艇内鱼雷发射系统能及时接收这些目标的运动参数，同时向多个目标发起攻击。为了进一步提高对目标运动的跟踪与分析能力，艇上配备了大功率火控计算机，引导鱼雷精确发射，提高了鱼雷的命中率。

"哥特兰"级潜艇携带的武器不仅种类多，而且性能好。仅鱼雷就有3种：TP2000型、613／62型及432／451型。432／451小型鱼雷采用电动方式，使用触发或非触发引信，是一种备有主动／被动寻的装置的线导鱼雷，主要用于自卫。由此可知该级艇的反潜与反舰作战能力是相当强的。

高性能探测设备使"哥特兰"级潜艇变得耳聪目明。主要探测设备是被动声呐，因其采用了高灵敏度新型微音器而使性能得到很大改善，探测距离成倍增长。通过使用新设备和新方法，对目标信号进行实时处理，使该级艇对目标的识别分类和跟踪能力大大增强。

其艇型不仅噪声低，航行阻力小，而且稳定性与操纵性良好。无论是水下航行，还是水上航行，都具有较好的航向稳定性和机动性。

★ "哥特兰"级潜艇先进的驾驶装置

隐蔽性好也是"哥特兰"级潜艇的主要特点之一。该级艇的所有重要设备均安装有减震装置。重要舱室也采取了隔震措施。例如，整个指挥控制室、艇员居住室以及推进系统控制中心等舱室均通过橡胶隔震器与艇体相连接。这样既可使重要的设备和舱室尽量避免艇外巨大冲击力（如爆炸冲击、水压冲击等）的破坏与干扰，又能降低艇内辐射噪声的传递。

另外，该级艇装有三维自动控制消磁系统，将磁信号特征降到最低程度。上述措施大大提高了潜艇的隐蔽性。

瑞典海军把现代最新技术与高效低耗融为一体，把最先进的作战系统和AIP系统相结合，使该级艇成为目前世界上最先进的常规潜艇之一。

瑞典"哥特兰"级潜艇拉开了常规潜艇新时代的序幕。

◎ 遨游世界："哥特兰"突破美军反潜网络

世界最强大的美军反潜网络竟然对付不了一艘小小的常规潜艇？据法国《宇航防务》报道，美国海军2009年3月从瑞典海军租借了一艘"哥特兰"级潜艇，该艘潜艇已经与美国海军进行了数次联合演习，从演习情况看，美军的反潜网络似乎对"哥特兰"潜艇作用不大，很难发现其活动踪迹。

强大的反潜能力一直是美国海军引以为傲的资本，尤其是在二战中对德国潜艇的毁灭性打击总是让美军津津乐道。探潜子网络和攻潜子网络是美国反潜网络的两大部分。目前，美国的探潜子网络综合了当今先进的探测方法，并由四种手段构成：反潜直升机和固定翼飞机组成的空中反潜平台；各种具备反潜能力的作战舰艇，包括航空母舰、驱逐舰、巡洋舰等；不同级别的攻击性核潜艇，这是反潜战最有效的工具；海底"反潜链"，主要由海底固定的声呐组成。在发现目标之后，攻潜子网络就要发挥作用。该子网络主要由反潜平台携带的攻潜武器组成，包括：水面舰艇装备的反潜导弹，水面舰艇和空中反潜平台装备的声自导鱼雷和深水炸弹，反潜潜艇装备的线导和声自导鱼雷。

根据美国海军与瑞典皇家海军达成的协议，"哥特兰"潜艇将被租借一年。在这期间，该潜艇同美国海军重点展开对抗训练，即充当攻击方，以各种手段"打击"美海军的舰队，试探美军反潜网络探测常规潜艇的效能和反潜打击能力。"哥特兰"潜艇的水下排水量为1 490吨，水下航速20节，下潜深度可达200米。该潜艇为长水滴外形，经过多次流体动力学试验，具有航行阻力小、噪声低的优点。此外，"哥特兰"潜艇不仅能在浅海地区展开行动，还擅长在极难导航的近岸海域航行，这是其他类型潜艇难以匹敌的。

2009年6月底以来，"哥特兰"潜艇一直以美国西海岸的圣迭戈海军基地为母港，与大西洋舰队进行了多次联合演习。在演习中，由于潜艇具有很好的隐身功能，曾多次"撕裂"美军的反潜网络，成功进入攻击美军舰船的最佳区域，这让美军大吃一惊。

瑞典"哥特兰"潜艇在与美军演习中的表现说明，美军的反潜网并不像外界传言的那

★ "哥特兰"级潜艇的指挥舱

★ "哥特兰"级潜艇正在靠岸检修

样"耳聪目明",它本身存在一些难以克服的漏洞。

从技术角度分析,美军装备的各种探测仪器虽然先进,但远未达到在战场完全透明的程度。由于声波、电磁波等传播会受到水温、水深等海洋自然因素的影响,探测行动不可避免会出现误差。

从战术角度看,美军的反潜布局并非完美。航母战斗群在执行反潜任务时,通常以航母为基点,划分为近区(距航母20海里)、中区(80海里)和远区(100海里)反潜防御区。整个战斗群以较高速度航行,以缩小敌潜艇鱼雷攻击阵位扇面,但同时也带来了噪声大等问题。在航母战斗群航行途中,如果敌潜艇能预先配置在航母战斗群的航线上,以静待动或以静制动,战斗群就难以发现目标。

除此之外,核潜艇或水面舰艇的水下探测主要使用拖曳式线列阵声呐,这种被动式搜索具有预警距离远的优势,但其在航线的两侧、舰首、舰尾方向均存在盲区。另外,中、远区面积过大难免出现探测的"空隙"。

现代常规潜艇的隐形技术不断进步也使反潜困难更大。"哥特兰"潜艇使用的"不依赖空气推进装置"(AIP)可使潜艇长时间遁形于深海之中。以往,潜艇在水下是靠蓄电池带动的电动机提供动力,而蓄电池的电量有限,只能航行几十小时,不得不经常浮到海面"呼吸",即在通气管状态下使用柴油机为蓄电池充电,再加上充电时的噪声,很容易被对方雷达或水声器材探测到。现在有了AIP设备,潜艇就仿佛装上了蛙人使用的"水下呼吸器",持续潜航能力成倍增加,从而保证潜艇作战的需要。

21世纪的海上"隐形杀手"
——1650型"阿穆尔"级

⊘ "杀手"现形：性价比最高的潜艇

在法国巴黎举行的"2004·欧洲海军展览会"上，俄罗斯展出了海军部造船厂生产的1650型"阿穆尔"级常规潜艇。俄罗斯参展团团长伊戈尔·别洛乌索夫称，该新型潜艇可以称做是"海军装备史上隐身性能最好、噪声最小、性价比最高"的潜艇，2006年，"阿穆尔"级常规潜艇正式装备俄罗斯海军。

"拉达"级677型和"阿穆尔"级1650型为同一型号，它是由红宝石中央设计局在"基洛"级636型常规动力潜艇基础上研制出的第四代常规动力潜艇，前者装备俄罗斯海军，后者出售给俄第三代常规动力潜艇的国外用户。二者在设计上基本相同，主要区别在于动力装置、反舰导弹系统、通信系统和所需人员编制。

"阿穆尔"级是一个常规潜艇家族，红宝石中央设计局以其标准排水量的不同分别命名为550型、750型、950型、1450型、1650型和1850型。这种设计理念是苏联潜艇发展史上的首创。"阿穆尔"级在设计上采用了模块化系列设计的理念，所有型号的潜艇均采用相同的设计和整体布局，使用统一的设备，主要差别在于潜艇的外形尺寸不同以及由此带来的潜艇武器装备数量、海上自持力、续航力及艇员编制上的差异。不同于苏联以往着

★"阿穆尔"级潜艇

★返航的"阿穆尔"级潜艇

眼于大型潜艇，"阿穆尔"级主要是中小型潜艇。事实上，目前常规潜艇小型化已经成为一种世界潮流，这主要有两个方面的原因，一是基于效费比的考虑；二是基于这样一种认识：潜艇越小，其隐身性能就越好，生存能力也就越强。

⃠ 世界领先：性能远超名艇"基洛"级

★ "阿穆尔"级1650型潜艇性能参数 ★	
水上排水量：1765吨	水下航速：21节
水下排水量：2650吨	最大水下续航时间：45天
艇长：67米	水下续航能力：650海里/3节
艇宽：7.1米	最大巡航距离：6000海里（柴油机）
巡航距离：120千米	下潜深度：250米
水上航速：10～11节	编制：34～41人之间

　　"阿穆尔"级采用了世界新一代潜艇流行的AIP动力装置（不依赖空气推进装置），这种装置通过在艇内安装燃料电池提供动力，与传统的柴电潜艇相比，它无须经常浮出水面，启动柴油发动机充电，从而提高了水下续航时间。

与上一代"基洛"级潜艇相比，新型潜艇采用了大量新技术，在设计上也有所创新。其中包括以现代数据库技术为基础的新型自动化指挥和武器控制系统，含拖曳线列阵在内的新型声呐组，从636型设计经验发展而来的降噪技术。该艇艇身为水滴形设计，艇壳采用了高强度的AB-2钢材，极为光滑的艇身表面敷设有消声瓦，另外还对艇内高噪声设备加装了消声器、隔音罩，从而使噪声降到最小，仅为"基洛"级的1/3。这可确保"阿穆尔"级潜艇及早发现并攻击前方的敌舰，并及时躲开反潜舰艇的攻击。

在设计方面，新艇取消了外露设备，实在无法取消的也换成了升降式，使其被雷达侦察到的概率大为降低。该级潜艇的自动化程度和电子设备也处于世界先进水平，艇上装有"利蒂"综合作战系统和"利拉"声呐系统，自动控制系统可确保对潜艇进行集中而有效的操控，可从潜艇主控室的操作员仪表板上控制机械设备和武器装备。

"阿穆尔"级潜艇装备有可伸缩桅杆和攻击潜望镜。复合导航装置包括一部小型惯性导航系统，可保证航行安全并确定发射导弹所需要的潜艇运动参数。一部观察桅杆可装备电视摄像头、红外成像仪和激光测距仪，可保证在任何时候进行观测。一部天线用于接收卫星导航系统GPS和Glonass的信号，同时还有一部天线用于接收无线电信号。一部攻击潜望镜（"阿穆尔"级1650型）具有目视和低可见光电视通路。雷达系统的目标探测距离、隐蔽性、精确性都有所提高。这套系统可完成自动标图和解决航行问题等任

★"阿穆尔"级潜艇的瞭望塔侧视图

★ "阿穆尔"级潜艇的内部仪器

务。无线电通信装备包括一部可释放无线电天线，可在水下100米无法被探测到的情况下接收指令和信息。

在外形上"阿穆尔"级与其前辈"基洛"级非常相似，依然采用了良好的拉长水滴形，艇艏圆钝，光滑过渡到尖细的艇艉。这种先进的艇型非常有利于潜艇的水下运动。又长又高的指挥台围壳布置在距首端艇长的1/3处，上面安装有各种升降设备，如侦察雷达、通信天线、搜索潜望镜等，艇的尾部采用十字形操纵面。

在艇体结构上，"阿穆尔"级一反其前辈"基洛"级的双壳体，而是采用了俄制潜艇以往极少运用的单双壳体，即艇的前四舱采用了单壳体，尾舱为双壳体。虽然抗沉性能比前辈差了许多，但艇的重量要比"基洛"级减少数百吨，重量的减轻使艇的航速相应提高。当然"阿穆尔"级在身材上也要比"基洛"级苗条许多，灵活性要优于"基洛"级，隐蔽性也更好。

最令西方国家感到畏惧的还是艇上强大、众多的武器装备：六具直径533毫米的53型线导鱼雷发射管（可带18枚鱼雷）、中近程SS-N-15潜对潜导弹、可由"俱乐部-S"导弹系统发射的3M54E反舰巡航导弹、"针"式轻型潜空导弹，以及各型先进水雷（最多可携带30枚）。同时，该级艇上装备的快速装填装置更是令西方常规潜艇望尘莫及。

进军国际："阿穆尔" 出口环境被广泛看好

俄罗斯红宝石中央设计局一直在积极推销其新一代"阿穆尔"级潜艇。为适应不同客户的需求，在推出"阿穆尔"级1650型的同时，"红宝石"还研制了"阿穆尔"级系列产品。其中，"阿穆尔"级950型潜艇的建造已完成。与"阿穆尔"级1650型潜艇相比，它的排水量要小得多。"阿穆尔"级950型与"阿穆尔"级1650型拥有下列相同的武器装备：射程为200千米的反舰巡航导弹、自动寻的线导多功能鱼雷、水雷。在不久的将来，"阿穆尔"级潜艇家族还将添加新成员，即600～700吨的"阿穆尔"级550型潜艇。

"阿穆尔"级常规潜艇（1650型）是俄罗斯海军第4代常规潜艇"拉达"级的出口型，而"拉达"级是俄罗斯红宝石中央设计局在其早年研制的"基洛"级多用途常规潜艇上发展出来的，是一型能在中近海域和浅水海区执行众多任务的新一代多用途常规潜艇。

据俄通社报道，在2007年12月4日至8日于马来西亚举办的2007年朗加威国际海事航空（LIMA）展上，俄罗斯国防出口商展出了新一代的"阿穆尔"级1650型常规动力潜艇。

据悉，印尼将是第一批"阿穆尔"级潜艇的国际用户，在2007年11月，双方刚刚落实了包括潜艇、战机在内的30亿美元军购合同。有国际防务人士指出，采用了模块化技术的"阿穆尔"级在通用性、后勤维护便利等方面有了一个大的飞跃，而这一向是苏/俄系潜艇被人指责的地方，因此"阿穆尔"级潜艇的出口环境被广泛看好。

特别值得一提的是，俄罗斯国防出口公司暗示，在需要俄政府的批准并制订相应的使用限制条款情况下，最新的"暴风雪"超高速鱼雷也可装备在该级潜艇上。这种武器水中航速达100米/秒，约200节，比常规鱼雷快3～4倍，有效射程6～12千米，战斗部装药250千克，可在400米的水深处攻击以50节航速航行的潜艇。目前世界各国都还没有防御这种鱼雷的武器系统。

★ "阿穆尔" 级潜艇

★ "阿穆尔"级潜艇的内部结构

🚫 发挥潜艇的优势：从"阿穆尔"级看俄罗斯海军的复苏

　　"阿穆尔"级是当前俄罗斯最新型的潜艇，该型潜艇的设计构想是：作战效能高，超过任何柴电潜艇；能可靠攻击水面舰艇和潜艇；操作简便。应该说，俄海军的第三代潜艇，不论是"877"或"基洛"级的性能，在世界常规潜艇名单中已名列前茅，其作战能力和良好的隐蔽性，深受购买国的青睐。就目前俄罗斯的第三代潜艇来看，其战术技术性能仍属上乘，尤其是水下安静性，比西方国家现役潜艇要强得多。正当"基洛"级处于顶峰状态时，俄海军的第四代潜艇——"阿穆尔"级又露面了。

　　为什么"基洛"级等型潜艇还在如日中天时，又出现第四代——"阿穆尔"级呢？这可能与世界各潜艇制造国在潜艇的研制和建造上都在与俄罗斯"较劲"有关。德国的U-214、瑞典的A-19、荷兰的"旗鱼"、法国的"阿戈斯塔"等，虽说都没超过"基洛"级，但各有千秋。俄为保持潜艇性能的优势，采取了不断更新的措施，即使上一代还在顶峰时，也不遗余力。苏联解体后，俄罗斯海军在经费极端困难的情况下，不但开发出"基洛"级潜艇，同时还上马了"阿穆尔"级潜艇，将当前各型常规潜艇远远甩在了后面。

　　在冷战时期，苏联水面舰艇总体水平不及美国，因此就发挥其潜艇数量多、性能好的优势弥补，藉以与美国争霸海洋。

　　苏联解体后，尽管俄罗斯海军接管了原苏联海军的大部分舰只，但由于维修经费的严重短缺，使数百艘舰艇相继被迫退出了战斗序列，连入列不久、在苏联海军史上首次出现的航空母舰也不例外。燃料的不足又使远洋训练无法开展，使俄海军几乎变成了一支近海防御部队。这样不但难以与美国海军抗衡，连积极东扩咄咄逼人的北约也无法对付。俄海军面对这种尴尬的局面，又无力在短期内改变这种状况，唯一的办法就是发挥其潜艇的优势，"阿穆尔"级的出现，不能不说与此有关。"阿穆尔"级的水下安静性和作战能力足以使各种舰艇丧胆，它的水下噪声仅是其前一代潜艇的1／8～1／10，而前一代的636型已在当今潜艇中领先了。这样，反潜水面舰艇和反潜潜艇对它的探测将难有效果。

"阿穆尔"级潜艇作战能力的提高，也将使其成为西方难以对付的对手。"阿穆尔"级虽未采用光电潜望镜，但潜望镜上装有热视通道和激光测距仪及主／被动雷达系统。携带的武器不仅有鱼雷，还有用鱼雷发射管在水下发射的导弹，鱼雷是俄海军最新型的、国外还没装备的超速火箭鱼雷。为提高水下探测能力，"阿穆尔"级采用了新型声呐系统并加装了拖曳声呐，新声呐系统的基阵几乎占了一半艇壳，要比其他艇的大3倍，提高了探测和辨别能力，有利于先敌发现。"阿穆尔"级是最先装备新型动力——燃料电池的潜艇之一。这种动力有人称它为电化学发电机，但不是传统的蓄电池，它以经济航速可在水下航行15个昼夜，大大提高了该潜艇的威慑力。

以往，苏联的新型装备一般是不对外出售的，20世纪90年代，俄罗斯即破例将"基洛"级提到出口名单上。为提高市场竞争力，又在"基洛"级的基础上进行改进，生产636型，使购买潜艇的国家增加到近10个。

"阿穆尔"级设计建造之初，既赋予其威慑任务，也考虑到出口，为此设计生产了五种型号的系列产品，以适应不同需要的国家购买。如需要在近海活动，有价格较低的小

★等待出发的"阿穆尔"级潜艇

吨位的"阿穆尔"级，需要远洋巡逻，有携带16枚鱼雷、自给力达50天的1850型。俄罗斯共设计有五种型号"阿穆尔"级潜艇，计有550型、750型、950型、1450型和1850型，其标准排水量和型号相同。虽吨位有大小，但主要性能差不多。除1850型外，都没装电化学发电机。为适应出口的需要，俄罗斯一改以往不注重居住性的做法。"阿穆尔"级潜艇的住舱舒适性较高，艇长住单人间，一般军官住双人间，还配有小尺寸、高经济的厨房设备，能保证快速做好美味可口的熟食。食用淡水的保存可长期不变质，有制淡设备。另外，为迎合世界各国日趋对作战舰艇生态性能的重视，"阿穆尔"级潜艇安装有清除污油、生活污水和将食物包装、垃圾压成块、将食物残渣碾碎的设备。这些对居住性的改进，大大提高了出口竞争能力。

综合以上动向可看出，俄罗斯海军在经历了冷战后的跌宕起伏，开始了重振昔日雄风的举措。尽管俄罗斯在执行限制核武器条约时，将销毁"台风"级弹道导弹潜艇，但不会影响海军战略要点及潜艇所具有的威慑力。"阿穆尔"级潜艇的出现，使俄罗斯海军除在军事上又握有一重要筹码外，通过在国际市场的销售，赚回的外汇将进一步支持海军科研和军事工业的发展。

无与伦比的海神
——以色列"海豚"级

⊘ 海神的荣耀：征服海洋需要潜艇

以色列在地中海东岸有相对漫长的海岸线，在三面被阿拉伯世界包围的情况下，是面对西方世界唯一的自由开放门户，这是一个战略资源，任何国家均不会自愿放弃。

以色列开国总理本·古里安就在以色列海军学校第一届军官毕业典礼上称："如果我们无法控制周边的海域，以色列就将成为一座孤立无援的城市。如同我们必须化沙漠为绿洲一样，我们也必须征服海洋。"以色列人当然不会忘记，1956年和1967年的战争是因为什么爆发的——埃及单方面封锁苏伊士运河禁运和切断蒂朗海峡。因此，大卫王的子孙必须统治自己面前的海洋。

相信许多人都以为以色列海军的作战能力完全集中于大大小小的导弹艇或巡逻舰上，因为从"萨尔"-1级到"萨尔"-4.5级导弹艇，再到"萨尔"-5级护卫舰的精妙设计和卓著战功上可以得出这个结论。但是以色列封锁东地中海水域、构成战术乃至战略威慑能力的任务却有相当部分必须落在为数寥寥的几艘传统柴电潜艇身上。

★壮美的"海豚"级潜艇

　　以色列海军中艇龄最老的3艘"海浪"级柴电潜艇（GAL，540型）是从英国维克斯船坞工程公司购买的，1977年内相继服役，艇艏设有8具533毫米口径鱼雷发射管，可搭载导弹或鱼雷10枚，前者为潜射鱼叉反舰导弹，后者则是美国霍尼威尔公司生产的NT–37E型鱼雷。面对现存的和将来的威胁不断增加，促使以色列的潜艇也必须进行升级，20世纪80年代中期"海浪"级开始进行中期改装，但依然满足不了以色列的国防需要，从而导致新型潜艇的出现。

　　所有以色列人的苛刻战术要求在德国人面前都不成为问题，因为他们向全世界推销的209型潜艇已经持续20多年向超过10个国家出口，具有相当高的商业信誉。以色列从20世纪80年代开始便打起了德国船厂的主意，起因却是非常奇特，已经与以色列签订《戴维营和平协议》的埃及正积极从德国引进209型潜艇。在参加过由德国潜艇联合会举办的SUB-CON 85会议后，以色列就意识到应该将自己的新潜艇交给德国来造，再通过美国"敲边鼓"，必然能成就代表世界常规柴电潜艇最高技术、战术水平的潜艇型号。一款新的潜艇在几经周折后诞生了，这就是"海豚"级常规柴电潜艇。

★执行任务中的"海豚"级潜艇

　　"海豚"级柴电潜艇的建造工程由1988年一直拖延至1992年才正式开始——由霍瓦特·德意志造船股份有限公司切下第一艘潜艇所需的钢板材料，1994年将完成的第一个艇身结构运给位于埃姆登市的蒂森北海工厂进行组合，1996年4月15日该级艇第一艘下水并被命名为"海豚"号，1998年4月正式服役。第二艘"黎凡塞"号于2000年加入以色列海军现役。第三艘"泰库玛"号则在1998年7月9日下水，2001年11月抵达海法港基地。在整个项目中，由有经验的以色列潜艇艇员和工程师组成的海军工作组作为检查组派到德国所有主要的潜艇建造和试航地点。该型潜艇服役后的主要任务是执行封锁、监督和一些特殊的任务等。

◎ "海豚"级潜艇：现代潜艇技术的结晶

　　"海豚"级在德国吕贝克工程事务所的编号为800型（Tpye 800），是在德国最畅销的209级1400型和德国海军自用型212级柴电潜艇的基础上进一步改进的，是当时德国建造的同型潜艇中性能最好的。

★ "海豚"级潜艇性能参数 ★

水上排水量：1640吨	水下航速：20节
水下排水量：900吨	续航力：4000海里/18节
艇长：57.5米	下潜深度：350米
艇宽：6.8米	自持力：60天
艇高：12.7米	编制：22人
水上航速：13节	

"海豚"级潜艇的艇体结构是传统的单壳体。经过优化设计的外形，达到低阻力，并可避免流动噪声。封闭那些一直不用的开口也可以消除流动噪声，实现封闭壳体的效果。

"海豚"级的耐压壳体由高强度、高弹性的HY80潜艇专用钢制造。以超过25%最大工作深度试验下潜深度，耐压壳体进行的优化设计使艇在有限的最大排水量下获得艇内最大有用空间。为了满足浅海潜艇的要求，艇内大部分舱段都采用双层甲板布置。

"海豚"级潜艇总布置（从艏至艉）概括如下：上层甲板、居住舱—艇员住室、冷藏舱和厨房、作战情报中心、技术控制中心；第二甲板，鱼雷发射管和武器储存室、电子设备室；底层，蓄电池舱、辅机舱、油舱和污水舱、机舱 位于艇后半部分，占一层甲板。机舱内主要部件有：主推进电机、3台柴油发电机、液压站、2台高压空压机、主污水泵；机舱底层，油舱和空调室。为了维修保养方便起见，在机舱顶部备有维修开口，不用切开壳体就能将柴油机整体移出。为使艇员在海上长久逗留中保持良好状态，设计的居住条件允许艇员同时休息、进餐或娱乐，即卧室专用于睡觉，另外设有餐厅等。为了提高居住舒适度，配置较多卫生间。大型冷藏柜可长时间保存较多的新鲜食物。

因为采用优化流线型设计和较小的长度/直径比，"海豚"级潜艇有很高的机动性。潜艇行驶由适合浅海操作的高性能X形舵结构和位于壳体前部的艏水平舵进行控制。由于停靠码头的实际原因，X形舵的大小限定在壳体直径范围之内。潜艇的机动由操舵站执行，它是一个双座位的单人控制杆/盘结构，它先由费伦蒂公司设计，后来由GEC.马可尼公司接替设计。在操舵站之中还综合了安全包络线设置，只要潜艇航行姿态超过包络线，操舵员就会接收到有关操纵自由空间信息或警报。

★游人在欣赏壮观的"海豚"级潜艇

　　"海豚"级最具吸引力的还是它的不依赖空气燃料电池舱段。德国西门子公司从1982年起就开始研制潜艇用质子交换膜燃料电池PEMFC，1993年研制出额定功率为48马力的PEMFC单元，并由这些单元构成的质子交换膜燃料电池用于"海豚"级潜艇，这意味着"海豚"级柴电潜艇以6节速度在水下巡航时，不用浮出水面便能保持30天不间断潜航（按续航力计算为8800千米）。

　　该艇的推进系统为常规柴电联合动力系统，包括三台MTU 16V396SE84柴油机、三台MTU 750千瓦交流发电机以及一台水下推进用的西门子主推进电机，两组蓄电池向主配电板供应电能，主配电板与蓄电池及主推进电机连接，以便能提供螺旋桨所需的电能。主推进电机通过挠性联轴节螺旋桨轴与螺旋桨直接连接。

　　在武器装备配置方面，"海豚"级的鱼雷管数目恐怕是全球潜艇之最，多达10管，艇艏有4具650毫米与6具533毫米鱼雷发射管，使用阿特拉斯STN公司研制的DM2A3海豹533毫米反舰反潜两用鱼雷，总载弹量14枚。4具650毫米发射管主要除了发射同口径鱼雷外，也可以装载潜水推送器（SDV）执行输送特种部队任务。

　　除鱼雷外，"海豚"级潜艇还可发射美制鱼叉潜射导弹，射程130千米，速度为0.9马赫，采用掠海飞行方式。这是一种全天候、超视距的反舰导弹系统，其主动雷达制导、弹头设计和低空的掠海巡航弹道确保了该型导弹具备了很高的生存能力和有效性。

　　"海豚"级潜艇作战系统采用了挪威与德国合作成立的阿特拉斯STN公司按照以色列

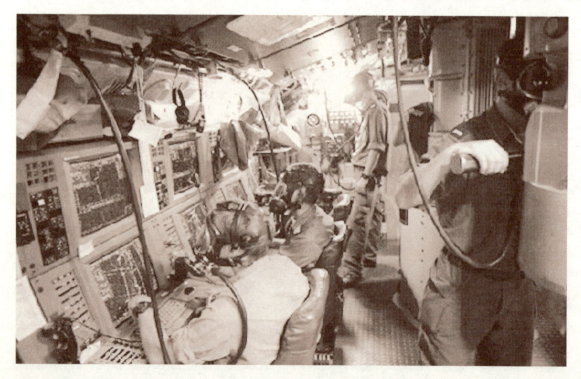

★正在"海豚"级潜艇武器控制中心工作的船员

★ "海豚"级潜艇下水仪式

海军特殊要求开发的ISUS综合指挥系统，该系统也用于挪威的210型"乌拉"级潜艇。

全艇的运转态势控制系统是由德国西门子公司制造的，可对全艇所有技术系统进行有效的安全监控。除此之外，"海豚"级潜艇的声呐系统、电子战系统、安全设置等诸多方面都有着出色的性能。

总之，这是一艘集现代常规潜艇多项优异技术于一身的现代经典常规潜艇。从某种意义上来说，"海豚"级潜艇不仅仅是一艘潜艇，它更像是一个现代潜艇技术的博物馆。

🚫 核武加身："海豚"发射"鱼叉"导弹

2003年6月18日英国《星期日泰晤士报》披露：当年5月初的一天深夜，以色列海军的两艘"海豚"级潜艇借着夜色的掩护，悄悄驶离以色列最大的军港海法，向茫茫大洋深处潜去。这是以色列海军史上史无前例的绝密军事行动，不但以色列海军绝大多数的高级将领不知道这次行动，就连两艘潜艇上的官兵也是在出海后才了解他们所要执行的绝密任务。组成编队的两艘以色列潜艇途经地中海、苏伊士运河、红海和印度洋抵达斯里兰卡附近海域。经过数天的周密准备，在接到指挥部的指令后，艇长一声令下，一发外形类似西方最常用的反舰鱼叉导弹的黑色导弹突然跃出洋面，拖着长长的火舌，紧贴洋面作超低空

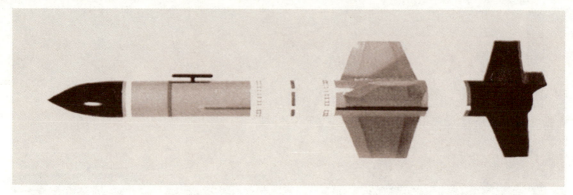

★ "海豚"级潜艇装备的"鱼叉"反舰导弹

★装有反舰导弹的"海豚"级潜艇，迦伯列Ⅲ号。

飞行，准确地击中1500千米外预定水域的目标。以色列因此成为全球第三个使用核潜艇发射携带核弹头的巡航导弹的国家。

20世纪90年代初，以色列"摩萨德"情报机构向政府提交数份报告，认为伊朗到2000年就会有能力对以色列发动核导弹袭击。正是从那个时候起，以色列加快部署潜射核威慑力量的步伐。以色列最新的估计把伊朗袭击以色列的日期推迟两年，以色列高层对伊朗的核打击能力也开始怀疑起来，但这并没有妨碍以色列构建核保护伞的进程。由于潜艇特有的隐蔽性，其打击性更强，对中东地区战略平衡的动摇更大，以色列从订购"海豚"级潜艇一开始便打算在上面部署远距离对地攻击武器，包括装备核弹头的导弹。2000年，以色列向美国申购50枚战斧巡航导弹，由于华盛顿当局担心以色列会发展自己的远程巡航导弹技术，引起阿拉伯国家的不安，故于当年3月拒绝了以色列的要求，不过此举也暗示了以色列的意图，引发周边阿拉伯国家的高度关注。

由于"海豚"级拥有4具650毫米特大口径鱼雷发射管，因此未来在部署某些"特殊"对地攻击武器上颇具潜力。据德国《Der Spiegel》新闻杂志报道，1999年，德国国防部在回答绿党议员安格里卡·比伊尔和温福莱德·纳克特维的质疑时是这样说的："连德国政府都不明白究竟为什么要为'海豚'级的潜艇安装650毫米口径的鱼雷管来使其可以发射潜射导弹。"位于德国柏林的泛大西洋安全信息中心的头目沃特福莱德纳索尔说："德国当局的态度就是——'我不知道也没关系，反正对我没有什么伤害'。"他认为，由于以前德国曾为伊拉克萨达姆政权提供过武器，德国卖给以色列潜艇是一种对以色列乃至整个犹太世界的补偿。不过，许多欧洲军事专家正在猛烈抨击德国向以色列出口"海豚"级潜艇的行径，甚至不顾自己有可能成为导致中东核武器竞争的"同犯"。

世界上最大的一级常规潜艇 ——澳大利亚"科林斯"级

◎ 潜艇现代化计划：澳瑞合作的结晶

2004年3月3日，澳大利亚国防部宣布，澳海军6艘"科林斯"级潜艇可正式投入作战。这是在第6艘"科林斯"级潜艇"兰金"号完成一年航行检验后宣布的。澳国防部声称"科林斯"级潜艇是目前世界上性能优良的常规型潜艇，是澳大利亚海军进入21世纪的海防主力，预计服役25年。澳海军强烈要求再多建造两艘，以组建起两个潜艇支队。同时，向东南亚销售"科林斯"的计划已在进行。澳大利亚本是潜艇落后国家，因此"科林斯"级潜艇引起世人的特别关注。

澳大利亚四面环海，是世界上最小的大陆，其独特的地理位置决定了该国海军在国防力量中的重要地位。但在相当长的时间内，澳大利亚海上防务主要靠英国海军潜艇来担任。一直到了20世纪60年代，澳大利亚海军才购买了6艘二战时下水的老艇"奥白龙"，组建了自己的潜艇部队，可使用一段日子后便感老艇难当大任。

20世纪70年代，澳大利亚海军制订了"潜艇现代化计划"，又因经济实力不济，心想事难成。到20世纪80年代澳大利亚经济复苏，澳大利亚政府筹措了40亿澳元巨款，决定研制新艇取代"奥白龙"。

1982年，澳大利亚海军就建造新一级潜艇向西方国家招标。英、德、荷、法、意和瑞典6国的7家潜艇公司参加了投标。澳海军进行综合比较后，选择了瑞典考库姆公司的471型方案，并选择了两家作战系统供应商。这是个带跨越意义的方案，使澳海军潜艇技术水平一下子闯进世界前列。

1987年6月3日，由瑞典考库姆公司与澳大利亚3家公司组成的澳大利亚潜艇公司与澳大利亚海军在堪培拉议会大厦签订了建造 6艘"科林斯"级潜艇的合同。澳大利亚南部的阿德莱德造船厂承担了建造任务。6艘艇分别被命名为"科林斯"号（S73）、"法恩科姆"号（S74）、"沃勒"号（S75）、"德查纽克斯"号（S76）、"希恩"号（S77）和"兰金"号（S78）。最后一艘"兰金"号在2003年3月26日进入澳海军试航。据估算"科林斯"每艘艇造价为3.5亿～3.75亿美元。

⊘ 性能先进：带有瑞典味儿的"科林斯"

★ "科林斯"级潜艇性能参数 ★

水上排水量：3051吨	水上续航力：9000海里／10节
水下排水量：3353吨	最大续航力：1.15万海里
艇长：77.8米	下潜深度：300米
艇宽：7.8米	动力装置：柴电推进形式，包括3台柴油机
吃水：7米	4组铅酸蓄电池和1台主推进电机
水上航速：10节	1个单轴螺旋桨
水下航速：20节	编制：42人（含7名军官），可加5名学员

"科林斯"级潜艇有浓浓的瑞典潜艇味儿。它像放大了的瑞典A17级潜艇，到处显示出瑞典潜艇的科技理念和实力。

"科林斯"级潜艇的最大续航力 1.15万海里，在通气管航态下的续航力为900海里，水下用蓄电池电能航行时的续航力为480海里，自持力70天。该级潜艇装备了6具533毫米鱼雷发射管，分3组布置在左右两舷，共可发射鱼叉潜射反舰导弹和 MK484型鱼雷23枚，武器威力较为强大。为提高水下探测能力，"科林斯"级潜艇采用了法国专门为其研制的塞伊拉综合声呐系统。该系统是现行常规潜艇装备同类系统中性能最先进的（包括艇艏声呐、侧面阵声呐和被动拖曳声呐），具有探测距离远、自动探测和跟踪、抗干扰、能分辨假目标等特点。

"科林斯"级潜艇主要执行反舰、反潜、警戒、搜集情报、布雷和运送潜水员登陆等特种任务。

★驰骋的"科林斯"级"沃勒"号潜艇

◎ 澳大利亚潜艇精锐：资本雄厚的"科林斯"级

"科林斯"级艇采用的是单壳体结构，两层连续甲板，壳体寿命30年。为了增强对抗最先进潜艇的能力，低噪声是该级潜艇设计时的一项特别重要的指标。为了提高总体性能，降低艇体重量，艇体选用瑞典生产的抗拉伸高强度钢制成。

它与瑞典A17级潜艇一样，采用圆钝艏、尖锥艉的过渡型艇体。流线型指挥台围壳上装有水平舵。回转体尖锥艉上装有呈X形布置的艉舵和直径达4.4米的7叶大侧斜低速螺旋桨。全艇采用小储备浮力的大分舱，给总体布置带来了更大的灵活性，使舱室得到更充分的合理利用，有助于改善潜艇的适居性。整个艇仅艏端和艉端设有主压载水舱，艏部为单壳体。带有脱险筒的双层耐压隔壁将整个耐压船体分隔成两个水密舱。"科林斯"级潜艇采用的这种"主艇体—操纵面—螺旋桨"配置方案具有特别的优越性。首先是操纵面的尺度不超出艇宽和龙骨基线。潜艇离靠码头、进坞坐墩和坐沉海底十分方便。其次是潜艇具有优异的稳定性和机动性，无论在水面还是水下稳定航行时，均具有良好的航向保持性；而机动航行时，具有灵活的操纵性。

★靠岸的"科林斯"级潜艇

　　它的自动操纵系统装有新型微机，且与全艇串行数据总线相连，组成微机网络，具有控制艇的机动、均衡、推进装置、电能消耗和监视以及故障报警等功能。操纵系统只需单人操纵，比瑞典A17级所用的SCC-200系统还要先进。

　　它装备了由常规的柴油机/发电机、蓄电池、电动机动力装置和新颖的热气机组成的混合动力装置。3台海特莫勒17缸4冲程柴油发电机组能提供3.5兆瓦的电能。强大的动力源配以低阻力的艇体以及高效率的螺旋桨，使艇的水下最大航速超过20节。低航速续航力很大，自持力可达70昼夜，这在西方潜艇中也是少见的。

　　"科林斯"级艇装备有先进的传感系统和先进的作战系统。它的传感性能超群。水声设备齐全使"科林斯"级潜艇"耳聪目明"。水声系统包括8个基阵和10个信号机柜。

　　最具特色的是它装有可收放的细线型低频拖曳基阵。迄今只有美国和俄罗斯的潜艇上装备了这种新式基阵。这种基阵长约1千米，直径为40毫米，其内核是一组组水听器和电子元件。其外面包覆有6层外套：编织聚丙烯、凝胶填充物、网状聚丙烯导体层、凯夫拉增强纤维软芯等，最外层是聚氨基甲酸（乙）脂套管。这种拖曳基阵又长又细，又轻又软，又牢固又可靠，很容易卷绕成筒状，放出后能呈零浮力状态浮于水面。由于它很长，远离本艇的噪声源，可以接收千里之外的目标发出的低频信号。据称，装备此类声呐后，其探测目标的距离已从100千米扩大到1000千米，可探测的区域面积增加了100倍。这无疑具有重大的战术价值。

它的作战系统就其功能集中程度而言，超过了美海军新一代核潜艇的作战系统。它能自动探测1000个目标，自动跟踪200个目标，对25个以上的目标进行定位。同时指挥攻击目标的数量主要受到艇上发射数量的限制。作战系统包括7台多功能通用操纵台、1台指挥图像操纵台和左右舷的武器数据转换器。它既有监测功能，又有威胁预测功能，另具有辅助导航的功能。微处理机都是标准化的MC68020接插件，易于维修和更换，并用光纤数据总线连成现代化的微机网络，易于管理。

它的武器装备配置中增加了多用途发射管的数量和武器携带量，同时注意了雷弹的配比，共携载武器23枚。6具鱼雷发射管的第1具是由美国制造商提供的，其余5具由美国提供技术指导，由澳大利亚自行制造。携带的武器有美国MK-48鱼雷、反舰反潜两用鱼雷和"鱼叉"反舰导弹，也可装载水雷，还可装载巡航导弹以攻击远距离陆上目标。在指挥台围壳顶部还预留有安装对空导弹的空间。

"科林斯"级潜艇凭借其雄厚的资本，成为21世纪澳大利亚潜艇部队中的精锐，潜伏于南太平洋与印度洋之间，担任起了澳洲近海防范的重要任务。

★军港中正在检修的两艘"科林斯"级潜艇

德意志制造
——德国U212／U214级常规动力攻击潜艇

⊘ U艇重现：德国新一代常规潜艇

2003年4月7日，德国制造的U31潜艇在基尔港正式下水。该潜艇是世界上第一艘采用燃料电池的潜艇，因此它的下水备受各国军方、工业界及国际主要媒体的广泛关注。

20世纪中叶，美国、苏联、德国、法国和瑞典等国相继开展对燃料电池的研制，虽说在关键技术上都有所突破，但只有德国捷足先登，率先将其研制成功并应用到潜艇上。

U31潜艇由德国霍瓦兹船厂制造，该厂建造的206级、209级潜艇受到多国欢迎。1990年，该厂又在209级1200型潜艇的基础上研制出212级潜艇。此时，意大利海军表示出订购212级潜艇意向，并要求对212级潜艇的设计进行改进，增大下潜深度，采用新的通信系统和逃生设备。德方采纳了这一建议，将212型潜艇改进为212A型。德国海军订购了4艘212A型潜艇，首艇就是U31号，该潜艇于2004年正式服役。意大利也正在以许可证方式建造两艘212A型潜艇，第一艘"萨尔瓦托雷·托达罗"号于2005年服役。此外希腊海军也订购了4艘。

由于U212A型是世界上第一艘采用燃料电池的潜艇，因此克服了常规动力潜艇原有的作战和战术性能上的许多不足。有人认为U31号是潜艇史上一个新的里程碑，它不仅改变了常规动力潜艇的动力系统，也因此使常规动力潜艇在作战行动上有了关

★未执行任务前的U-212A型潜艇

键性的突破，威慑力大增。当然，燃料电池的使用只是一个重要方面，该潜艇在其他方面的改进和提高，也是现今潜艇极少能与之相比的。

⊘ 无与伦比：性能堪比核潜艇

★ U212A型潜艇性能参数 ★

水上排水量： 1450吨	**水下航速：** 20节
水下排水量： 1830吨	**最大潜航速度：** 8节
艇长： 55.9米	**续航力：** 1250海里
艇宽： 7米	**下潜深度：** 200米
吃水： 6米	**自持力：** 49天
水上航速： 12节	**编制：** 27人（包括8名军官）

U212A型潜艇的外形为水滴形，这种外形虽非首创，但也体现出设计者的明确思想：能把6枚鱼雷发射管和众多的声呐设备安置在扩大了的艇艏空间，为声呐设备提供最佳的工作环境。

为了不影响声呐工作，对声呐产生干扰噪声的艏升降舵安装在前移的指挥室围壳上。虽然现代潜艇浮出水面的时间很少，指挥室围壳大小也已不是暴露的主要因素，但设计者还是将U212A型的指挥室围壳设计成小、尖、圆、滑的独特形状。它的外形类似一截顶锥体，既低矮又尖细，周身圆顺平滑，在水面时可防雷达探测，在水下时便于操纵和将涡流绕声减至最小。U31的尾操纵面为X形，即我们常说的X舵。现今的常规潜艇和部分核潜艇用的都是十字舵，只有少数先进的核潜艇采用X舵，这也是U212A型潜艇与众不同的地方。

U212A型潜艇的耐压艇体采用的是高强度低磁不锈钢，并采用先进工艺焊接，既抗冲击力，也减少涡流。U31号潜艇还将所有艇体上与外界的切口，如流水孔、主水柜的注水泵外孔等较大的开口，全都用自动活动盖板将其关闭。这种减少水绕动声的措施，也为U31号潜艇所独有。

⊘ 德国制造：最具现代化的常规动力潜艇

与其他潜艇相比，U212A型潜艇最值得我们关注的有三大特点。
首先，它拥有不依赖空气的动力系统——燃料电池动力。

到目前为止，潜艇依靠尚不能被电、磁器材穿透的海水的掩护，在历次战争中都有上佳表现，但随着反潜作战理论和反潜兵力及装备的发展，潜艇特别是传统常规动力潜艇将逐渐会在作战行动中陷入被动、无为的局面。

传统的柴电动力潜艇在水下潜航2～3天后，就必须为电池补充电能。尽管充电时使用体积仅为艇体数十分之一的空气筒，但也很容易被反潜航空兵发现，这时潜艇就有可能被迫中止充电，无法完成所担负的任务。在反潜战中，对手就会根据潜艇的这一特点，在预计潜艇可能通过的海峡、水道内，设置防潜封锁区，使潜艇一次充电后无法通过封锁区的纵深，再次充电时而被发现和歼灭。如果潜艇有足够的电量，能在不易探测的水下一次突破封锁区，是最为理想的。

U212A型潜艇就实现了这一目标：使用燃料电池作为动力，可在水下连续停留（指不上浮充电）3周，最大行程可达1250海里，可突破敌方设置的任何封锁区。在封锁区中，假若与反潜兵力相遇时，U212A型潜艇也有足够的电能与之周旋。以往因电能困扰潜艇而出现的问题，随着燃料电池的出现将得到最大限度的解决。当然，U212A型潜艇上所带的"燃料"量也不能无限期地使用，其自持力为49天，每次任务后需要补充"燃料"。

★检修中的U-212A型潜艇

★即将下海行驶的U-212A型潜艇

　　U212A型潜艇的燃料电池动力系统由9组聚四氟乙烯燃料电池、14吨液氧贮存柜和1.7吨气态氢贮存柜三部分组成。系统的主要部件有热交换器、排出泵、冷却水泵、催化剂罐、燃料电池电子设备、斩波器和逆变器等。燃料电池不使用空气，将氢燃料和氧化物放到特殊燃烧室内进行反应，直接转换成电能，输出直流电驱动电动机带动桨轴，推进潜艇航行。单使用燃料电池航行时，最高航速为8节，多数用4.5节航行，同时还可提供11千瓦的生活用电，续航力为1250海里，潜航时间278小时。

　　其次，U212A型潜艇是一种会"隐身"的潜艇。

　　由于U212A型的艇体外形平滑光顺，流体性能极佳，不仅阻力小、机动性好，而且湿表面积小，可减少被主动声呐探测时的反射面积，从而增加潜艇的隐身性。在降噪方面，除具有独特的艇体结构外，U31号所采取的降噪措施也普及到全艇各个部位，如艇上所有的机械都经过严格的降噪设计，检测合格后都安装在高效能的弹性减震基座上。对作为主要噪声源的动力系统，U212A型将其集中布置在密封的动力室中，同时还采用整体"浮

★U-212A型潜艇的瞭望塔

筏"技术进行专门减震降噪。据称，采用这一技术后，U212A型的动力系统的噪声降低了40分贝。为全面降噪，U31号还对另一噪声源——螺旋桨进行改进，将其换成大侧斜低噪声7叶螺旋桨。这样一来，U31号潜艇的降噪措施及效果成为可与俄罗斯"K"级潜艇噪声相媲美的唯一一款潜艇。

U212A型潜艇在设计建造中，对消磁和红外隐身也很重视，潜艇壳体采用了价格不菲的高压低磁不锈钢，在有限的舱室空间内，安装了消磁系统，以便随时监测潜艇的磁场强度并及时进行消磁。这种设备是多数潜艇所不具备的，它对规避磁性水雷和防止敌方磁探测器材的搜索，特别是在高新技术不断发展的今天，具有重要意义。

此外，U212A型采用燃料电池作为动力系统，向海水辐射的热能很小，加之航速低（一般为4节左右），所以红外特征和尾流特征都很小，是对抗反潜战的一项重要措施。

其三，U212A型潜艇拥有先进的电子设备和作战系统。

U212A型装备有功能齐全、性能高效的电子设备，声呐系统包括DQBS-40、MOA3070和噪声监控装置。DQBS-40系统中的被动探测声呐可同时跟踪4批目标，拖曳线列阵声呐的探测距离可达100千米，可跟踪几十批目标。艇上还装有FL1800U型电子对抗仪、1007型导航雷达及导航和通信系统等先进电子设备。潜望镜上有红外探测和微光夜视装置。这些先进的探测和通信系统为U31号的指挥和作战提供了最基本的保障。

U212A型上还装备有MS1-90U型火控系统，可实现对多批目标运动要素的解算和对两批目标的攻击，弥补了以往潜艇只能"一攻一"、战机稍纵即逝的不足。上述系统已实现了集中控制和管理，它安装有新型计算机集中操纵控制系统，将艇、机、舵的操纵控制综合为一体，由一人在中央控制台操纵，自动化程度非常高，因此其编制人数只是同吨位潜艇人数的一半。

U212A型潜艇上有6具533毫米鱼雷发射管，使用的鱼雷为DM2A4型，该型鱼雷不仅航速高、射程远，且有自动导向处理能力，可攻击水面舰艇和水下潜艇。发射时可使用液压和自航两种方式。用液压式发射时，发射深度可达200米，大大增加了作战的主动性。U31号潜艇还装备有专门的水雷投掷器，可载24枚水雷，能在浅水区执行布雷任务。

由此可见，U31号不仅隐身性能好，续航能力强，而且还可执行多种任务，它既能反舰，也能反潜，还能布雷，是目前世界上最现代化的常规动力潜艇。

⊘ 专艇专用：U214级外销中小国家

在外销方面，HDW公司在U212级基础上设计了U214级专门用于出口。

希腊海军是U214级的第一个客户，合同于2000年2月签订，订购三艘。2004年4月22日，HDW公司为希腊海军建造的第一艘Papanikolis（S120）号U212级潜艇下水，工程号为361。第二艘Pipinos（S121）号和第三艘Matrozos（S122）号等后续艇将在HDW的子公司希腊造船厂（HDW在2002年5月并购）进行建造。2002年6月，希腊海军订购第四艘U214级潜艇。希腊海军四艘U214级预计在2005年~2009年交付使用。希腊海军是德国潜艇制造业的传统客户，拥有九艘德国U209型常规动力潜艇。由于长期良好的合作关系，德国作出了重大让步，首次在国外许可装配生产该级潜艇，并同时无偿提供2艘S148型快速攻击艇供希腊海军使用。

韩国海军也同样在拥有九艘U209级基础上订购了三艘U214级，将由韩国现代重工业公司建造。按照计划，韩国海军已于2007年~2009年部署这3艘U214级潜艇。

U214级潜水深度将会超过400米，这主要得益于压力船体材料的进步。潜艇的声、热和磁信号都达到最小化，因此有着其他潜艇无法比拟的隐身性。增加的下潜深度和整体效率也让潜艇在运行上存在许多新优势。该级艇的主要任务是侦察、侦听和监视，它也能够通过隐蔽作战和布放水雷攻击水面舰艇和潜艇。

八个鱼雷筒中的四个将能够发射导弹。交付给希腊海军的U214级潜艇将同时配备

★U214级潜艇是U212级的外销型

"黑色鲨鱼"重型鱼雷。"黑色鲨鱼"是一种电推进双重用途线制导鱼雷，配备使用Astra主动/被动声头和一个多目标制导和控制单元，一个一体化反干扰系统。

U214级将采用强化模块化设计，完全集成由两个质子交换膜燃料电池组成的燃料电池系统，因而具有更大的灵活性。标准的U214级紧凑型设计分为20多个模块，分别对应于不同的设备及性能特征。

U214级潜艇常规动力部分采用2台16V 396MTU型柴油机，功率为2 000千瓦。AIP系统的性能增强，使用两套西门子PEM燃料电模块，每个模块产生120千瓦功率将会给潜艇提供长达两个星期的水面下持久力。潜艇外形经过进一步的优选来确定最佳特性，在流体动力学、隐形特性和低噪音方面结合，减少潜艇的声学信号。ISUS 90集成传感器水下系统由STN Atlas Elektronik公司生产，整合了所有潜艇上的传感器和指挥控制功能。U214级潜艇传感器组件由声呐系统、一个攻击潜望镜和一个光电桅杆组成。潜艇的电子支援措施（ESM）系统和全球定位系统传感器安装在光电桅杆上。英国宇航公司（BAE）系统提供Link 11战术数据链。

战事回响  ‹ ‹‹‹ ‹‹‹ ‹‹‹

◉ 深海纵横：仿生学推动潜艇发展

古往今来，人类从生物界获取的灵感创造了无数的科技成果，用于人类社会后产生了不可估量的影响与作用，甚至改写了人类的历史。但是这种模仿生物的行为一直到了20世纪中期才成为一门专业学科——仿生学。

仿生学是在20世纪中期发展起来的一门新的边缘科学。仿生学研究生物体的结构、功能和工作原理，并将这些原理移植于工程技术之中，发明性能优越的仪器、装置和机器，创造新技术。从仿生学的诞生、发展，到现在短短几十年的时间内，它的研究成果已经非常可观。仿生学的问世开辟了独特的技术发展道路，也就是向生物界索取蓝图的道路，它大大开阔了人们的眼界，显示了极强的生命力。

特别是在军事领域，以雷达、声呐为代表性的仿生学军事科技的运用更是深深影响人类战争史与整个人类历史的发展进程。

潜艇，这个沉浮海洋之中的幽灵，自诞生至今已经发展成为了海军舰艇家族的绝对主力。在潜艇的百余年发展历史中，便运用了很多仿生技术，从生物界中获取了宝贵的设计灵感。

想要建造潜艇，首先要解决如何下潜和上浮两道难题。为了解决这两道难题，人们开始向生物请教。后来，人们经过长时间观察和研究，发现僧帽水母具有充气的"浮鳔"，可以根据感觉细胞的控制充入足量的气体，使水母浮于水面。乌贼也是靠改变体内水的密度实现沉浮，它的浮室——海鳔鞘的孔隙里的水和气体，是按其游泳水深所需要的比例混合起来的。而鱼类是靠精巧的鱼鳔充气和排气实现沉浮。人们从这些水生物沉浮机制中得到启示，从17世纪初开始研制潜艇。最初研制出一种通过人力摇动，往水柜里注水、排水，以使其下潜、上浮的船。船体造型是模仿鳟鱼等鱼类，呈狭长流线型，以减少水的阻力。

19世纪人们发明了潜艇。但是最早的潜艇并非像现在这个样子。最初由于艇体结构不够科学，受水的阻力大，速度慢，功率低。后来，人们模仿海豚、鲸和鱼的体形结构，改进潜艇的设计。人们发现，海豚的游泳速度有70千米/小时。当它受到惊扰或者追捕其他动物时，速度可高达100千米/小时。人造潜艇要耗去90%的推动力克服海洋湍流阻力，而海豚只凭借流线型身体就能够以每秒13米的速度冲刺，轻而易举地在水中畅游。体重100多吨的蓝鲸游泳速度虽然不算快、正常时速5～7千米。然而，仔细计算，按照它的游泳

★海豚

速度，从技术上衡量，需448马力的动力，可实际上它大约只有60马力，效力多么奇特！抹香鲸不仅有极高的游泳本领，而且可潜入2200米的深海长达2小时。堪称哺乳动物中的潜水冠军，使先前的人造潜艇望尘莫及。通过不断的探索人类最终找到了海豚畅游的原因，人们仿照海豚的体形轮廓和身体各部位比例，建造了一艘新式潜艇，航速提高了25%。

二战后，美国海军研究部门根据海豚皮肤的结构特点，找到一种接近海豚皮肤的人造材料，模仿海豚真皮层功能，仿制的"人工海豚皮"用于潜艇表面，还模仿鲇鱼表面分泌的黏液，制成高分子化合物，用来涂在潜艇、船壳上，可减少阻力50%，使潜艇的航速成倍提高。不久前，美国科学家又从鲸常用脊背撞开30厘米厚的冰层上浮得到启示，按鲸脊背的曲线对潜艇后上部指挥台的外壳进行最优化处理，并在硬度上采取相应的措施，这种潜艇能撞开90厘米厚的冰层，大大增强了潜艇的战斗能力。

此外，美国海军还模仿鳐鱼和电鳗的运动特点设计了一种新潜艇。它没有推进器，也没有垂直舵和水平舵，却用弹性皮代替潜艇的传统外壳。这种"皮"采用特别坚固的尼奥普林胶制成，全身分成17对磁性环节，附于弹性皮的里层，当有规律地通过电流时，潜艇的皮外壳就能一伸一伸地动起来，它在海水里前进时很难分辨是鱼还是船，从而使它既可以突然袭击敌人，又能巧妙地隐蔽自己。

　　潜艇尽管对海面舰船的生存构成了很大威胁，以至被称为"水中杀手"。但是，第二次世界大战以来，随着反潜武器的发展，潜艇的生存也同样受到了威胁。这主要因为潜艇在航行中，一是艇内机器的运转会发生噪声，容易被敌人的声呐探测到；二是这种以特种钢材制作的艇体在运行时还会发射"红外线"，容易被探测到并受到热寻的鱼雷的攻击；三是运行中的潜艇还会有尾流并排出废气，很容易被安装了"电子鼻"的敌舰（机）发现。为此，潜艇的研究人员绞尽脑汁，力图克服这三个弱点。他们相继研制出"侦察声呐"、"噪声干扰器"、"气幕弹"、"吸波设备"、"潜艇模拟器"、"诱饵"来干扰、欺骗敌人的侦测和攻击，但实践证明，效果都不十分理想。美国军事科学家于是另辟蹊径，开始研究新型潜艇——"皮动潜艇"。

　　之所以叫"皮动潜艇"，是因为这种潜艇艇体酷似动物皮肤，其运行特点和海豚、鳗鱼、鳐鱼相似。之所以萌生这样的想法，是他们在研究电鳗和鳐鱼时发现，鱼类潜游是用带子似的尾巴作有规律的运动，将周围的水拨开，利用水的汇流而推动身体前进。根据鱼类在水中潜游的原理，他们作了这样一个设想：能不能建造一种酷似鱼类的潜艇，用活动的"尾巴"作有规律的摇摆，从而推动潜艇前进。

　　这一设想在得到美国"五角大楼"的赞许后他们便开始了研制。由于这种"皮动潜艇"其外表由许多个环节组成，能不停地摆动，且没有推进器，没有垂直舵，也没有水平舵，仅

★蓝鲸与海豚

靠全身的"皮"作有规律的摆动而前进，极少产生噪声，也不会产生固定不变的声回波，因而很难被敌人发现。

美国目前不愿意公开"皮动潜艇"的研制情况。据俄罗斯专家估计，这种皮动潜艇可能由一节节金属圆柱筒组成，金属圆柱筒体间由弹性材料连接，最后在整个潜艇外层包裹一层弹性皮。潜艇的摇摆，由贯穿潜艇艇体的弹性链带动，在弹性链的两边，各有一股力量拖绳，哪一侧拖绳的力量大时，弹性链便偏向哪一侧，整个潜艇艇体也将跟着偏向这一侧，从而潜艇艇体也跟着弹性链两侧拖拉力的周期性变化而变成有规律的摇摆来提供动力，潜艇便在"游动"中前进。有关专家指出，尽管"皮动潜艇"还在研制之中，而一旦这种潜艇研制成功，将为潜艇的研制带来革命性变化，根本改变潜艇战和反潜战的作战方式。对此，俄罗斯军事理论研究人员还为未来"皮动潜艇"参战作了这样的设想：当来自海面、空中的种种猎潜舰船、飞机在海上张开了反潜的天罗地网时，忽然，悄然无声的"皮动潜艇"潜游到敌人军舰下面的一侧，用次生波、激光、粒子束等无声武器，不留痕迹地将敌舰官兵杀死，然后了无踪迹地离开……

在仿生学启发下，英国科学家研制了一种可以靠尾鳍摆动以"S"形"游水"的潜艇，它比常规潜艇更快、更安静，机动性更好。

★声回波演示图

　　这种潜艇毋须使用螺旋桨和涡轮机，而靠一个由内部压力系统控制的尾鳍来推动，艇侧面和顶部的鳍则有助于潜艇准确移动和保持平衡。新式潜艇的主要创新之处是使用了被称之为"象鼻制动器"的装置。"象鼻"由一组用薄而柔软的材料做成的软管组成，模仿肌肉活动，推动鳍的运动。这种传动装置已成功应用于其他计划，用作机器人的机械手及步行器。

　　这个代号"可挠曲附板定位与稳定"的计划耗资20万英镑。计划如能成功，相关技术也可应用于水面船只。研究人员正在试验研究这种推进方法可提供潜艇的机动程度、续航半径和航速。

　　英国皇家海军和美国海军陆战队对这个计划都感兴趣，因为这种新式潜艇可以充当水底扫雷潜艇，用来对付最轻微的声响或干扰便会引爆的水雷。

　　作为一种水下武器，海洋生物为潜艇的设计建造提供了无数的灵感，在未来的潜艇世界中，或许会运用到更多的仿生技术，这就需要对海洋生物作更多的了解与研究，以便将所获启示用于潜艇的设计与建造，让潜艇能下潜得更深、更静、更远。

6

龙腾四海

当代核潜艇

兵典
THE CLASSIC
WEAPONS

引言： 顺应世界潮流，水下各有千秋

进入20世纪90年代以来，随着两德的统一、苏联的解体以及"冷战"的结束，世界格局出现了巨大的变化。一方面，美、苏两极从对峙转为对话，国际局势从紧张趋于缓和并向多极化方向发展。原来的两个超级大国在军事领域采取了彼此增进信任的措施，不断地削减常规武器与核武器，进而减少了大规模战争的可能性。

而在另一方面，由于政治、经济、民族、领土和宗教等问题而引起的矛盾和冲突却不断地充斥在世界各个角落，军事热点此消彼长，武装冲突有增无减。鉴于这种军事政治形势及其发展趋势，东西方大国纷纷调整自己的外交政策、军事学说和战略方针，更加强调地区安全问题，强调避免各种地区性危机。

冷战后，一直把苏联作为主要作战目标的美国海军改变了先前的军事战略，把重心转向控制地区性冲突的局部战争。随着冷战对峙局面的消失，美国海军的攻击型核潜艇失去了昔日在大洋深处的苏联核潜艇对手。到20世纪90年代末，美国成为世界上拥有现役核潜艇数量最多的国家。截至2006年初，美国共有18艘弹道导弹核潜艇和53艘攻击型核潜艇及1艘特种潜艇（NR-1号艇）。因此其主要使命也随之发生了变化。

在新的形势下，美国海军赋予攻击型核潜艇的主要使命是处理地域性战争、利用潜射导弹对陆地目标实施攻击、在沿海从事反潜作战、对特种部队进行支援以及担任航母作战编队的直接支援等。因此，冷战结束之后美国海军攻击型核潜艇的设计思想是以多功能、多用途为主。冷战之后的新型攻击型核潜艇除了保留冷战时期原有的安静性之外，将不再把水下高速行进和大深度下潜能力作为孜孜追求的基本目标。

尽管冷战结束后美国海军所面临的任务发生了根本性的改变，但核潜艇依然被美军视为现代化海军的关键性力量之一。1992年，美国海军提出并开始实施"由海向陆"的新战略，并在此战略指导下于2002年颁布了《21世纪海上力量》发展构想，提出要构建包括"海上打击"、"海上盾牌"和"海上基地"三部分作战力量的"21世纪海上力量"。据此，除夺取制海权等传统任务以外，美国海军还赋予潜艇部队一系列其他任务：对岸上目标实施精确打击，进行水雷战，确保交通线的安全，协助实施两栖作战，为特种部队的行动提供保障等。每艘潜艇都应准备执行广泛的任务，而作为潜艇部队，应与海军其他兵种和其他军种在统一的"作战信息空间"内密切配合，协同行动。

近几年，美国正在加紧推进下几代核潜艇的研制工作。美海军核动力计划领导人F.布门海军上将提出了21世纪美国潜艇的五大重点发展方向，即网络化，模块化，电动化，大载荷化和多用途化。

★行驶中的美国"弗吉尼亚"级核攻击潜艇

20世纪末，随着苏联解体，包括核潜艇在内的俄罗斯军事实力遭到严重削弱。1991年，俄罗斯海军尚有62艘弹道导弹核潜艇、约110艘巡航导弹核潜艇和鱼雷核潜艇，到2003年底，俄罗斯海军名义上还有22艘弹道导弹核潜艇、35艘巡航导弹核潜艇和鱼雷核潜艇，但实际上其中只有一半左右具备战斗力。

由于经费短缺、人员补充困难等原因，俄罗斯海军战备水平遭到严重削弱，发展道路上困难重重。目前，俄罗斯将弹道导弹核潜艇作为海军优先发展方向，并在资金上予以重点保障，这在很大程度上影响了海军常规力量发展。与此同时，俄罗斯提出了新的军事学说，认为，包括核战争的世界大战的危险已经减少，局部战争正在变成最可能的战争形式；俄罗斯周边地区以及俄联邦内部某些地区的紧张局势尤其可能酿成对俄罗斯的威胁，在1993年版的俄罗斯军事学说中甚至提出俄罗斯没有特定敌人这一结论。基于这一分析，俄罗斯海军的基本作战思想由准备在全球各海洋上打一场世界性战争转变为对付俄罗斯周边水域的地区性冲突；作战对象由针对美国和西方转为维护俄罗斯利益，对付任何挑战。

俄罗斯海军前总司令格罗莫夫认为海军的主要任务是"捍卫俄罗斯的独立、主权、领土完整和国家利益，防止来自海上的威胁"。事实上，这种以防御为主的新战略思想的提出不仅是出于对世界新格局的考虑，而且也是迫于俄罗斯国内日益严重的经济滑坡所造成的困难所作出的无奈选择。而对这种情况，尽管俄罗斯并没有像以往那样明确地提出其海军的发展战略，但当时的东西方舆论普遍认为，俄罗斯海军的战略方针正在从远洋进攻向以近海防御为主转变。

冷战结束后，英法等其他拥有核潜艇的国家也顺应新的世界形势，发展着自己的核潜艇，虽然规模与水平不及以美俄为首的第一梯队，但也各有千秋，制造了多个级别的优质潜艇。现在，全世界公开宣称拥有核潜艇的国家有6个，分别为：美国、俄罗斯、中国、英国、法国、印度。其中美国和俄罗斯拥有核潜艇数量最多，质量最高。

从冷战结束至今，世界核潜艇已呈现出新面貌。核潜艇在技术上已经比较成熟，在作战上也拥有一定的经验。但是，相信所有军事爱好者都看得出来，潜艇作为水下战场的头号武器，还有很广阔的发展空间，特别是核潜艇，其前途不可限量。

在21世纪，核潜艇的发展仍将继续下去，并随着时代发展的主旋律结合未来战争的特点继续它的发展进化。

史上最贵的潜艇之王
——"海狼"级核潜艇

🚫 21世纪核潜艇：美苏争霸的巅峰之作

"海狼"级潜艇是美国在冷战尚未结束之时开始研制的一级多用途攻击核潜艇，它的设计初衷是为了在深海大洋中与苏联核潜艇进行全面对抗、全球争霸，因此美国不惜代价，不遗余力，将其打造得具有绝对领先的性能和非同寻常的作战威力，可执行反潜、反舰、对陆、布雷、护航等多种任务，被世人誉为"21世纪的核潜艇"。

"海狼"级共建3艘：SSN21"海狼"号，1989年10月25日开工，1995年6月24日下水，1997年7月19日服役；SSN22"康涅狄格"号，1998年12月11日服役；SSN23"吉米·卡特"号，2003年服役。

🚫 声呐一流：整体性能最先进的潜艇

★ "海狼"级潜艇性能参数 ★

水上排水量： 7460吨	**最大潜度：** 600米
水下排水量： 9150吨	**动力装置：** 1座通用电气公司S6W压水反应堆
艇长： 99.4米	2台蒸汽轮机，约52000马力
艇宽： 12.9米	单轴，泵喷射推进器
吃水： 10.9米	**编制：** 133人（其中12名军官）
水下最大航速： 35节	

★半掩在海水中的"海狼"级核潜艇首艇"海狼"号

"海狼"级首部安装有8具660毫米发射管。由于这8具发射管已具有快速发射能力，加之首部尺寸有限，艇上没有安装垂直发射装置，所有导弹、鱼雷都从这8具发射管中发射。该级艇共可携带50枚各型导弹和鱼雷。

"海狼"级配备有"战斧"巡航导弹：该弹既可对陆又可反舰，具有战略战术两种作战能力。全重达1224千克，飞行高度为15～100米，速度达到0.7马赫。反舰导弹射程为460千米，战斗部装药454千克；对陆型射程为2500千米，战斗部装药454千克或20万吨当量核弹头，其制导方式为惯性或地形匹配加GPS，圆概率误差为10米。

"海狼"级还配备有"捕鲸叉"反舰导弹，这是美国核潜艇的标准反舰导弹，重667千克，速度0.85马赫，巡航高度15米，末段攻击高度2～5米，射程110～130千米，惯性制导加主动雷达末制导。

此外"海狼"级还配备有MK48-5（ADCAP）重型鱼雷。该雷既能反潜又能反舰，重量达1582千克，航速为60节，航程为46千米，潜深达到1200米，战斗部装药100～150千克，线导加主/被动声自导，自导系统具有智能处理能力。

"海狼"级有先进的电子设备。作战指挥为AN/BSY-2系统，它采用分布式计算机系统、声学系统、控制系统和电子/水声对抗系统，将探测、识别、跟踪、分析、传递、决策、执行等多项功能融为一体，通过总线与分布式计算机系统相连，核心为UYK-44计算机；水面搜索/导航雷达为BPS-15A；电子支援/对抗有BLD-1、WLQ-4（V）1、WLR-8（V）；另有WLY-1拖曳式诱饵系统。

★"海狼"级核潜艇"吉米·卡特"号的头部

　　"海狼"级的声呐系统也是世界一流的。主要为AN/BQQ5D主/被动综合声呐，TB-16被动拖曳声呐、TB-23细线基阵拖曳声呐、被动保角阵声呐、探雷声呐等。

　　"海狼"级外形一改美国核潜艇传统的较大长宽比，而重新采用了"大青花鱼"号试验潜艇的小长宽比水滴线型，与"洛杉矶"级相比，"海狼"级的长宽比从10.88下降到7.7，这种艇型有诸多优点，如提高航速、改善机动性、有利于舱室布置和增加隐身性能等。经过反复论证和权衡利弊，"海狼"级沿级用了美国海军单壳体形式，采用了既抗震又抗海水压力的HY-100高强度钢，其屈服压力为82千克/平方毫米。它所选择的S6W型加压水冷式反应堆原为水面舰艇使用，这是首次安装在潜艇上，具有结构紧凑、输出功率大等优点。

　　"海狼"级的第一使命是反潜，降低噪声对它来说至关重要。该级艇的降噪措施主要有：核动力装置采用自然循环反应堆以降低回路噪声；采用蒸汽轮机电力推进方式，取消噪声大的减速齿轮箱；首次使用新型的"泵喷射推进器"，彻底消除了螺旋桨噪声；艇体外表敷设一层吸声橡胶，使艇体表面形成一个良好的无回声层；艇体外形光滑，开口少，突出物少；艇上所有运动机械都经过降噪设计，并且都安装在高效减震基座、弹性支座和弹性减震器上；为降低舱室内部噪声，首次使用了"有源消声技术"，也就是在噪声处发出与噪声振幅相同但相位相反的音响，来抵消该处原有噪声，实践证明效果明显。在综合运用了以上措施后，"海狼"级的噪声达到了90～100分贝，这一量级已经低于海洋背景噪声，使它成为一级真正的"安静型"潜艇。

总体而言，"海狼"级的性能属于顶尖级别，具有极佳的安静性、高度的机动性、武器系统强大、生存力强等主要优点。"海狼"级核潜艇是美国与苏联冷战时期设计建造的最后一级核潜艇，是美苏争霸的巅峰之作，作为当时世界上最优秀的核潜艇，为冷战时代的美苏潜艇争霸战画上了一个完美的句号。

◎ 冷战的代价：过于昂贵的"海狼"

"海狼"级的概念设计完成后，美海军计划建造30艘，经费高达360亿美元，成为美海军有史以来耗资最大的一项潜艇发展计划，被称为"海军现代化计划之基石"。

"海狼"级核潜艇于1989年10月开工建造，首艇命名为"海狼"号，该级艇因此也叫"海狼"级。"海狼"号刚建造，苏联就解体了，冷战亦即结束。国际局势趋于缓和，原先针对苏联的作战目标已无必要。此间，"海狼"号在建造过程中发生了严重焊接质量事故，使造价猛增至25亿美元。在这种情况下，"海狼"级艇的建造数量一再削减，最后定为3艘，全部由美国通用动力公司电船分公司建造。

★行驶中的美国"海狼"级核潜艇第二艘SSN22"康涅狄格"号

★与白浪共舞的"海狼"级核潜艇"吉米·卡特"号

首艇"海狼"号和第二艘"康涅狄格"号已分别于1997年和1998年服役。第三艘"吉米·卡特"号艇身加大，艇长增加到138.1米，以便携带更多先进设备、武器或容纳特种部队人员专用舱，它的水下排水量也增加到1.2万吨。2005年，美国海军建造的最后一艘"海狼"级高速攻击核潜艇"吉米·卡特"号正式加入现役。这艘以美国前总统名字命名的核潜艇在"冷战"结束前就开始动工，其所配备的武器数量和水平堪称美海军之最，结果造价也就相应地高达32亿美元。

"吉米·卡特"号下水后，标志着"海狼"生产工作宣告结束。据悉，当年卡特本人出席了最后一艘"海狼"级核潜艇正式开始服役的仪式。"吉米·卡特"号是"海狼"级核潜艇的第三艘也是最后一艘艇。这艘新潜艇将以美国太平洋沿岸华盛顿州的海军基地为母港。同时，新潜艇将根据反恐怖战争的

★船员们正在"海狼"级内部指挥室工作

需要进行适当改装。五角大楼表示，未来将继续缩减潜艇部队规模并定购一些"更小和更便宜"的核潜艇。

"海狼"级核潜艇可以说是冷战进入尾声之时的产物，虽然它的性能优异无比，但是作为一种明显带有冷战时代特征的潜艇，"海狼"级生不逢时，苏联的崩溃使它失去了竞争对手，也就在很大程度上失去了本身的价值。高达十几亿乃至到几十亿美元的惊人"身价"让"黄金之国"也难以承担，于是，在建造了3艘"海狼"级之后，美国便放弃了建造30艘的计划，把兴趣转向了更适合其新战略的"弗吉尼亚"级身上。

沉没的终结者
——"库尔斯克"号核潜艇

⊘ "红宝石"的精品："库尔斯克"号问世

"库尔斯克"号多用途战略导弹核潜艇是由俄罗斯"王牌"武器设计局——"红宝石"设计局设计的，作为"红宝石"的杰出作品，该潜艇上的许多设计方案都是世界上独有的。

"库尔斯克"号为"奥斯卡Ⅱ"级核潜艇（按北约的标准，此潜艇属于949级），是俄海军最新的战略核潜艇之一，也是当今世界最大的核潜艇之一，隶属于北方舰队的第41巡航导弹核潜艇大队，舷号K141。

"库尔斯克"号潜艇由俄北德文斯克造船厂制造，1994年5月下水，1995年1月正式加入俄罗斯北方舰队服役。

"库尔斯克"号潜艇是俄罗斯海军迄今最现代化的大型多用途核潜艇之一，专门用来攻击航空母舰。

★ "库尔斯克"号与670M型（查理3级）核潜艇停靠于码头

据英国权威军事研究机构《简氏防务周刊》透露，一艘"库尔斯克"号潜艇可以击沉一艘航空母舰和航母编队的其他舰艇，顺便还可以攻击敌方的潜艇。英国《简氏防卫周刊》还透露，"库尔斯克"号上载有俄最机密的新型武器和军备，"库尔斯克"号上配备了24枚最新型的巡航反舰导弹，导弹可携带高爆弹头或者核弹头。每个弹头的威力相当于两枚投掷到日本广岛的原子弹。另外，潜艇上也安装了新型的声呐系统。这些军备都被俄罗斯视为最高军事机密，一直未向北约和西方国家公开。

◎ 俄罗斯的骄傲："库尔斯克"号被誉为"航母终结者"

★ "库尔斯克"号核潜艇性能参数 ★

排水量: 1.39万吨	**续航能力:** 120天
艇长: 154米	**最大下潜深度:** 300米
艇宽: 18.2米	**动力:** 2座200MW的压水原子反应堆
吃水: 9米	2台汽轮机，功率75000马力
深海航行速度: 28节	双轴，2个螺旋桨
水面航行速度: 超过19节	**编制:** 107人（48名军官），最多可载员135人

"库尔斯克"号核潜艇是专门用来攻击航空母舰的，曾被俄罗斯媒体誉为"航母终结者"。该艇装有"花岗岩"导弹发射装置，嵌在非耐压壳体内，固定倾斜40度布置，携带24枚最新SS-N-19型超音速反舰巡航导弹，可单发，也可以齐射。SS-N-19型反舰巡航导弹是SS-N-12型的改进型，指令修正惯性制导，主动雷达寻的，飞行速度达到1.6马赫，射程为20～550千米，弹头重750千克，高能炸药或350万吨TNT当量的核弹头。目前，世界上任何一支舰队都没有找到对付这种导弹的有效武器。

该艇还装有4具533毫米和4具650毫米鱼雷发射管，包括鱼雷管发射的反潜导弹，总共有32枚先进的管射武器。携带53型反潜/反舰鱼雷，主/被动寻的，最大射程达到15千米，战雷头重250千克。65型反舰鱼雷，主/被动尾迹寻的，射程50千米，战雷头重450千克。该艇可以用来发射鱼雷和可控反潜导弹，从而大大提高潜艇的自卫和攻击能力。

◎ 俄罗斯之殇："库尔斯克"号沉没之谜

2000年8月12日，当时世界最大的战役核潜艇之一，同时也是俄海军最先进的巡航导弹核潜艇之一——被誉为"航母终结者"的"库尔斯克"号，不幸沉没在150米深的巴伦支海海底，艇上107名乘员、11名舰队级的高级将领和助手共计118人全部遇难。

★事故前的俄罗斯"库尔斯克"号核潜艇

这一事件震惊世界并给俄罗斯带来巨大损失，同时也使得"库尔斯克"号潜艇成为又一艘被载入史册的名艇。

2000年8月12日上午，一阵猛烈的爆炸发生在"库尔斯克"号上，这场危机为什么发展得如此之快，竟使潜艇来不及浮出水面？为什么没有人生还？

"库尔斯克"号灾难发生后，俄罗斯官方立即展开了秘密调查，但有一个人知道他们不会公布结果。这个人就是特拉斯科特爵士，他是英国政府的俄罗斯事务顾问，他和俄罗斯及西方世界的高层都有联系，妻子也是俄罗斯人。特拉斯科特决定自行调查，他利用自己的特殊关系，开始对他掌握的少量信息进行研究。

"库尔斯克"号灾难发生后，一家车臣通讯社语出惊人。该社报道称，为了支持车臣的伊斯兰武装，一名艇员炸毁了"库尔斯克"号。但是，谁能进入潜艇前部？谁又有放置炸弹的动机？艇上有两个人来自俄罗斯伊斯兰教地区，其中一人能进入鱼雷舱，他叫加季耶夫。特拉斯科特发现，加季耶夫主动提出要监控鱼雷电池，这样他就可以到潜艇的前部工作。难道加季耶夫是自杀式炸弹袭击者？特拉斯科特通过他所认识的高层人士进行了查证。特拉斯科特说："我认识一些机密武器的研发人员，调查过加季耶夫的背景，他对海军非常忠诚，这绝对不可能是有组织的恐怖主义袭击。"俄罗斯让加季耶夫在"库尔斯克"号上服役显然是出于宣传目的，恐怖攻击的可能性被排除了。

接着，俄罗斯海军开始宣传另一个有关"库尔斯克"号沉没的理论，声称它曾和外国潜艇相撞。他们知道，事发当日的巴伦支海上并非只有北方舰队，至少还有2艘北约潜艇在监视俄罗斯的演习。特拉斯科特发现，这种尔虞我诈的游戏常会演变成意外的水下相撞。

★"库尔斯克"号被打捞出水面的一瞬间

1967年以来，俄罗斯海军已有25起潜艇相撞事故记录在案。根据特拉斯科特掌握的消息，就连英国海军都认为"库尔斯克"号是因碰撞而沉没的。特拉斯科特说："他们最先想到的是，'库尔斯克'号可能是在巴伦支海被美国潜艇撞沉的。"但他们并没有确切的证据。接着，俄罗斯海军公开了一张美国潜艇"孟斐斯"号的卫星照片，它正停在挪威的军港内，拍摄时间是"库尔斯克"号沉没后7天。俄罗斯认为，照片足以证明这艘美国潜艇曾经受创。而美方则断然否认"孟斐斯"号曾发生过碰撞事故。俄罗斯海军毫不示弱，他们举行记者会，在公布的图像资料中，"库尔斯克"号侧面似乎有一道巨大的切口。他们坚称那就是碰撞的证据，罪魁祸首不是"孟斐斯"号就是其他潜艇，也许是英国潜艇。

一时间，"库尔斯克"号成了棘手的政治问题。英国国防部认为有必要探讨碰撞之说，既然北约潜艇受到了谴责，他们也必须知道真相。但后来，北约国家终于能松一口气了，因为挪威的一家地震研究机构宣布，"库尔斯克"号失踪时，他们曾探测到巴伦支海发生过一次异常震动。"库尔斯克"号爆炸的震波中是否隐藏着撞击的证据？英国政府取得了这些重要资料，将它交给地震专家戴维·鲍尔斯。鲍尔斯将震波图和其他地震信号进行了对比，它不符合海底地震或潜艇相撞的模式，但完全符合已知的水下爆炸模式。

鲍尔斯认为，发生在"库尔斯克"号的爆炸有两次，它们的信号非常类似，第一次信号只有第二次爆炸的百分之一，相当于50千克TNT炸药。鲍尔斯确定，两次异常震动都是水下爆炸造成的。北约摆脱了困境，俄罗斯海军的强硬派也不得不承认，"库尔斯克"号沉没的原因并不是潜艇相撞。5到7枚鱼雷同时爆炸显然是第二次爆炸的原因。

　　这场灾难的政治影响不断扩大，普京总统批准了一项大胆的打捞计划，从海底捞起"库尔斯克"号。此次打捞行动拨出了1.3亿美元的专款，比整个北方舰队的年度预算还要多。在沉没14个月后，"库尔斯克"号被运送到科拉半岛的一个秘密军港。鉴定专家开始研究这个巨大的残骸。他们很快发现，巡航导弹都没有受损，于是开始调查潜艇上的鱼雷。虽然鱼雷舱仍在海底，在分析过残骸各处的损坏情况后，研究人员推测，曾有5到7枚鱼雷同时发生爆炸。这相当于4.5吨TNT炸药爆炸，和震动测量资料一致。特拉斯科特相信，他已经找到了第二次爆炸的原因。

　　但"库尔斯克"号的大量军火为什么会爆炸？线索一定也在潜艇扭曲的残骸上。鉴定小组证实，残骸的前部已经被烧毁，内部就像鼓风炉一样热，达到了摄氏2000度。详细的分析结果显示，大火在鱼雷爆炸前就已经开始了。特拉斯科特从震动测量数据中找出了可能引发大火的原因——第一次小规模的爆炸。

　　找出最初爆炸的原因，是调查的最关键问题。但潜艇前端的残骸仍在海底，特拉斯科特很怀疑能否找到重要证据。特拉斯科特说："怎么可能解开谜团呢？被炸得粉碎的鱼雷舱仍在海底，调查遇到了一个大问题。"但一项来自海底的重大发现最终揭开了谜底。在主残骸后方50米处，发现了一块第四鱼雷舱口附近部位的艇身碎片。这块碎片的位置完全

★严重受损的"库尔斯克"号残骸

匪夷所思，它位于其他碎片后方，说明它是最先被炸离潜艇的碎片。它原本在潜艇上的位置就是发生爆炸的地方。特拉斯科特说："这是重要的证据，因为它证明最先爆炸的是四号发射管的鱼雷。剩下的问题是，鱼雷的哪个部分爆炸了。"特拉斯科特知道，最可能的爆炸源就是鱼雷的弹头。但他发现"库尔斯克"号当时正要发射的是一枚练习鱼雷，并没有弹头。爆炸一定是由鱼雷的其他部分造成的。

专业人士告诉他，鱼雷发射后，在击中目标之前，有时要推进好几千米，因此鱼雷的推进系统拥有的能量通常比弹头还要大。特拉斯科特仔细研究了练习鱼雷的推进系统，使鱼雷在水中前进的涡轮是以煤油为动力的。但在没有空气的水中，是靠高浓度过氧化氢提供燃料燃烧所需的氧气。在理论上，这种推进系统非常安全和有效，但特拉斯科特听说过氧化氢有一些不良特性。某些金属或锈迹接触过氧化氢时就会变成触媒，过氧化氢会分解成氧和蒸汽，并释放出大量的热能，体积在瞬间增加5000倍。

对鱼雷来说，这种力量是致命的。特拉斯科特发现，有很多次海军事故都与过氧化氢有关。其中最严重的，就是1955年英国海军潜艇"西顿"号的爆炸事故。在例行的装弹作业中，"西顿"号的一枚新过氧化氢鱼雷在发射管中爆炸，导致13人丧生。"西顿"号让全球海军认识到，不应该再使用过氧化氢鱼雷，这是大家得到的教训，只有俄罗斯例外。

★检查中的"库尔斯克"号残骸

★ "库尔斯克"号核潜艇官兵2000年7月30日在军港接受检阅时的照片。右起第一人为利亚钦艇长。13天后该艇失事沉没，118名艇员全部遇难。

不良焊接导致了过氧化氢从练习鱼雷中外泄，"库尔斯克"号是否也是这种化学定时炸弹的受害者？特拉斯科特向俄潜艇专家库尔金进行了解，并委托库尔金开始研究过氧化氢推进系统，了解其导致"库尔斯克"号事故的可能性。

库尔金先计算出推进系统的爆炸能量，结果是50到100千克TNT炸药的威力，和第一次爆炸的震动描记线大致吻合。但库尔金知道，所有过氧化氢鱼雷都有安全装置，避免鱼雷内的压力增加到危险的程度。这枚鱼雷的安全系统是否受损？通过他的特殊情报来源，库尔金取得了"库尔斯克"号练习鱼雷的维修记录。这位资深指挥官大吃一惊。这枚鱼雷是1990年生产的，同批共产10枚，其中6枚当即鉴定为不合格，因为它们的焊接有问题。库尔金了解到，军方从未检查过练习鱼雷的焊接，他们认为没有必要，因为练习鱼雷没有弹头。库尔金不得不认定，不良焊接可能导致了过氧化氢从练习鱼雷中外泄，从而造成无法挽回的后果。但是，证据在哪里呢？

在调查过"库尔斯克"号数以千计的金属碎片后，库尔金终于有了收获。他们找到了鱼雷和发射管的碎片，上面有扭曲和被高热破坏的痕迹，鱼雷从中央爆炸时也会有相同的破坏痕迹，爆炸点就在一处关键的焊缝。复杂的过氧化氢理论揭开了部分谜团。第一次爆炸就造成了致命后果但仍有一个大难题，这场小爆炸为何能够使指挥中心瘫痪，让"库尔斯克"号陷入绝境？紧急排水只需要几秒钟，为什么连这样最基本的应急程序都没有启动？这个问题的答案在俄罗斯舰队中掀起了轩然大波。有缺损的焊接导致"库尔斯克"号前舱的鱼雷爆炸，舱壁原本不该被炸开，但却被炸穿了。特拉斯科特再次请教潜艇专家库尔金。库尔金知道，隔开前两个隔舱的舱壁，应该能保证第一次爆炸不至波及到鱼雷舱之外的部分。因此，他开始研究潜艇前部可能存在的弱点。通风系统立刻有了疑点，他发现有条通风管路穿过了前四个隔舱。直径40厘米的通风管横穿舱壁，然而通风管本身却是轻合金制成的。它和普通的通风管一样，和家里的、办公室的通风管差不多，爆炸发生时，立刻就被炸开了。第一次爆炸的压力波沿通风管冲进指挥中心，将管路炸得粉碎，把火焰和浓烟引入到舱内。舱内人员还来不及按动警报装置，就被火和烟熏倒了，没有人能够幸存。

经过对"库尔斯克"号遇难经过的缜密调研，特拉斯科特爵士已能追述这艘俄罗斯超级潜艇和所有人员遇难的全部经过。2000年8月12日，灾难前5分30秒。"库尔斯克"号准备向"彼得大帝"号发射一枚练习鱼雷。指挥官操作潜艇时，潜艇前端鱼雷中的过氧化氢正在渗入发射管中，聚成一摊。

鱼雷操作人员打开发射管，清理电路连接。灾难前135秒，过氧化氢液体和一小块铁锈接触，体积瞬间增加5000倍。巨大的压力炸碎了鱼雷外壳，并导致煤油箱破裂。高热蒸汽引燃煤油，释放出的氧气助长了煤油的火势，鱼雷舱成了一片火海，舱内人员当场死亡。冲击波从通风管进入指挥中心，海水从发射管涌入后，"库尔斯克"号开始缓慢下沉。当时，21枚鱼雷就像被放在了烤炉上，500千克煤油猛烈燃烧。当内部温度达到摄氏400度时，弹头就会自动爆炸。上午11点30分15秒，灾难发生了。在五分之一秒内，共有7枚鱼雷爆炸。超音速冲击波炸碎了"库尔斯克"号的密封舱壁，并朝着核反应堆冲去。但

★"库尔斯克"号残骸的头部

反应堆的减震器吸收了一部分力量，舱壁也阻挡了冲击波。这时在潜艇前端，耐压艇体的负荷已经超过极限，5厘米厚的钢管爆裂，水从70米长的破洞涌入潜艇。这时距离第一次爆炸仅仅几分钟。

118名官兵，大多数都是当场死亡的。但潜艇后部的23人在爆炸后仍然挣扎了8个小时。根据自己毕生的经验，库尔金描绘了他们和死神搏斗的可怕场面。他们和水面仅相距108米，都接受过训练，知道可以穿救生衣按顺序游出舱门，从而逃离深海。但这样做很危险，一旦游到海面上，他们就会随着海水漂流，在大海上失踪和冻死，他们正在等待其他船只到达潜艇的上方。他们有充足的食物和水，只要小心使用，舱内的空气也能用上好几天。但随着每次呼吸，他们都会呼出二氧化碳，即使是低浓度的二氧化碳也能够置人于死地。为了避免这种危险，潜艇上配备了空气净洗器，用化学物品除去空气中的二氧化碳。空气越来越混浊时，艇上人员就会把空气净洗器挂在通风管上。库尔金发现，他们的命运就取决于这些救命的设备。

鉴定报告记录了九号隔舱发生火灾的证据和在火场发现的空气净洗器。库尔金知道，净洗器接触油或水就会爆炸，导致恶性的化学火灾。他逐渐了解到，在垂死挣扎的过程中，艇员们挂起了另一个净洗器。但在黑暗寒冷的舱内，他们的手脚变得很不灵活，净洗器落到油污的水中，化学反应引起了火灾。大火消耗着空气中的氧气，使他们吸入有毒的一氧化碳，于是，死神降临了。这场灾难过后，海军拆除了俄罗斯潜艇上的所有过氧化氢鱼雷。官方报告指出，这次事故中没有人为失误。谁也不能确定核技术员阿列克谢是否作出了关闭反应堆的决定。如果是他的决定，那么他的英勇行为，或许避免了另一场切尔诺贝利核灾难。

海底利剑
——"北风之神"级弹道导弹核潜艇

⊘ "北风"初起：海底优势抑制洋面劣势

21世纪初，俄罗斯要想保持强大的战略威慑力量，拥有一流的核动力弹道导弹潜艇是关键所在，因为届时俄潜基核打击力量将可能占俄"三位一体"核打击力量的57%以上，它们要能担负70%～100%的战略使命，而所需费用仅占国防开支的5%～6%。

俄罗斯海军这种"合理足够"的原则，既反映了俄在冷战结束之后的战略转变，又是其国内经济拮据状态下的无奈之举。特别是俄罗斯海军在航母方面根本无法与美较量

★远洋的"北风之神"级核潜艇"尤里·多尔戈鲁基"号

与对抗（俄罗斯现在只有一艘满载排水量为6.75万吨的"库兹涅佐夫"号航母，而美国海军现役12艘航母满载排水量均在8万吨以上），因而唯有依仗潜基弹道导弹来弥补其打击力量的不足。

基于上述思想，俄罗斯海军另辟蹊径，于1996年12月25日在北德文斯克的北方机械工业工厂铺设了最新一级核动力弹道导弹潜艇的龙骨。该级艇被称为"北风之神"级，属于俄罗斯第五代（第一代H级；第二代Y型；第三代D级，分D-1型、D-2型、D-3型、D-4型；第四代"台风"级）弹道导弹核潜艇，首艇被命名为"尤里·多尔戈鲁基"号。

🚫 "风神"总体性能超越"俄亥俄"

★ "北风之神"核潜艇性能参数 ★

水上排水量：14400吨	最大下潜深度：500米
水下排水量：17000吨	引擎类别：核动力推进
艇长：170米	引擎：双座压水反应堆，双轴推进
艇宽：10米	武器装备：16座垂直导弹发射筒
水上航速：30节	12～16枚导弹
水下航速：25节	4～6具533毫米鱼雷发射管
续航力：未知	可携带18～40枚鱼雷和反潜导弹
自持力：大于3个月	编制：约130人

★ "北风之神"级核潜艇的舰桥

　　"北风之神"级的外形很大，在潜艇世界中，属于大型潜艇。核推进时可提供高航速，低速航行时则采用电推进，水下航速为26节。根据负责此工程的有关官员说，该级艇体现了在水下噪声减小方面所取得的最新成就。艇上安装一套"公共马车（Omnibus）"型自动作战控制系统和一套Skat型声呐系统，该系统包括艇艏、舷侧和拖曳阵声呐。

　　"北风之神"级首艇携带12枚"圆锤"导弹（以后增加至16枚），导弹全长12.1米，最大直径2米，具有强大的威力。

　　一是导弹有效射程超过8000千米，携带10枚分导式弹头可以分别打击10个目标。

　　二是由于它采用了最尖端的"星光惯性导航系统"，命中精度达到80米，这在俄罗斯潜射战略导弹中是最精确的。

　　三是为了对抗美国加紧发展的弹道导弹防御系统，"圆锤"导弹采用了诱饵和高超声速巡航弹头设计，可有效突破美国导弹防御系统。外界均猜测这就是普京一再声称的能"突破世界上任何防御系统的武器"。

　　四是"圆锤"为"白杨"M洲际弹道导弹的潜射型，两者的零部件70%可通用，可有效降低研制成本和之后的使用维修费用。

　　此外，该艇还装有6具鱼雷发射管，可发射533毫米和650毫米鱼雷，具有较强的水下自卫能力。

为了保证"北风之神"级潜艇能躲过美国反潜系统的跟踪，该艇在结构设计中采用了新的隐蔽方案，不仅在表面敷设了150毫米厚的消声瓦，而且采用了减震、降噪技术，在静音和隐身方面优于上一代战略核潜艇。

俄罗斯报刊称，该型潜艇"将成为世界上噪音最小的核潜艇"。此外，为了确保长期潜伏，该潜艇自主巡航时间可达100个昼夜，可实现对目标的突然袭击。

世界上至今为止沉没的17艘核潜艇中，苏联占13艘，因此俄罗斯红宝石中央设计局的专家在总结经验教训后，对"尤里·多尔戈鲁基"号进行了改良。特别是在2000年8月12日俄罗斯海军"库尔斯克"号攻击型核潜艇因鱼雷舱发生爆炸，导致潜艇沉没，艇上118名官兵全部遇难之后，俄海军立即对正在建造的"尤里·多尔戈鲁基"号进行了重新评估，要求增加潜艇安全性和可靠性方面的设计。为此，设计人员为其增加了新型呼吸混合气净化组件和先进的灭火系统，以及可在紧急情况下帮助全体艇员脱离险境的上浮救生舱，大大提高了潜艇的安全性、可靠性。

俄罗斯海军的6艘"台风"级战略导弹核潜艇，与同期服役的18艘美国海军"俄亥俄"级核潜艇相比有一定的差距。而且"台风"级每艘每年2800万美元的维修保养费用也显得太高。因此，俄罗斯海军迫切需要更先进的"北风之神"级，来迎战"俄亥俄"级。

★ "北风之神"级核潜艇首艇"尤里·多尔戈鲁基"号尾部

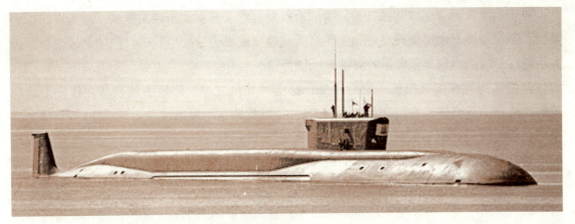

★ "北风之神"级核潜艇首艇"尤里·多尔戈鲁基"号海试

在隐形性上，"北风之神"级的水下排水量比美国"俄亥俄"级要小，速度比"俄亥俄"级快，下潜深度更是超过"俄亥俄"级150米，在水下更安静。

在火力方面，"北风之神"级配备16枚最先进的潜射"圆锤"洲际导弹，其射程可达2万千米，圆概率偏差小于60米，可实施机动突防，是导弹防御系统的克星；而"俄亥俄"级携带的"三叉戟"新改型导弹最大射程1.12万千米，圆概率偏差为90米，技术指标稍逊一筹。"北风之神"级上还装备有大量的先进自卫武器，综合火力明显强于"俄亥俄"级。

潜艇的电子系统一直是美国的强项，但新式的"北风之神"级在这方面有较大的改进，与"俄亥俄"级相比并不逊色。

综合比较，"北风之神"级的总体性能要强于美国"俄亥俄"级。出于国家战略利益的需要，俄罗斯海军必然坚定发展新一代的弹道导弹核潜艇，以弥补现有潜艇与美国之间的差距。

◎ "北风"取代"台风"：有限威慑的武装力量

据俄罗斯海军舰队总司令库罗耶多夫分析，在未来战争中，战略核潜艇的作用将进一步提升，它因具有机动灵活、便于隐藏、主动攻击性强等诸多优势而备受各国军队的青睐，而俄罗斯则更为重视。目前，俄罗斯海军共拥有7艘"D-Ⅳ"级、5艘"D-Ⅰ"级和6艘"台风"级弹道导弹核潜艇。按照20世纪90年代中期俄罗斯海军公布的潜艇发展计划，21世纪初潜基战略武器的主要搭载平台将是"D-Ⅳ"级和"台风"级，并分别以此组成两个战略潜艇支队。在2006年之后，"北风之神"级很可能以每年一艘的频率逐步更换"台风"级，而成为另一战略潜艇支队的主角。可以预见，在世界核潜艇未来的征尘沙场中，"北风之神"级将续写俄罗斯"台风"级的昔日辉煌。

对于俄罗斯而言，"北风之神"级的服役象征意义要更大于现实意义。毫无疑问，它是俄罗斯在经历十余年低谷之后，重筑海基战略核威慑力量的里程碑。但"北风之神"级并不能在短时间内恢复俄罗斯的海基核威慑力量。

他们认为：在未来很长一段时间里，这支"北风之神"级核潜艇舰队在规模上将与英国或法国的战略核潜艇编队相似——大约由4艘战略核潜艇组成。而且即使8艘北风之神全部顺利服役，也比不上美国现有的14艘的规模，俄罗斯的海基核力量将是一支规模有限的威慑力量。这与俄罗斯未来追求非对称的有限威慑的武装力量发展战略是相吻合的。或许，我们应该适应一个只拥有有限国家利益，追求有限战略目标的俄罗斯。圣安德烈旗指引下的俄罗斯海军不是，也不再可能是当年称雄大洋的红海军。"北风之神"级或许是世界上最先进的战略核潜艇，但俄罗斯已经不准备再把洲际弹道导弹对准全世界每一个角落了。

几乎完美的水怪
——"洛杉矶"级攻击型核潜艇

🚫 冷战思维："洛杉矶"对抗苏核潜艇

"洛杉矶"级核潜艇是美国研制的一种攻击型核潜艇，属于美国第五代攻击型核潜艇，首艇SSN-688"洛杉矶"号于1972年2月8日开工，1976年11月13日服役。

20世纪60年代中期，美苏发展核潜艇的竞争激烈。美国对于苏联"维克托"级高速攻击型核潜艇的出现深感不安。

相比之下，美国"鲣鱼"级核潜艇高航速的优势，已在"大参鱼"级和"鲟鱼"级的出现后减弱，对舰队战术和作战能力有不利的影响。

同时，为了对付苏联最快的水面舰队，并可以长期地搜索、跟踪和多次攻击敌舰艇，从1964年开始研究SSN-688级高速核潜艇，以取得对苏核潜艇抗衡的优势。SSN-688级定名为"洛杉矶"级。该级艇从建造第一艘至今，共建造了62艘之多，已有近30年的历史，是美海军建造数量最多、持续时间最长的一级核潜艇。

"洛杉矶"级核潜艇具有优良的综合性能，主要承担反潜、反舰、对陆攻击等任务。

自"洛杉矶"级潜艇服役以来，其中有多艘已执行过一些极受人瞩目的行动，由"格鲁顿"号（GrotonSSN-694）在1980年4月4日至10月8日间完成的，以潜航状态巡航世界一周是其中之一。而在1991年的海湾战争，也有多艘"洛杉矶"级潜艇以潜射战斧导弹的方式直接参与攻击伊拉克的任务。

★行驶中的"洛杉矶"级核潜艇

◎ 研发周期长：建造数量最多

★ "洛杉矶"级潜艇性能参数 ★

水上排水量： 6082吨

水下排水量： 6927吨

艇长： 110.3米

艇宽： 10.1米

吃水： 9.9米

水下航速： 32节

下潜深度： 450米

动力装置： 1台S6C自然循环压水堆

2台蒸汽轮机单轴

1台辅助推进电机

1个7叶螺旋桨

鱼雷发射管： 4具533毫米

巡航导弹发射筒： 12VLS

导弹： 导弹 "战斧"巡航导弹

"鱼叉"反舰导弹

鱼雷： MK48鱼雷

水雷： MK67自航水雷

MK60"捕手"水鱼雷

武器装载量： 38枚（SSN-719艇以后）

26枚（SSN-718艇以前）

声呐： BQQ5D／E综合声呐

首部球形主／被动基阵

大孔径被动舷侧阵

TB23／29细缆型被动拖曳线列阵

BQS-24主动高频近程探测声呐

导航： 2台WSN-3型静电陀螺导航仪

1台综合导航系统

火控： MK117鱼雷火控系统 MK81-3型OTHT

编制： 133人（军官13名）

★ "洛杉矶"级核潜艇

　　"洛杉矶"级潜艇之所以性能优良，主要是因为它具有如下的技术特点：

　　装备4具鱼雷发射管和12具导弹垂直发射筒，雷弹装置多，一次攻击能力强。装备各种武器功能齐备，装载武器数量多，可以执行反潜、反舰、布放水雷、对陆攻击等多种任务，曾有9艘艇参加海湾战争，取得显著战果。

　　采用S6G自然循环压水堆，采用浮筏减震，艇外敷设消声瓦，因此辐射噪声较低。艇的下潜深度达450米。隐身性好，机动能力强。

　　采用S6G自然循环压水堆，单堆功率达45 000马力，使艇航速达32节以上，堆芯寿命15年，在整个服役期内只需更换一次核燃料，节省经费，减少对环境的污染，在航率高。反应堆装置自然循环能力高，固有安全可靠性好。

　　装备有大量新型电子设备，包括舷侧阵声呐，拖曳线列阵声呐，探测能力强；其次还装备有静电陀螺仪等先进导航设备，能准确为艇定位，瞄准目标，搜索跟踪提供准确数据；并采用综合作战系统，提高了快速反应能力，作战效能好。

　　排水量较大，艇内大分舱，容易布置设备，艇员工作环境好，居住、饮食、保健、医疗、娱乐条件能充分满足需要，使艇的自持力达70天以上，在航率高达65%以上。

　　采用先进的计算机进行控制，向全数字化、分布式控制发展，减少人为失误操作的可能性，减轻艇员劳动强度，提高了综合控制自动化水平。

　　在30年研制与使用过程中，先后进行了4次重大现代化改装，使艇始终保持先进的技术水平：

1. SSN-690：自该艇之后，全部使用MK117鱼雷火控系统，实现对"战斧"巡航导弹，"鱼叉"反舰导弹和MK48鱼雷的控制。

2. SSN-719：自该艇以后，装设12具"战斧"巡航导弹垂直发射筒，提高攻击能力，由于内部不装导弹，可以装更多的鱼雷，武器装载量达38枚。

3. SSN-751：从该艇之后称为SSN-688 I级。提高了北极冰下活动能力；采用BSY-1潜艇先进综合作战系统取代MK I作战控制系统，并且用UYK-44计算机替换UYK-7计算机，同时装备了探雷和避碰系统。从该艇开始装消声瓦。此外，将围壳舵移至艏水平舵，增强破冰能力，从而提高了艇的总体技术水平。

4. SSN-768：从该艇之后提高了降噪效果，更加安静。在尾部增加了尾鳍，提高了在水下航行的稳定性。

🚫 触礁之谜："洛杉矶"级关岛触礁内幕

"洛杉矶"级攻击型核潜艇自1968年服役以来，战果辉煌，但随着退役期临近，"洛杉矶"级却出现了有史以来第一次尴尬。

★停泊在海面的"洛杉矶"级核潜艇

正当美国五角大楼决定向太平洋地区增派核潜艇的时候，2005年1月8日10时，美海军"洛杉矶"级攻击型核潜艇"旧金山"号（SSN-711）在从关岛前往澳大利亚布里斯班港途中，于关岛南部约560千米的海域撞上海底的一座山峰，艇艏外壳和声呐系统严重受损，造成1人死亡和60人受伤。

美国海军刚于2004年底在关岛永久性核潜艇基地完成3艘"洛杉矶"级核潜艇的部署，仅仅13天后，这第二艘部署到关岛的"旧金山"号就意外触礁，使美国海军大失脸面。然而，"旧金山"号的触礁不会影响美军继续调整其部署，关岛正逐步成为美军在亚太地区的军力投送中心。

进入21世纪后，关岛的战略地位日益凸显。美国海、空军的尖端武器陆续从本土远涉重洋部署到这里，其中"洛杉矶"级攻击型核潜艇就是美海军的"前锋"。那么，关岛何以成为美军在亚太地区的一粒重要"棋子"呢？一言以蔽之，就是其优越的地理位置。

关岛是美国的海外领地，以此为基地，美空军的战略轰炸机可以在12小时内抵达亚太地区各国领空，其中到朝鲜半岛只要5小时，到中国台湾仅需3小时（从美本土起飞到朝鲜和台湾需要20多个小时）。美海军核潜艇以关岛为母港，到中国大陆沿海、中国台湾和菲律宾周边只需2到3天，较以夏威夷的珍珠港为母港少6天。关岛优越的地理位置使美军企图以此为中心，在亚太地区构筑起有利于美国及其盟国的军事态势，特别是把关岛建成为兵力投送中心后，可对朝鲜和台海局势作出快速反应。

★穿梭于海面的"洛杉矶"级核潜艇

★ "洛杉矶"级核潜艇

　　美国海军从2000年开始研究在关岛永久派驻3到5艘攻击型核潜艇的可行性，其目的是减少潜艇在美国本土与太平洋以及其他战区之间的跨越时间，提高潜艇部队的使用效率。2001年1月，美海军向国会通报，拟以关岛为母港部署2艘攻击型核潜艇，使原先以夏威夷或加利福尼亚为母港的核潜艇不需要长途跋涉到达西太平洋战区，使西太平洋战区的美海军力量得以增强，同时也将减轻太平洋战区的工作负担。

　　同年2月，美海军在关岛阿普拉海军基地成立了第15潜艇中队，决定在此部署3艘"洛杉矶"级核潜艇。

　　2002年9月18日，首艇"科珀斯克里斯蒂市"号（SSN-705）从朴次茅斯海军造船厂出发前往关岛，迈出了美海军优化部队结构并改善潜艇前沿部署的关键一步。2003年，第二艘"旧金山"号（SSN-711）部署到位。2004年12月24日，第三艘"休斯敦"号（SSN-713）核潜艇也进驻关岛。

　　2005年1月8日上午10时，载有137名艇员的"洛杉矶"级核潜艇"旧金山"号在位于关岛以南560千米的海域触礁。事发时，"旧金山"号正在前往澳大利亚布里斯班港访问途中。美海军太平洋舰队发言人约翰·巴尼特说，触礁事件造成大约20名艇员受伤，其中1人伤势严重，但由于"旧金山"号处在直升机航程范围之外，因此无法让伤势严重的艇员接受治疗。美海军发表声明指出，"旧金山"号在触礁后浮出水面，并以最快速度返回其位于关岛的母港，没有核反应堆受损的报告，运转正常。与此同时，美军飞机和舰只迅速赶往事发地点展开救援。

　　事发后的第二天，美国太平洋舰队新闻发言人表示，触礁的"旧金山"号上重伤的艇员——机械师约瑟夫·阿什利已经不幸死亡，其他23名受伤官兵正在接受特别治疗，其中数人伤势相当严重。据太平洋舰队司令部的发言人乔恩介绍，"旧金山"号核潜艇在发生撞击事件后，损伤十分严重，只能以半潜状态返航关岛的母港，由于潜艇上没有专业的医护人员，所以伤重的艇员最终不治身亡。尽管美海军太平洋舰队反复证实"触礁"潜艇的核反应堆运行正常，但知情者却透露实际损伤情况相当严重，所以从关岛出发的海岸警卫队快艇和飞机必须严密监视"旧金山"号潜艇返航时的运行情况，一旦需要则可立即提供救助。

　　在美国海军和海岸警卫队舰只、飞机的护送下，"旧金山"号核潜艇于1月10日安全返回在关岛的母港。美国五角大楼随即宣布对该事故进行彻底调查，在调查期间，该艇的艇长凯文·穆尼被勒令停职反省，直到调查结束。调查人员将从核潜艇的航行速度、事发地点及海底地形是否在导航图中有明确标注等方面展开调查。美国防部官员当天表示，"旧金山"号失事的原因是潜艇高速行驶时迎面撞到海底的一座山上，声呐罩的一部分注满了水，造成1人死亡和23人受伤。据美国海军少尉亚当·克莱姆彼得称，"旧金山"号核潜艇受到了一些"外部损坏"，但核反应堆并没有受损，伤者被送往关岛的美军医院接受治疗，很快将转移到夏威夷的珍珠港或日本的冲绳。

　　然而，美国官方公布的情况和艇员伤亡数字很快被不断曝光的真相所否定。美国太平洋潜艇部队指挥官苏利文少将在1月10日向其他海军官员发出的电子邮件称，"旧金山"号核潜艇当时正以高速航行，突然与一个没有在海图上标明的海底山脉发生撞击，受到了"令人难以置信的撞击力"，使得核潜艇几乎完全停了下来，潜艇的外部艇体遭到了严重破坏，外壳前端被撞开了一个大裂缝，海水涌入装有雷达传感器的舱顶和4个压力舱。进水导致潜艇在水中的位置下降，所以返回关岛的航行异常艰难，艇员们只得不断地把压缩空气注入压力舱，借以防止水位上升并保持压力。包括艇员生活和工作区的内壳仍然坚固，核反应堆和关键的推进系统没有受损。

　　这封电子邮件称，"旧金山"号核潜艇上的137名艇员中有60人在事故中受伤，另有一名士兵死亡。海军机械师约瑟夫·阿什利在核潜艇撞击山体时向前飞了出去，头部撞到金属泵后失去了知觉，在此后数小时内，海军一直试图将受了致命伤的阿什利转移出去，但最终没有成功。其他受伤的60人中有23人的伤势比较严重，在核潜艇返回关岛的途中已经无法值班。阿什利的父亲还证实，核潜艇艇长凯文·穆尼在1月10日给他打电话说，受伤的船员中，"许多人的手指、手臂和腿出现了骨折，有一个人脊柱骨折。"尽管是这样，美海军官员到11日还对外声称这些人只是受了轻伤。

　　美国国防部官员于1月12日通报了核潜艇事故的初步调查结果，称"旧金山"号在从关岛驶向澳大利亚布里斯班港的途中撞上了海底山脉，艇艏严重受损，外壳撕裂，4个压载水舱被淹没。当天出版的《纽约时报》报道指出，此次事故中的伤者不是军方先前公布的23人，而是60人，他们都是因"难以想象的撞击力"被抛向前方，许多人的手指、手臂和腿骨骨折；24岁的阿什利头部撞上了一个水泵，当即昏迷，军方试图把他抬上飞机送到基地医院抢救，但因风浪太大没能成功，于3天后死亡。1月20日，美国海军宣布，根据第七舰队司令格林尔特少将的命令，"旧金山"号核潜艇的艇长凯文·穆尼上校已被解除艇长职务，并被调往驻关岛的第15潜艇中队，等待最终的事故调查结果。目前，美国防部还在对这起事故进行深入调查，但熟悉美国海军的人表示，"海底发生的事永远不会浮出水面"，即使今后美海军公布所谓的正式调查报告，也不会披露详情。

在"旧金山"号核潜艇失事后的4天中，美国海军太平洋舰队和五角大楼均对失事原因守口如瓶，只表示"旧金山"号撞上了海底的"神秘物体"。直到1月12日，美军官方才对外界解释了"旧金山"号核潜艇触礁的原因——撞上了海图上没有标明的海底山脉，并引用核潜艇指挥官的话说，因为与核潜艇相撞的礁石属于暗礁，此前在地图上并没有明确标出位置，所以核潜艇在没有启用主动声呐探测系统的情况下无法发现该礁石，从而导致了事故的发生。

但在美海军内部，有人对此说法提出了不同意见：从关岛到布里斯班是美军潜艇最熟悉的航道之一，这条航道上的军用海图极其详细，按常理海图上应该标有这座山脉。美军

★失事前的"旧金山"号核潜艇

★被打捞上岸的"旧金山"号核潜艇

还称为避免暴露目标，"旧金山"号没有使用主动声呐探测系统，只使用卫星导航和被动声呐探测系统来捕捉其他舰只和潜艇的声音，因此静止不动的海底山脉就成了探测盲区。但问题是，当时"旧金山"号核潜艇撞山的速度高达30节，以如此高的速度航行产生的尾流很大，极易被发现，那么"旧金山"号又为何在关闭主动声呐探测系统的情况下高速航行呢？

美国海军对此又辩解说，潜艇使用的海图很多，有政府提供的，也有商用的，有的已经很老了，而海洋很大，可能有的地方没有标清楚；而且地震等自然灾害也会改变海洋地貌，出现新的海底山脉完全可能。据《纽约时报》披露，事故发生时，"旧金山"号核潜艇的航行指南仍然是1989年版的旧航海图，该图显示在距事发地点大约5千米范围内"没有任何潜在的危险物"，但实际上就在该航线上立着一座高达30米的海底山峰！负责分析间谍卫星照片和绘制军方地图的美国国家地理空间情报局发言人戴维·伯比也透露，"旧金山"号核潜艇使用的是1989年绘制的海图，1989年后一直没有进行修改。在这份过时的海图上，出事地点周围没有标示出任何水下礁石山体等主要障碍物，最近的图标也不过是3英里外的变色海水，而且即使是这一标示也是20世纪60年代日本报告的，已经过时。伯比还表示，在老版海图交付使用10年后，美军间谍卫星曾经拍摄过一张出事地点周边海域的照片，表明水下发生了地壳运动，产生了海图上没有显示出的水下山脉。但问题是，间谍卫星拍摄的海洋照片有数千张，海图绘制部门在更新数据时是否充分参考了这些先进手段，目前还不得而知。

对此，俄罗斯军事专家却有另外的解读，他们认为"旧金山"号核潜艇事故原因可能并非触礁，而是与其他船只、甚至潜艇发生了碰撞。根据以往的做法，一旦发生重大事故，美军通常会低调处理，并尽可能做到秘而不宣，以维护美军的形象。俄专家推测，"旧金山"号核潜艇当时正在进行新式武器系统的秘密试验，由于试验未能取得成功而导致潜艇受损。俄罗斯《真理报》根据所收集到的信息分析指出："事故看起来与俄罗斯'库尔斯克'号核潜艇的悲剧十分相似，首先核潜艇上发生了事故，然后潜艇就跌入海底，使众多艇员受伤。不过美国人这次很走运，只有一人在事故中身亡"。《真理报》还指出一些疑团：为什么"旧金山"号核潜艇会突然撞上暗礁，而且撞击的力量这么大以至于众多艇员都受了伤？这一事故发生的地点距最近发生海底地震的海域很近，美国核潜艇在那一海域出现只是一个巧合吗？

毫无疑问，美国方面不会披露事故的详细情况，就像俄罗斯官方从未谈论过有关"库尔斯克"号沉没事件的详细情况一样。或许，在未来的某一天，这些秘密将被披露，到那时一切才会真相大白。或许，这些秘密将被永远地隐藏，随着时间的推移逐渐演变为历史上的又一个谜团。

英国新一代核动力弹道导弹潜艇——"前卫"级潜艇

🚫 英伦制造：追随核潜艇大国的脚步

英国一向重视发展海军，核潜艇诞生后，更是积极跟随美国发展核潜艇，并从美国引进核潜艇的关键技术，包括第一代压水堆，购买了美国的S5W反应堆，在美国的帮助下发展了"北极星"（Polaris）弹道导弹系统，长期以来一直使用美国的"塔卡木"机载其低频系统和美国的卫星通信系统，装备英国的核潜艇，以加强北约的核力量。

英国从20世纪60年代初开始发展潜基战略核力量，在1964年～1969年间建造了4艘"刚毅"级弹道导弹核潜艇。该级艇装备了由美国购买的16枚"北极星"A-3导弹。每枚导弹装有英国自制的3个弹头，称为"北极星"A-3TK导弹。1971年3月，美国的"北极星"A-3导弹开始被有效载荷更大、命中精度和突防能力更高的"海神"（Poseidon）导弹所取代，而英国继续使用"北极星"导弹。这样，该型导弹的维修和零部件的生

★即将下海执行任务的"前卫"级核潜艇

产费用，就全部由英国负担，在1975年～1985年间耗资15.7亿英镑，占同期国防开支的1.53％，负担沉重。为此，英国决心改进"北极星"导弹系统。

1973年开始探讨购买"海神"导弹，或采用巡航导弹，最终决定采用"三叉戟"（Trident）导弹。1980年7月15日，英国宣布向美国购买"三叉戟"－I型导弹，弹头由英国自己制造，装备4～5艘核潜艇。为了使英国的导弹与美国的导弹保持通用性，而且在20世纪90年代保持领先水平，所以，英国于1982年3月又决定购买"三叉戟"－II型导弹，装备4艘核潜艇，这样比自行研制节省7.67亿英镑。

英国发展潜基弹道导弹系统的另一原因是，20世纪60年代末，苏联弹道导弹防御系统的发展，对英国产生了深刻的影响。当时苏联红场阅兵式上出现的"橡皮套鞋"反弹道导弹引起了英国极大的关注。因为它对付美国大规模攻击发挥不了多大作用，但对付英国小规模核攻击则是有效的。因此，促使英国发展先进的弹道导弹系统。

1982年3月11日，英国决定购买美国"三叉戟"－II（D-5）型导弹72枚，装备4艘核潜艇。每艘核潜艇装备16具导弹发射筒，每枚导弹的分导式多弹头数量最多不超过8个。该级艇命名为"前卫"（Vanguard）级，首艇已于1986年开工建造，整个计划于1999年完成。

英国"三叉戟"核潜艇计划，从20世纪70年代末开始调研，至90年代末全部完成，历时20年。据估算，整个计划耗资92.5亿英镑（约折合125亿美元）。

⃠ 噪音极小：隐身能力超强

★ "前卫"级核潜艇性能参数 ★

排水量： 15 900吨

艇长： 149.9米

艇宽： 12.8米

吃水： 12米

水下航速： 25节

最大下潜深度： 350米

噪音量： 105分贝

动力： 1座PWR-2型压水式核反应堆

2台蒸汽轮机27 500马力

2台可收缩式辅助推进器

2台WHAllen涡轮发电机，功率6MW

2台帕克斯曼公司的柴油发电机，

2MW（2 700马力）

武器装备： 16枚三叉戟-Ⅱ D-5弹道导弹

UGM-84A 鱼叉潜对舰导弹

4 具533毫米鱼雷发射管

MK-24 虎鱼鱼雷

1007型导航雷达

2054 型声呐系统

（含主、被动侦听和拖曳阵设备）

DCT 战术数据处理指挥控制系统

MK-98 改型火控

卫星导航设备

作战数据系统： 道梯·塞玛公司的SMCS数据系统

2部SSEMK10诱饵发射装置

道梯公司的战术控制系统

SAFS3火控系统

编制： 135人（其中14名军官，2组船员）

"前卫"级核潜艇是英国海军核打击力量的主要组成部分，20世纪80年代中期根据美"洛杉矶"级攻击核潜艇设计而成，首艇于1993年8月服役，同级4艘。主要用于对敌方实施核威慑和作为水下核打击平台。

从外观上来看，"前卫"级核潜艇具有明显的识别特征：指挥塔围壳无升降舵；指挥塔至艇艏间有明显"V"字形平面，两侧为阶梯状，并安装有艇艏升降舵，位置较高；指挥塔和艇艉之间艇段有阶梯形突出部，为潜地导弹发射筒。

从性能上来说，"前卫"级核潜艇具有如下特点：吨位大，自动化水平高；水下噪声低，行动隐蔽，生存能力强；配备16枚导弹，每枚携14个分弹头，共224个弹头；配备有鱼雷、鱼叉反舰导弹等自卫武器。

"前卫"级潜艇在提高隐身能力上下了很大工夫，为了降噪，采用了经过淬火处理的变额硬化齿轮。这种齿轮啮合力好，负载能力强；采用了筏式整体减震装置，将主汽轮机、齿轮箱、冷凝器和汽轮发电机组装在一个大型机械底座上，以便在满功率时衰减噪音。此外，艇壳上的流水孔很少，表面光顺，减少了水动力噪声。艇体外表面加装了弹性塑料制成的消声瓦，可使对方声呐探潜能降低50%~70%。

★ "前卫"级核潜艇

◎ 帝国利器：为核而生的"前卫"级

英国把全部核威慑武器都部署在"前卫"级战略核潜艇上。每艘潜艇可配备16枚D5型"三叉戟"式潜射弹道导弹，每枚导弹可携带4至6枚核弹头，最大射程为1.2万千米。"前卫"号核潜艇是英国4艘"前卫"级战略核潜艇之一，这4艘核潜艇均由维克斯造船与工程公司制造，是英国重要的核威慑力量。无论何时，这4艘核潜艇中至少有一艘要处于战斗值班状态。

该级核潜艇仿照美国"俄亥俄"级弹道导弹核潜艇设计，其主要系统和设备基本上采用了美国的先进技术，具有以下技术特点：

1. 威胁能力大。该级艇装备了16枚"三叉戟"-Ⅱ型导弹，弹头的突防能力、机动能力和命中精度都有较大提高，可攻击世界任何地方，打击效力明显增强。每枚导弹可携带4至6枚核弹头，最大射程为1.2万千米。

2. 隐身性好。该级艇采用了英国掌握的各项先进降噪技术，艇内采取了浮筏减震、高频硬化减速齿轮，艇外减少了流水孔，外表面光顺，装设了消声瓦，采用了泵喷射推进器，增大了下潜深度，采用了消磁、消除红外特性等一系列隐身措施。

★航行中的"前卫"级核潜艇

3. 采用了安全可靠的大功率反应堆。

4. 战略武器指挥系统和战术武器指控系统先进。

5. 提高了自动化水平。

6. 改善了居住条件，提高续航忍耐力。

鉴于"前卫"级战略核潜艇定于2024年退役，而新型战略核潜艇从设计、建造到部署预计需要17年，英国前任首相托尼·布莱尔2007年3月促请议会批准战略核潜艇更新计划。布莱尔说，与更新同步，政府打算减少战略核潜艇的数量，从4艘降为3艘，核弹头数量减少20%，从200枚降至160枚，同时把"三叉戟"导弹的服役期延长至2042年。

胜利之艇
——"凯旋"级弹道导弹核潜艇

🚫 战略威慑："凯旋"被誉为胜利之艇

法国人虽然很浪漫，但他们在制造核潜艇方面却丝毫不含糊。法国人一向把优先发展独立的核威慑力量作为国防建设的基本方针。

　　法国历届总统都非常支持建造核潜艇，1991年，法国前总统密特朗发表了著名的战略威胁宣言："我们在2000年的方针仍将以战略核威慑为中心，这就必须保留我们的战略威慑力量。"浪漫的法国人更是现实的，在1963年～1990年间，法国政府用于研制和购买战略核武器的费用达3125.6亿法郎；占全军武器装备总费用的29.2%，而用于发展潜基战略核兵力的费用达527亿法郎，占战略核武器总投资的48.8%。

　　正所谓，精神指导实践，在法国军人眼里，战略威胁才是一个国家和平的根本，所以法国是唯一的先发展战略导弹核潜艇后发展攻击型核潜艇的国家，自20世纪60年代开始至1985年，共建造了6艘弹道导弹核潜艇。由于服役期很长，从1991年12月开始退役。目前，只有4艘在役。

　　法国弹道导弹核潜艇的发展和苏联一样，发展一型导弹配备一型潜艇。法国"不屈"级弹道导弹核潜艇装备M4导弹，其射程只有5300千米。为了装备射程为11000千米的M5导弹，法国政府于1981年7月决定建造"凯旋"级弹道导弹核潜艇。

　　法国人又是精明的，他们把战略核力量全部部署在核潜艇上，因为海底才是最安全的地方。在制订"凯旋"级核潜艇的发展计划时，其主要战略目标是针对苏联。根据其导弹射程和核潜艇性能分析，如装备M5导弹将具有攻击世界任何地方的能力，而且新一级核潜艇建造4艘，即能够保证平时总有一艘艇在海上巡逻。

　　"凯旋"级1、2号艇分别于1997年3月和1999年12月服役；3号艇于2004年4月服役；4号艇2008年7月开始服役。

🚫 隐身性好：M-5导弹可攻击世界任何地方

　　"凯旋"级核潜艇攻击力强，该级艇装备远射程、高精度、威力大的弹道导弹，具有6个分导式多弹头，可同时攻击多个目标，打击范围及攻击能力比"威严"级弹道导弹核潜艇增大一倍以上。换装M-5导弹后可攻击世界任何地方。

　　"凯旋"级隐身性相当好。该级艇采用了许多先进的降噪措施，包括采用K15一体化压水堆装置，在中低速工况航行时不用主循环泵，采用浮筏减震，电力推进，不用减速齿轮，采用气幕降噪，泵喷射推进器，艇体外形光顺，减少流水孔，装设消声瓦。据称比美国"俄亥俄"级核潜艇辐射噪声还低许多，也低于海洋环境噪声。采用新型合金钢做艇壳材料，使下潜深度达500米，采用消磁、减小红外特性等措施，提高了隐蔽性和生命力。

　　"凯旋"级装备高性能反应堆，该级艇采用K15一体化自然循环压水堆装置；是法国"夏尔·戴高乐"号核动力航空母舰用反应堆，也是法国"宝石"级攻击型核潜艇采用的CAS48一体化压水堆的放大型。该型反应堆功率大、体积小、重量轻，堆芯寿命长达25年，潜艇在整个服役期内可以不换料，噪声低，可靠性好。

★ "凯旋"级弹道核潜艇性能参数 ★

水上排水量: 12 700吨

水下排水量: 14 335吨

艇长: 138 米

艇宽: 12.5米

吃水: 12.5米

水下最大航速: 25节

最大下潜深度: 500米

动力: 1座K-15型一体压水堆

2台蒸汽轮机,1台推进电机

功率为41000马力,单轴

武器装备: 16枚M45弹道导弹,每枚携6个弹头

4具533毫米鱼雷发射管

潜舰导弹和海鳝鱼雷

导弹射程: 弹道导弹 > 6000千米

声呐系统: DMUX80主／被动艇艏和

舷侧阵多功能声呐

DUUX-5被动低频侦察和测距声呐

DSUV61被动甚低频拖曳线列阵声呐

噪音量: 110分贝

导航: SGN-3型全球惯性导航

文导航,卫星导航

雷达: DRUA33"卡里普索"I波段导航雷达

通信: 综合通信系统,极低频通信

甚低频拖曳浮标天线,卫星通信

指挥和控制: SAD弹道导弹控制系统

SAT战术武器数据系统

ARUR-13/DR-3000U电子对抗系统

DLA-4A鱼雷和反舰导弹火控系统

电子支援措施: ARURI3／DR-3000U侦察措施

编制: 110人

"凯旋"级自动化程度高,排水量比"不屈"级弹道导弹核潜艇大60.7％,但艇员却由130人减至111人,减少14.6％。艇员的排水量负荷达到129.1吨/人。由于广泛采用了先进的计算机系统,所以提高了潜艇的自动化控制水平。

★执行任务中的"凯旋"级核潜艇

◎ 潜艇相撞："凯旋"撞上"前卫"

"凯旋"号是欧洲最为先进的弹道核潜艇，是法兰西的骄傲。"凯旋"号自1997年服役以来，经历了无数大大小小的磨难，也没能阻拦"凯旋"号凯旋的步伐，但在2009年，"凯旋"号终于验证了一句俗话："水下是看不见的世界，看不见的世界里什么都有可能发生。"

2009年，法国的"凯旋"号核潜艇和英国"前卫"号弹道导弹核潜艇在大西洋相撞。当时两艘潜艇均在水下航行，执行各自任务，而且艇上带着核导弹。

法国海军向英国《每日邮报》证实，"凯旋"号担负着一项为期70天的任务，当时正在返航。报道说，一般情况下，潜艇可以通过声呐装置探测到与己方相近的其他舰艇。不过，或许双方潜艇上的反声呐技术太过高端，以至于各自声呐装置均未能探测到对方。法国的"凯旋"级战略核潜艇，装备有DMUX80、DUXX5、DSUV62拖曳基阵等声呐；英国的"前卫"级，装备了马可尼／普莱西公司的2054型组合多频声呐、含马可尼／费伦蒂公司的2046型拖曳阵、2043型舰壳声呐、主／被动搜索、2082型被动探测和测距声呐。

★检修中的"凯旋"级核潜艇

★休息中的"前卫"级核潜艇"前卫"号

法方消息人士称，"凯旋"号水兵听到了"砰"的一声巨响，潜艇的声呐外壳几乎被撞烂。报道说，相撞导致"前卫"号需要由船拖回苏格兰的基地，船体上可见凹陷和擦痕。"凯旋"号一瘸一拐地驶回布雷斯特港海军基地，声呐外壳严重受损。

从报道和常识上看，英法两国的潜艇肯定都打开了被动声呐，而且被动声呐都没有探测到对方，为什么会这样呢？大部分专家认为主要是海洋噪声在捣乱。

海洋噪声也叫海洋背景噪声，包括：海洋动力噪音是由海浪、洋流和风产生的；生物噪声是由各种海洋生物，如鱼、虾、哺乳动物等所产生的；技术噪声是由舰船的机械和港口的技术装备引起的。海洋噪声的强度随着条件的变化，在90分贝到115分贝之间。

现在各国的常规潜艇、核潜艇都力争把自己的噪声控制到接近海洋噪声的水平，而美国的"海狼"级据说噪声接近了90分贝，几乎完全可以融入海洋噪声之中，是最安静的潜艇。

"凯旋"号和"前卫"级的噪声水平非常接近海洋噪声强度的上限，这样问题就来了。当海洋噪声强度比较大的时候，两艇慢速行驶时的噪声基本湮没在了海洋背景噪声中，而两艇一般只开被动声呐，无法从嘈杂的背景噪声中识别出对方，因此相撞就无法避免了。

总之，英法潜艇相撞比较合理的原因综合来讲有三点：

一、双方潜艇的静音性能都很强；

二、双方声呐无法从背景噪声中辨识可疑信号，一个原因可能是声呐的技术性能有限；另一个原因也许是双方互不成为敌手，因此事先没有准备足够的噪声特征资料；

三、声呐操作人员麻痹大意了。

称霸海洋的利器
——"弗吉尼亚"级核攻击潜艇

◎ 后冷战时代的产物：新一代核潜艇隆重出海

冷战时期，美苏的潜艇在深海里上演着一次次惊心动魄的对决和追逐。苏联海军攻击型核潜艇的基本使命是在大洋深处与美国的核潜艇进行对抗，或者是在全球范围内对美国核潜艇，特别是对美国的弹道导弹核潜艇进行长期的跟踪与监视，美国的核潜艇也有着相同的使命。

冷战期间，美国为了对抗苏联，海军攻击型核潜艇的基本设计思想是把具有水下高速、大深度下潜能力以及安静性作为攻击型核潜艇最重要的性能指标。美国海军的"洛杉矶"级以及"海狼"级攻击核潜艇是体现美国海军冷战时期攻击型核潜艇设计思想的典型。

随着冷战对峙局面的消失，美国海军的攻击型核潜艇失去了昔日在大洋深处的苏联核潜艇对手，因此其主要使命也随之发生了变化。在新的形势下，美国海军赋予攻击型核潜艇的主要使命是处理地域性战争、利用潜射导弹对陆地目标实施攻击、在沿海从事反潜作战、对特种部队进行支持以及担任航母作战编队的直接支持等。

因此，冷战结束之后美国海军攻击型核潜艇的设计思想是以多功能、多用途为主。冷战之后的新型攻击型核潜艇除了保留冷战时期原有的安静性之外，将不再把水下高速和大深度下潜能力作为孜孜追求的基本目标。

同时，当美国海军开始实行"由海向陆，前沿部署"的战略时，SSN-21"海狼"级在新形势下显得过于庞大、奢侈了。因此海军希望研制一型比"海狼"级潜艇排水量小，既经济，性能又好，用途广泛，可以在近海海区作战的多用途攻击型核潜艇，以便在21世纪替换将要退役的"洛杉矶"级潜艇。

在这种情况下，美国海军开始迅速地修正冷战时期制订的"百人队长"级核潜艇的性能指标。1992年1月，有关当局与美国海军舰队和潜艇指挥官们进行协商之后，认为"百人队长"级攻击型核潜艇不应该再作为"海狼"级核潜艇的后续艇或者替代艇，而应该成为适应冷战结束之后新环境要求的攻击型核潜艇。并因此对其展开一系列的需求指标修改，在此基础上推出了"新型攻击型核潜艇"计划。

"新型攻击型核潜艇"设计体现了最佳效费比原则，是一种高性能、低价位的潜艇，它能够对付来自敌方的各种威胁，既能实施传统的远洋反潜、反舰作战，又可以用于浅水

★攻击中的"弗吉尼亚"级攻击型核潜艇

作战环境中的多种作战行动，包括攻击式/防御式布雷、扫雷、特种部队投送/回撤（美国先进蛙人输送系统规划）、支援航母作战编队、情报搜集与监视、对陆攻击等。

1991年，美海军开始SSN-774核潜艇的论证和设计工作，1996年，美国海军签下首批六艘该型核潜艇的建造合约，由通用动力公司电船部研制，研制费7.45亿美元，堪称是美国海军史上最大的一笔单批潜艇生产合约。

美国海军将分三批订购30艘（后来又减少到10艘），第一批9艘（SSN-774～782），第二批10艘（SSN-783～792），第三批11艘（SSN-793～803）。美国海军希望新型核潜艇以最先进的科技，最少的建造数量来达到与原有"洛杉矶"级潜艇群相同的任务能力。和另类的"海狼"级相比，新型潜艇的编号又回到了正常轨道，接在"洛杉矶"级后面，命名则改采用以往弹道导弹潜艇使用的州名"弗吉尼亚"级。就此，美国新一代攻击核潜艇"弗吉尼亚"级总算是"千呼万唤始出来"。

⊘ "弗吉尼亚"级：美国海军重器

★ AK-630M舰炮性能参数 ★

水下排水量： 7700吨	的泵喷射推进器
艇长： 114.9米	**武器装备：** MK48-5型鱼雷
艇宽： 10.4米	"鱼叉"反舰导弹
艇高： 9.3米	"战斧"巡航导弹
水下航速： 28节	小型反潜鱼雷和水下运载器
下潜深度： 224米	SSN774的雷弹携带量为38枚
动力装置： 一座压水核反应堆	**电子设备：** AN/BQQ-2型高效率综合声呐
两台同轴汽轮机驱动	**编制：** 132人

　　"弗吉尼亚"级仍沿用圆柱形泪滴流线型艇体，艇身较"海狼"级小，直径与"洛杉矶"级核潜艇相当。相较于冷战思维的"海狼"级是在大洋中有效压制、猎杀苏联任何核潜艇以夺得水下制海权，"弗吉尼亚"级则把焦点放在20世纪90年代以来层出不穷的地区性冲突上，故十分强调多重任务的弹性，包括近岸作战能力、对地攻击能力、特种作战与情报搜集等等，而在近岸环境可能遇到的状况——复杂的水文与海底情况、严重的水下背景杂音干扰、敌方布放水雷甚至是面对新一代俄制传统动力潜艇等方面，都与美国海军以往所熟悉的大洋反潜作战有极大差异。因此美国海军在"弗吉尼亚"级的设计中加入许多以往美国潜艇所没有的元素，例如能在噪声严重的浅海有效操作的声呐系统（特别是高频主动声呐）、水雷侦测/反制装备以及多种无人遥控载具的操作能力等等，此外还有完善的特战部队相关设施，这些都将对现行美国海军的潜艇运用方式造成巨大的冲击与改变。

　　"弗吉尼亚"级的武器筹载量、航速以及潜航深度都不如"海狼"级，但是静音能力将维持"海狼"级的超高水平。该级艇拥有各项与"海狼"级相同的最新的静音科技，本级艇也将使用消磁科技。

　　由于设计较晚，"弗吉尼亚"级得以采用比"海狼"级更先进的科技与装备。本级艇拥有Chin高频主动声呐系统，包括两具分别位于艇艏下方与帆罩上的高频主动声呐，可精确测绘海底与雷区，大幅加强了近岸操作与反水雷能力，这是以往美国潜艇所不具备的。"弗吉尼亚"级拥有先进的桅杆群，包括内含GPS的电子桅杆、可高速传送自卫星传回的

★ "弗吉尼亚"级攻击型核潜艇第四艘"北卡罗来纳"号

★ "弗吉尼亚"级攻击型核潜艇

★ "弗吉尼亚"级攻击型核潜艇第三艘艇"夏威夷"号

对地武器所需目标数据的高数据交换率桅杆、无线电收发桅杆以及可调整任务的AN/BVS-1
光电搜索/攻击潜望镜组等。

　　此外，"弗吉尼亚"级核潜艇的艇体采用了计算机技术支持的模块化设计，各分舱可
按照具有不同功能的舱段模块分别建造。该级核潜艇的主机舱采用浮筏减震的整体模块设
计，大幅度降低了艇上噪音。

　　另外，"弗吉尼亚"级核潜艇推进设备使用的动力电缆和阀门、断路器、泵等，其

数量仅分别为"洛杉矶"级攻击型核潜艇的50%、40%和30%左右。而且，由于采用了由计算机技术支持的模块化设计技术，因此在21世纪，美国海军可以根据环境的需要和未来新技术的发展情况，利用先进的模块化技术，在"弗吉尼亚"级新艇建造的过程中或者利用"弗吉尼亚"级在役艇大修的机会可以迅速、便捷地更换具有不同功能的舱段模块，使"弗吉尼亚"级攻击型核潜艇在标准型的基础上衍生出不同种类的或者具有不同专项用途的核潜艇。

譬如，在标准型"弗吉尼亚"级核潜艇的鱼雷舱段中，鱼雷发射管的后面是备用鱼雷台架，如果对这一部分的舱段模块稍作改动，即可在备用鱼雷台架的位置上加设一个可容纳40名特种部队人员及其装备的居住舱。这时，"弗吉尼亚"级攻击型核潜艇便轻易地被改为一艘输送特种部队人员的专用核潜艇。

◎ 21世纪美国的主力核潜艇

具备众多先进科技的"弗吉尼亚"级攻击核潜艇将取代"洛杉矶"级核潜艇，成为21世纪初美国海军攻击核潜艇部队的主力，而"海狼"级在未来也很可能在性能提升时，将性能水平提升至与"弗吉尼亚"级相当。

★ "弗吉尼亚"级攻击核潜艇首艇"弗吉尼亚"号下水仪式

首艇"弗吉尼亚"号（USSVirginiaSSN–774）于1999年1月开工，于2002年完成压力壳的建造，2003年8月16日下水，在2004年10月成军；

第二艘"得克萨斯"号（USSTexasSSN–775）则于1999年3月开工，2002年7月安放龙骨，2004年5月26日下水，2005年6月成军；

第三艘"夏威夷"号（USSHawaiiSSN–776）于2001年开工，于2007年服役；

第四艘"北卡罗来纳"号（USSNorthCarolinaSSN–777）则在2005年下水，2008年服役；

第五艘"新汉普郡"号（USSNewHampshireSSN–778）与第六艘"新墨西哥"号（USSNewMexicoSSN–779）则预计在2010年服役。

然而，2003年伊拉克战争后，驻伊美军费用连续攀升，迫使美军不得不在2004年底采取近乎是"挖肉补疮"的应急方案，将删减预算的刀口对准DD（X）驱逐舰、"弗吉尼亚"级核潜艇、F/A–22战斗机等下一代武器，于是"弗吉尼亚"级原先的30艘数量继续大幅下滑，最终很可能只建造10艘。

★"夏威夷"号核潜艇抵达西太平洋珍珠港，当地少数民族进行传统欢迎仪式。

在2004年12月，美国国防部取消了三艘"弗吉尼亚"级的建造预算，原先该级艇每年开工建造两艘的步调从2009年起将减缓至每年一艘，最后在2012年停产，代之以更新、更便宜的潜艇设计。

"弗吉尼亚"级核潜艇的指挥台围壳为装有非穿透型潜望镜、8根天线和桅杆接口的独立模块结构。如果将来需要使"弗吉尼亚"级核潜艇以搜集情报或者侦察为主的话，可适当改变指挥台围壳内的天线和桅杆接口内容，使其更加灵活、机动和高效地执行侦察和情报搜集等方面的任务。

早在"弗吉尼亚"级核潜艇处于方案论证阶段时，美国海军便已经在论证利用模块化技术把"弗吉尼亚"级攻击型核潜艇迅速改为弹道导弹核潜艇的可行性。从目前"弗吉尼亚"级核潜艇的设计情况来看，利用功能性舱段模块完全可以做到这一点。

美国海军曾经打算在21世纪"俄亥俄"级弹道导弹核潜艇逐渐退役的时候，利用模块化技术，以标准型的"弗吉尼亚"级攻击型核潜艇为基础，将其改换成弹道导弹核潜艇，以便对美国海军弹道导弹核潜艇的数量加以补充。与重新设计和建造新型的弹道导弹核潜艇相比，采用增加功能舱段模块使"弗吉尼亚"级核潜艇成为弹道导弹核潜艇的方法，不仅可以大量节约研制费用，而且还可缩短新型弹道导弹核潜艇的建造周期。

从"弗吉尼亚"级攻击型核潜艇的内部设计来说，该级核潜艇艏端的声呐系统、指挥控制舱中的作战指挥系统以及武器装备等艇上的重要装置和设备均采用了功能模块的设计原理。

随着时代和技术的发展，这些艇上的重要设备全部可以利用换装模块的方式及时地装设最新的功能模块，使该级核潜艇可以最大程度地发挥出它所具有的潜能，并且永远保持与时代高新技术处于同步状态的先进性能。从这个意义上来说，"弗吉尼亚"级核潜艇在21世纪既是具有多用途的攻击型核潜艇，又是在战略威慑力量和多种专项用途方面具有很大潜力的水下作战平台。

客观地说，21世纪美国海军水下战场的主力应该是非"弗吉尼亚"莫属，这也正是该级核潜艇尚处于设计阶段便引起各国海军格外瞩目的原因。

◎ 目的暧昧的战略转移——"夏威夷"号太平洋服役

2008年，美国新一代攻击型核潜艇"弗吉尼亚"级"夏威夷"号，抵达西太平洋珍珠港进行永久性部署。这是美国海军首次调遣最先进攻击型核潜艇进驻太平洋。有军事观察家指出，考虑到该潜艇强大的侦察和近海机动能力，其进驻后将很可能用于对中国人民解放军潜艇进行秘密侦察，针对中国意味明显。

　　"夏威夷"号是"弗吉尼亚"级核潜艇中的第三艘，2007年5月5日开始服役。该潜艇与130多名艇员一起，离开位于康涅狄格州东南部的格罗顿潜艇基地开赴珍珠港。7月23日抵达珍珠港后，"夏威夷"号参加了夏威夷州建州五十周年庆典活动。包括美国夏威夷州州长林·格尔等在内的众多官员为"夏威夷"号潜艇及其艇员的进驻，举行了隆重的欢迎仪式。仪式开始前，格尔州长还亲自乘坐一艘小船登上"夏威夷"号潜艇。

　　珍珠港是美军在亚太地区的重要军事基地，美军近年来积极向这里调兵遣将，有意将其打造为美军维持亚太霸权的桥头堡。目前，珍珠港已部署有16艘老式"洛杉矶"级核潜艇。在长达377英尺的"夏威夷"号进驻后，同属"弗吉尼亚"级的"得克萨斯"号核潜艇也部署到这里。

　　"弗吉尼亚"级核潜艇（SSN-774）是美国一种高性能、低价位的新一代潜艇，该级核潜艇装备的主要武器有MK48-5型鱼雷、"鱼叉"反舰导弹、"战斧"巡航导弹、小型反潜鱼雷和水下运载器，雷弹携带量为38枚。

　　"夏威夷"号是第三艘新一代"弗吉尼亚"级潜艇，其造价25亿美元，排水量为7800

★仪式过程中祈祷的族长

吨，由通用动力公司电船部门和诺思罗普·格鲁曼纽波特纽斯船厂联合建造。该艇长377英尺，宽34英尺，潜航速度超过25节。该艇所采用的反应堆装置使该艇在计划航行时间内不需要重新补给燃料。与该级前两艘潜艇相比，"夏威夷"号在隐身性能、监视能力以及特殊作战能力方面均得到了很大程度的提高，拥有能够容纳多达9名海豹突击队员的封闭舱，这有助于实现美海军多任务作战要求。

在从美国本土驶往珍珠港的途中，该艇就充分展现了其穿越狭窄水道的能力。据"夏威夷"号指挥官ED.赫林顿在博客中透露，在前往太平洋的途中，"夏威夷"号潜艇于7月10日用约9个小时的时间，穿越了巴拿马运河三个水闸与一个大型湖泊。众所周知，对任何船舶，尤其是潜艇而言，穿越运河水闸是极具挑战性的工作。"我们的潜艇没有艇艏推进装置，所以使重达7600吨的潜艇通过仅仅110英尺宽的运河毫不夸张地说难度是非常大的。"

"当潜艇在运河墙壁脚下漂流而过时，潜艇的缆绳操纵人员必须用力拖拉沉重的缆绳，以免潜艇撞到墙壁。"赫林顿还称，尽管"夏威夷"号是新服役不久，但这已是其第三次穿过巴拿马运河。而且，三名艇员还因在潜艇穿过该运河过程中表现突出而获得了"海豚胸章"，即潜艇作战资格勋章。

巴拿马运河是一条水闸式运河。由于运河近一半的航程是利用巴拿马地峡上的加通湖，而加通湖水面高出海平面近26米，所以从海上进入运河的舰只，必须升起近26米才能进入运河，在另一端则必须下降近26米才能驶离运河，通过运河如同通过一座高架的水桥。

在进驻太平洋之前，"夏威夷"号核潜艇已经取得不俗的战绩。"夏威夷"号在进行首次部署的过程中，曾支援"南部跨机构联合特遣部队"（负责在南美洲执行缉毒任务的美国特遣部队）打击毒品行动，并有杰出表现，成为美军历史上第二艘获得海岸警卫队集体功绩嘉奖的海军潜艇。

"夏威夷"号核潜艇是美国将其"海军重点力量转移至太平洋计划"的一部分：美军打算将其60%的攻击型潜艇部署到太平洋，剩余40%部署在大西洋。到2009年底时，美国海军的53艘快速攻击潜艇中将有31艘以太平洋为母港，22艘以大西洋为母港。

尽管美国海军称加强太平洋地区的军力，是为了对付可能已经获得安静柴电潜艇的朝鲜和伊朗等国家，防范在太平洋关键交通要塞及海上航线附近游弋的多达180艘外国潜艇。但有军事观察家认为，其真正用意还是针对中国。中国潜艇实力的飞速发展，一直让美军忧心忡忡，并迫切希望获得中国人民解放军潜艇的作战性能参数。具有强大侦察能力和近岸行动能力的"夏威夷"号调往太平洋后，很可能将会担负起侦察中国人民解放军军事行动，特别是潜艇行动的任务。

战事回响

 美军核潜艇战记

冷战之后，美国的核潜艇依旧开启着冷战模式，他们的目标不再是苏联，而是继承了苏联大部分潜艇的俄罗斯。

2008年，携带有"三叉戟"战略导弹的美国海军核潜艇总共完成了31次巡逻航行，它们在公海水域的年平均活动时间已超过了"冷战"时期的平均水平。

2009年，美海军共装备有14艘配备了"三叉戟"导弹的"俄亥俄"级核潜艇。在与苏联对抗的年代，这些潜艇每年有50%～70%的时间都待在全球各大洋之中，而目前，这一比重已提高至70%～90%。

据统计，美国核潜艇部队每年在各大洋中的巡逻时间已超过了俄罗斯、法国、英国和中国等国核潜艇活动时间的总和。美海军每艘"俄亥俄"级核潜艇均配备有两组艇员，分别是蓝组（Blue）和金组（Gold），每次巡航时间是60至90昼夜。在其中一组艇员在海上执行任务的时候，另外一组艇员就在岸上进行训练，通过这种方式，使得核潜艇在不维修的时候，几乎可以时刻待在海上。

从1960年11月起至2008年底，美国核潜艇已完成了3814次巡逻任务。这些潜艇每年的巡逻次数都会有所变化，其中最多的是在1967年，达到了131次。在1979年～1981年期间，随着老式核潜艇的退役，美军核潜艇在太平洋海域的巡逻曾陷入停顿，并一直持续到"俄亥俄"级核潜艇服役。

1990年初，由于最后一批老式潜艇退役，美核潜艇在大西洋水域的巡逻时间下降

★ "俄亥俄"级核潜艇装备的"三叉戟"战略导弹

★美国"俄亥俄"级战略核潜艇

了大约60%。在新型核潜艇于20世纪90年代中期投入使用后，美潜艇的巡逻时间才完全恢复。从2000年起，有四艘"俄亥俄"级潜艇换装了常规导弹，还有四艘则换装了"三叉戟II"D5型战略导弹。

2009年2月11日，美海军"俄亥俄"级"怀俄明"号核潜艇完成了其服役以来的第38次巡逻任务并返回母港，这是该级核潜艇自1982年开始执行战略威慑巡逻任务以来的第1000次巡航。核潜艇在美国"三位一体"的战略核威慑体系中占有极其重要的地位，被视为美战略核威慑力量的"基石"，它装备了美国超过一半的战略核武器。

◎ 史上最不幸的潜艇——苏联K-19号核潜艇受难记

苏联K-19号核动力弹道导弹潜艇是苏联红海军H级核潜艇的首艇。该潜艇是苏联第一级可以有远航能力的弹道导弹潜艇。

但是，该潜艇之所以世界闻名并不是因为其性能出色或战绩辉煌，而是因为其频繁发生的重大事故，以及其中几次重大事故险些引发美苏核大战而名扬四海。可以说，K-19号潜艇是历史上最不幸的一艘潜艇。其悲剧性经历最早可以追溯到其建造完毕后的下水仪式。

1958年10月17日，K-19号在北德文斯克造船厂正式开始建造。1959年4月，K-19号潜艇建造完毕等待下水。当时苏联海军在新潜艇下水仪式中有一个将整瓶香槟酒砸向潜艇的环节，以此来祈求好运。而当K-19号的下水仪式进行到"砸香槟"的环节时，第一瓶香槟被砸向潜艇后因潜艇布设消声橡胶使香槟瓶被完整无损地弹开。这一段下水仪式中的小插曲，被人们视为后来潜艇事故的"凶兆"。

经过了长达将近2年的改进和系泊试验，该潜艇于1961年4月30日正式服役。从而真正开始它噩梦不断的旅程。

1961年6月18日，在冷战的尖锋时刻，为了向美国展示苏联强大的核力量，苏联举行了代号为"极地之圈"的军事演习。为了参加这次演习，K-19号核潜艇悄悄驶离摩尔曼斯克海军基地，开始了处女航。在这次演习中，K-19号的外壳受了些小伤，但总算顺利完成了任务，按时返航。

7月4日凌晨4时15分，K-19号行驶至挪威海域。在距离挪威伊马印岛上的美国海军基地约100海里的地方，K-19号左舷核反应堆的应急保护系统发出了令人心悸的警报：核反应堆一回路密封失效！核反应堆冷却系统的功能迅速衰退！

潜艇核反应堆反应区温度急速升高。但与此同时，无线电系统也发生电器故障，使得艇上官兵无法联络本部寻求救援。反应堆温度很快就超过了控制极限并达到了900摄氏度的高温，这个高温已经达到了反应棒的熔点并使得原来反应堆内的反应更加剧烈。在用尽一切可用的应急手段之后，核反应堆的活性区域仍在急剧升温，如果不马上采取有效手段，那么一场核爆就要来临。

艇上携带了3发核导弹以及导弹的液体燃料，一旦发生爆炸，将给该海域造成严重的生态危机和核污染，同时100千米以外的北约基地也可能受损。此外，由于此处距离海军基地较近，潜艇若在此处爆炸，很可能殃及美国海军基地，从而引发美苏之间的核战。

★行驶中的苏联K-19核潜艇

★靠岸的苏联K-19核潜艇

　　在这万分危急的时刻，艇长和艇员组成了一个十余人的抢修小组。这十余人不顾个人安危进入充满核污染的反应堆舱内对反应堆进行抢修，从而使得潜艇反应堆逐渐得到控制，随后K-19号的艇员转移到在附近海域的S-270艇，由S-270艇拖回。后来，K-19号也被俄国海军用拖绳拖拽回了苏联巴连尔内海军基地。

　　转移回基地后，迅速开始对K-19号进行修复，经过检修，工程师们发现该潜艇这次灾难是因为主循环回路中的一个焊点质量不合格，从而造成整个循环回路的核泄漏以及循环泵的卡死。但不幸的是，在修复过程中，K-19号残余的核污染造成了船厂船台的核污染，所有维修人员必须身着厚重的防护服才能进入封闭船厂内进行维修，这无疑增加了维修时间和难度。直到1965年，K-19号艇修复完毕返回北方舰队。

　　1961年K-19号在大西洋上发生核反应堆事故仅仅是K-19号服役生涯中最为严重的一次事故。此外，还有多起事故，伴随了K-19号的服役生涯。

　　1969年在巴伦支海与美军"小鲨鱼"号核潜艇发生海底意外碰撞，K-19号核潜艇的艇艏被撞了一个大坑，而"小鲨鱼"号核潜艇被撞了一个大洞，险些沉入海底。这次事故也险些引发美苏核战争。

　　1972年，该艇在纽芬兰岛附近失火，造成数十名艇员牺牲，K-19号险些沉没。

　　除了上述这些重大事故外，该艇的服役生涯中各种小事故更是从未间断。

直到1990年，多灾多难的K-19号终于退役，成了一件见证了美苏冷战的"文物"。

作为一艘终生不幸的潜艇，一艘两次险些引发核战的核潜艇，K-19号值得我们关注。除了去探寻其多灾多难背后的原因外，也更应该记住在1961年挪威海域那场核爆炸危机中那些抢修反应堆的潜艇官兵们，是他们在危急关头，牺牲了自己，而防止了核污染的扩散与核大战的爆发。

当年这些进入反应堆舱的艇员们由于受到核污染，有人当场就死亡，没有当场死亡的大部分人也在返航途中即事件发生的一周内陆续死亡。

此外，由于通过管路散布整个潜艇的核泄漏则造成了很多其他艇员受到核污染，几乎所有艇员都受到了或多或少的核污染。在事件发生后的几年内就有至少20名艇员死于核污染导致的疾病。

其实，当事故发生时，K-19号的艇员们还有另外一种选择。美国海军在K-19号附近的战船收到了K-19号备用无线电与S-270艇的无线电交流信号之后，主动向K-19号艇发出无线电，说可以提供帮助，但艇长为避免泄露军事机密而没有予以理会。

时光流转，到了2006年，当年到反应堆舱参与抢修的人中只剩一人还活着，他就是已经68岁高龄的尼古拉·巴塔列夫。作为唯一的幸存者，巴塔列夫获得了诺贝尔和平奖的提名。虽然最终未能获奖，但在许多人心中，巴塔列夫与当年抢修反应堆小组的成员们是当之无愧的、捍卫世界和平的英雄。

AFTERWORD 后记

经过很长一段时间的准备与写作，这本书终于得以完成了。当我们再次回忆我们所讲述的每个潜艇时，我们有些恐惧。在近似于黑暗的深海中，潜艇默默航行，潜艇上的士兵在默默祈祷，他们甚至都不知道下一秒钟将要发生什么。也许，这就是潜艇的魅力吧。它就像一个间谍，永远躲在人们看不见的地方，等待、等待、等待，最后送出致命的一击。

这本《潜艇——深海沉浮的夺命幽灵》记录了很多著名的潜艇从研制到战场上的种种故事，从中我们发现，人类对于海底世界充满好奇，人类多么想像鱼一样钻进海底，畅游一番，这是人类的梦想。在这种梦想中，人类开始有了欲望，要是能在海底攻击舰艇，那该是一件多么以逸待劳的事儿啊，于是，人们在梦想的潜艇之上安装了欲望的武器，于是，潜艇成为了大洋杀手。就像"基洛"级潜艇总设计师尤里·科尔米说的那样——潜艇是人类发明的最复杂的武器。是啊，一个梦想似的，像鱼一样畅游海底的载体，最后变成了一个战争的工具，这多少让人有些痛心。但历史证明，正是战争和欲望促进了潜艇的长远发展，从早期的柴油动力变成现在的核动力，从早期只能下潜几十米到现在能下潜几百米。在这个层面上，潜艇和战争永远是悖论的两极，他们互相依赖，又互相制约。可以这么说：如果没有战争，那么潜艇很可能还保留着一个世纪之前的那种模样；如果没有潜艇，那战争的形式也不会变得像今天这样丰富。

如今的潜艇尽管已经相当先进，但仍然还有很大的发展空间，在未来的海洋战争中，势必继续扮演重要角色。至于未来的潜艇将会怎样，将呈现怎样的发展趋势，只有在未来中找寻答案了。

当然，这本《潜艇——深海沉浮的夺命幽灵》有着很多遗憾，因为很多跟潜艇有关的精彩的故事都没有公开，我们只能看见一部分。即使只有一部分，我们也是满足的，因为这些故事让我们身临其境地回到了那可怕的海底，回到了让人恐惧的潜艇内部，也是这一部分资料让我们看清了战争的本质：人类战争，落后必然挨打，和平需要用武器来捍卫与实现。只有拥有先进的武器，方能让战争来得更迟些，更晚些，让和平来得更早些，更持久些。

主要参考书目

1.《水下间谍战的秘密》，〔俄〕E.A.拜科夫、г.л.济科夫著，崔寿智译，上海译文出版社，2006年5月。

2.《世界海军潜艇》，汪玉、姚耀中主编，国防工业出版社，2006年10月。

3.《现代潜艇》，谢祚水、罗广恩编，哈尔滨工程大学出版社，2007年4月。

4.《特种潜艇》，黄波 等编著，华中科技大学出版社，2008年10月。

5.《苏俄潜艇全史》，刘杨著，东方出版社，2009年1月。

6.《德军U型潜艇1939—1945（2）》，〔英〕格登·威廉生著，姚漪译，重庆出版社，2009年4月。

7.《碧海群狼——二战德国U艇全史》，周明著，武汉大学出版社，2009年5月。

8.《当代战舰》，〔英〕克里斯·钱特著，张国良、史强、汪宏海译，科学普及出版社，2009年5月。

9.《潜艇发展史》，〔英〕普雷斯顿著，李加运译，中国市场出版社，2009年8月。

10.《大西洋潜艇战——希特勒的狼群》，〔英〕戴维·乔丹著，张国良、胡伟、谢伏娅译，中国市场出版社，2010年7月。